“十二五”国家重点图书出版规划项目

CHINA WETLANDS RESOURCES
Guangxi Volume

中国湿地资源

广西卷

◎ 国家林业局组织编写

中国林業出版社

图书在版编目（CIP）数据

中国湿地资源·广西卷／国家林业局组织编写；黄永，谭伟福分册主编．－北京：中国林业出版社，2015.12

“十二五”国家重点图书出版规划项目

ISBN 978-7-5038-8333-0

Ⅰ.①中… Ⅱ.①国… ②黄… ③谭… Ⅲ.①湿地资源－研究－广西 Ⅳ.① P942.078

中国版本图书馆 CIP 数据核字（2015）第 296625 号

审图号：桂 S（2016）23 号

总 策 划：金 旻

策划编辑：徐小英

主要编辑：徐小英 刘香瑞 李 伟

何 鹏 于界芬

美术编辑：赵 芳

出版发行　中国林业出版社（100009　北京西城区刘海胡同 7 号）

http://lycb.forestry.gov.cn

E-mail:forestbook@163.com　电话：(010)83143515、83143543

设计制作　北京天放自动化技术开发公司

北京捷艺轩彩印制版有限公司

印刷装订　北京中科印刷有限公司

版　　次　2015 年 12 月第 1 版

印　　次　2015 年 12 月第 1 次

开　　本　787mm × 1092mm　1/16

字　　数　396 千字

印　　张　15.5

定　　价　110.00 元

中国湿地资源系列图书
编撰工作领导小组

顾　问：陈宜瑜　李文华　刘兴土

组　长：张永利

副组长：马广仁

成　员：（按姓氏笔画排序）

王文宇　王忠武　王海洋　韦纯良　邓乃平　邓三龙
兰宏良　刘建武　刘艳玲　刘新池　李　兴　李三原
李永林　来景刚　吴　亚　张宗启　陆月星　陈则生
陈传进　陈俊光　林云举　呼　群　金　旻　金小麒
周光辉　降　初　孟　沙　侯新华　夏春胜　党晓勇
徐济德　奚克路　阎钢军　程中才　雷桂龙　蔡炳华
樊　辉

中国湿地资源系列图书
编撰工作领导小组办公室

主　任：马广仁

副主任：鲍达明　唐小平　熊智平　马洪兵

成　员：王福田　姬文元　刘　平　闫宏伟　李　忠　田亚玲
王志臣　张阳武　但新球　刘世好　王　侠　徐小英

总 序

湿地是地球表层系统的重要组成部分，是自然界最具生产力的生态系统和人类文明的发祥地之一。在联合国环境规划署（UNEP）委托世界自然保护联盟（IUCN）编制的《世界自然资源保护大纲》中，湿地与森林和海洋一起并称为全球三大生态系统。湿地具有类型多样、分布广泛的特点；湿地更重要的是还具有多种供给、调节、支持与文化服务功能，是人类重要的生存环境和资源资本。湿地与人类生产生活和社会经济发展息息相关。湿地的重要性受到世界各国和国际社会的普遍关注。早在1971 年，国际社会就建立了全球第一个政府间多边环境公约，即《关于特别是作为水禽栖息地的国际重要湿地公约》（简称《湿地公约》）。同时，该公约也是全球最早针对单一生态系统保护的国际公约。1992 年中国加入《湿地公约》，自此我国湿地保护事业进入了新的发展时期。

我国加入《湿地公约》后，在国家林业局设立了专门的湿地保护和履约机构，对内负责组织、协调、指导和监督全国湿地保护工作，对外负责《湿地公约》的履约工作。近年来，中国各级政府在湿地保护方面开展了大量卓有成效的工作，采取了一系列保护和合理利用湿地资源的措施，在湿地保护规划和重点工程建设、财政补贴政策制定实施、法规制度建设、保护体系建设、科研监测、宣传教育和国际合作等方面取得了长足进步。但我国湿地生态系统仍然面临着盲目围垦与改造、污染、水土流失、泥沙淤积、生物资源过度利用等多种因素的破坏和威胁，导致面积减少，生态功能下降，生物多样性丧失。因此，切实保护和合理利用湿地资源，既是保障生态安全和国土安全的当务之急，更是中国实施可持续发展战略势在必行的要务。

开展湿地资源调查，摸清湿地资源家底，把握湿地资源动态，是所有湿地保护工作的基础，也是履行《湿地公约》各项工作的根基。2009 ～ 2013 年，在中央财政的支持下，国家林业局组织开展了第二次全国湿地资源调查工作。在此期间，我有幸作为第二次全国湿地资源调查专家技术委员会的主任委员，和其他专家一起全程参与了此次湿地资源调查的主要技术环节和成果鉴定。

我认为此次调查具有以下几个特点：一是，此次调查的湿地分类、界定标准、调查方法基本与《湿地公约》规定相接轨，使得调查数据符合《湿地公约》的要求，调查成果易于被国际认可，便于国际间的对比和交流。二是，制定了内容全面、方法科学、符合国际标准的统一技术规程《全国湿地资源调查技术规程（试行）》，进行了同标准、同口径的分期分批调查。三是，本次调查利用“3S”技术与现地验证相结合的技术方法，查清了全国范围内（未包括香港、澳门、台湾）8 公顷以上的湿地资源基本情况。四是，湿地调查分为一般调查和重点调查。重点调查包括，国际重要湿地、国家重要湿地、自然保护区（含自然保护小区）和湿地公园内的湿地以及其他特有、分布濒危物种和红树林等具有特殊保护价值的湿地。五是，组织保障有力。国家层面上，成立了第二次全国湿地资源调查领导小组、专家技术委员会、中央技术支撑单位和国家质量检查组；省级层面上，分别成立了湿地调查专职机构，组建了省级专业调查队伍。

需要指出的是，第二次全国湿地资源调查期间，我国湿地保护事业发展迅速。2009 年，中央启动了“湿地生态效益补偿试点”工作；2010 年开始，中央财政设立了湿地保护补助专项资金；2012 年，党的十八大将建设生态文明纳入中国特色社会主义事业“五位一体”总体布局，提出要“扩大森林、湖泊、湿地面积，保护生物多样性”。期间，国家林业局会同相关部门认真实施了《全国湿地保护工程实施规划 (2005 ～ 2010 年)》和《全国湿地保护工程“十二五”实施规划》。2013 年，国家林业局出台的《推进生态文明建设规划纲要》划定了湿地保护红线，到 2020 年中国湿地面积不少于 8 亿亩。2013 年，国家林业局出台了第一部国家层面的湿地保护部门规章《湿地保护管理规定》。应该说，历时 5 年的湿地资源调查与同期湿地保护事业的发展，是休戚相关，相互促进的。

第二次全国湿地资源调查取得了丰硕成果。在全球范围内，我国率先完成了《湿地公约》倡导的国家湿地资源调查，首次科学、系统地查明了《湿地公约》所定义的我国湿地资源情况。建立了完整的全国湿地资源空间数据库和属性数据库，掌握了近 10 年来湿地资源动态变化情况，建立了稳定的湿地资源调查专业队伍和专家团队，形成了较为完整的湿地资源调查监测技术规范，完成了全国湿地资源总报告、分省报告和多个专题报告，编制了系列成果图。调查成果达到国际先进水平。

党的十八大对建设生态文明作出了全面部署，强调把生态文明建设放在突出地位，融入经济建设、政治建设、文化建设、社会建设各方面和全过程。在全国第二次湿地资源调查成果的基础上，系统编著形成了中国湿地资源系列图书，为新时期我国湿地保护事业奠定了坚实基础。希望本系列图书能够为我国湿地工作者在开展湿地研究、保护与合理利用工作时提供参考和借鉴。

中国科学院院士

2015 年 9 月

前　言

广西壮族自治区地处我国南部，位于我国地形第二级阶梯向第三级阶梯的过渡地带，南濒北部湾，地跨北热带至中亚热带。复杂多样的地貌和气候条件，孕育了分布广泛、类型丰富的湿地。1996 ～ 2000 年，在全国统一部署下，广西开展了第一次湿地资源调查，调查统计到 100 公顷以上的各类湿地（不含水稻田）总面积 65.61 万公顷。受调查经费、技术力量和技术水平的限制，当时尚未推广使用遥感影像数据，也未进行以湿地斑块为基础的全面现地调查，而是根据已有文献资料统计各类湿地的面积。因此，所获取的湿地面积数据准确程度不高，且湿地的分布数据未分解到各市、县（市、区），无法满足湿地保护管理和监测的需要。

为进一步查清我国湿地资源现状和动态变化情况，履行《关于特别是作为水禽栖息地的国际重要湿地公约》（简称《湿地公约》）和加强全国湿地保护管理，国家林业局于 2009 ～ 2012 年组织开展了第二次全国湿地资源调查。

广西第二次湿地资源调查工作于 2009 年启动。根据《第二次全国湿地资源调查工作方案》，成立了广西壮族自治区湿地资源调查工作领导小组及其办公室，制定了《广西壮族自治区第二次湿地资源调查工作方案》，组建了涵盖湿地动物、湿地植被、湿地植物、红树林、水生生物、自然保护区、遥感等专业的专家组，明确了技术支撑单位。

根据《全国湿地资源调查技术规程（试行）》，自治区级技术支撑单位广西林业勘测设计院编制完成了《广西壮族自治区第二次湿地资源调查实施细则》(简称《实施细则》)。2009 年 12 月 29 日，《实施细则》通过了自治区级专家组的审查，经多次修改完善后，于 2011 年 1 月通过国家技术支撑单位——国家林业局中南林业调查规划设计院的初审，于 2011 年 3 月 9 日通过自治区级专家组的第二次审查，后经上报国家林业局湿地保护管理中心审查通过。

2011 年 4 月 13 日，自治区林业厅在南宁市举办了广西第二次湿地资源调查启动会暨湿地资源调查技术培训班，全面部署第二次湿地资源调查工作，并对全区 350 多名湿地资源调查技术骨干进行了培训。

2011 年 5 月，国家林业局中南林业调查规划设计院完成了广西区域的卫片解译和湿地斑块区划。广西林业勘测设计院在国家林业局调查规划设计院、国家林业局中南林业调查规划设计院的指导下，完成了调查所需数据和图件的准备工作。

2011 年 6 月 9 日，自治区湿地资源调查工作领导小组办公室在南宁市的横县和宾阳县组织开展了为期 20 天的湿地资源调查试点工作，进一步统一了调查组织形式和技术方法。同年 7 月，广西林业勘测设计院安排技术骨干先后完成了对全区 14 个设区市的湿地资源调查技术培训。

2011 年 8 月，外业调查工作全面铺开。调查工作由自治区林业厅牵头，广西第二次湿地资源调查工作领导小组及领导小组办公室组织，国家及自治区层面技术支撑单位与自治区级专家技术委员会提供技术支持。全区累计组织 600 多名专家和技术人员参与了具体的调查工作。广西林业勘测设计院、广西师范大学生命科学学院、广西大学动物科技学院、广西自然博物馆和广西水产研究所组成自治区级调查队伍，负责对 75 个重点调查湿地开展斑块调查、自然环境要素调查、保护与利用状况调查以及湿地动物、湿地植物和植被、水生生物的专项调查。各市、县（市、区）分别成立湿地调查队伍，负责本辖区一般调查湿地的斑块现地验证，并以斑块为单位，调查其湿地类型、面积、分布、海拔、所属流域、水源补给状况、植被类型及面积、群系名称及主要优势植物种、土地所有权、保护管理状况等。广西林业勘测设计院派出 20 多名专业技术骨干分赴各地开展技术指导和质量检查。

广西第二次湿地资源调查，根据全国统一的技术规程，采用遥感调查、现地验证和资料收集相结合的方法，对广西行政区域内所有面积为 8 公顷（含 8 公顷）以上的近海与海岸湿地、湖泊湿地、沼泽湿地、人工湿地以及宽度 10 米以上、长度 5 公里以上的河流湿地斑块进行了全覆盖的遥感调查和现地验证（验证斑块 14384 个，保留 8939 个），布设动物调查样线 392 条、植物调查样方 3126 个，收集重点调查湿地的自然环境调查、水环境调查、保护与利用调查、受威胁调查等资料 75 套。在国家林业局中南林业调查规划设计院和广西林业勘测设计院的指导下，于 2011 年 11 月底全面完成一般调查和重点调查的外业调查工作。

2011 年 11 月 28 日，自治区湿地资源调查工作领导小组办公室在南宁组织召开全区湿地资源调查成果编制工作会议，就成果编制的有关问题进行了讨论。12月下旬，在自治区湿地资源调查工作领导小组办公室的组织下，自治区林业厅保护站、广西壮族自治区林业勘测设计院、广西大学动物科技学院、广西师范大学生命科学学院、广西自然博物馆、广西水产研究所等单位共同完成了《第二次全国湿地资源调查 · 广西壮族自治区湿地资源调查报告》的编制，并通过自治区级专家评审。

2012 年 4 月，受国家林业局委托，中国科学院东北地理与农业生态研究所对广西第二次湿地资源调查开展国家级质量检查验收，调查质量评定为“优秀”等级。

《中国湿地资源 · 广西卷》全书分为六章，系统地介绍了广西湿地资源的基本情况、湿地类型、湿地生物资源、湿地资源利用、湿地资源评价、湿地保护与管理，并附有广西湿地调查区域动物名录、植物名录和 75 个重点调查湿地概况。

广西第二次湿地资源调查成果是本卷的主要素材，是全区 600 多名参与调查的专家和技术人员的集体劳动成果。本卷的数据和资料截止时间是 2011 年年底。2011 年年底后广西湿地资源一些数据和资料所发生的变化未能纳入本卷。在编写过程中，得到了国家林业局湿地保护管理中心、国家林业局调查规划设计院、国家林业局中南林业调查规划设计院的大力支持。对于参与调查的单位和人员以及提供帮助的有关单位，在此一并表示衷心感谢!

由于涉及多学科、内容广泛、专业性强，加之编写时间仓促，错漏之处仍在所难免，敬请读者批评指正。

《中国湿地资源 · 广西卷》编辑委员会

2015 年 9 月

目　录

第一章 基本情况

第一节 自然概况

1 地理位置

广西壮族自治区(以下简称广西)地处中国南部，位于东经104°26′~112°04′，北纬20°54′~26°24′，北回归线横贯中部。东邻广东省，西连云南省，西北靠贵州省，东北接湖南省，南临北部湾与海南省隔海相望；西南与越南毗邻，有500余公里的陆界国境线。境内东西横越近8个经度，约760公里，南北纵跨近6个纬度，约670公里，行政区域总面积23.67万平方公里，占全国陆域总面积的2.46%。

2 地形地貌

广西地处云贵高原东南边、两广丘陵西部，南临北部湾。地势西北高、东南低，呈西北向东南倾斜。四周多山，呈向东南开口的盆地状，中部和南部多平地，山地丘陵性盆地地形特征明显，有“广西盆地”之称。

广西山脉分布有两个显著的特点：一是弧形结构，二是边缘分布。广西的山脉延绵，石山秀丽，丘陵起伏，平原狭小，特别是石灰岩地层分布广，属典型的岩溶地貌地区，非常有特色。猫儿山(2141米)是广西最高峰，也是华南地区最高峰。

广西地貌总体是山地丘陵性盆地地貌，呈盆地状。其特征是：

(1)盆地大小相杂。西、北部为云贵高原边缘，东北为南岭山地，东南及南部是云开大山、六万大山、十万大山。盆地中部被广西弧形山脉分割，形成以柳州为中心的桂中盆地，沿广西弧形山脉前坳陷为右江、武鸣、南宁、玉林、荔浦等众多中小盆地，形成大小盆地相杂的地貌结构。

(2)山系多呈弧形，层层相套。

(3)丘陵错综，占广西总面积的10.3%，在桂东南、桂南及桂西南连片集中。

(4)平地(包括谷地、河谷平原、山前平原、三角洲及低平台山)占广西总面积的26.9%，主要有河流冲积平原和溶蚀平原二类。河流冲积平原主要分布于各大、中河流沿岸，较大平原有浔江平原、郁江平原、宾阳平原、南流江三角洲等。其中浔江平原最大，面积达630平方公里。

(5)喀斯特广布，占广西总面积的37.8%，集中连片分布于桂西南、桂西北、桂中、桂东北。其发育类型之多为世界少见。

3　地质土壤

广西地层发育较全，自元古代至第四纪均有出露。其中以古生代泥盆系、石炭系和中生代三叠系为主，古生代寒武系次之。就总体而论，沉积岩占绝对优势，各时期的岩浆岩只占全区总面积的8.6%。沉积岩中，有碳酸盐岩和非碳酸盐岩两大类，碳酸盐岩主要为灰岩，次为白云岩；非碳酸盐岩有砾岩、砂岩、页岩和泥岩以及少量的变质岩(片麻岩和千枚岩)。岩浆岩有侵入岩和喷出岩两类，以侵入岩分布的面积为广，侵入岩主要为花岗岩；喷出岩有流纹岩、石英斑岩、橄榄玄武岩、细碧岩、角斑岩和火山碎屑岩等。

根据《中国土壤分类与代码》(GB/T17296—2000)和《广西土壤》(广西科学技术出版社，1994年4月)，广西土壤共划分为17个土类：砖红壤、赤红壤、红壤、黄壤、黄棕壤、红黏土、新积土、石灰(岩)土、火山灰土、紫色土、粗骨土、砂姜黑土、潮土、山地草甸土、滨海盐土、酸性硫酸盐土、水稻土。

广西土壤按分布可分为地带性土壤和非地带性土壤。地带性土壤主要是砖红壤、赤红壤、红壤和黄壤，非地带性土壤主要有石灰土、紫色土和滨海盐土。

4　气　候

广西自南而北依次出现有北热带、南亚热带和中亚热带3个生物气候带；所处的纬度较低，是我国内陆最南的省(区)之一，有辽阔的海洋和众多的海岛(高潮时出露面积>500平方米的岛屿651个)，是我国两个沿海又沿边境的省份之一。

4.1　太阳辐射

广西地处低纬度地带，南临热带海洋，北回归线横贯中部，太阳高度角较大，太阳辐射比较强烈，获得的太阳辐射热量也较多。根据以往资料，全区太阳总辐射量(含直接辐射和散射辐射)389~494兆焦耳/(平方厘米·年)。广西大部分地区平均日照时数1500~1800小时，最多的涠洲岛2234小时，最少的龙胜县1240小时。

4.2　气温和热量

广西低平地区从北到南平均气温17~22℃；最冷月(1月)平均气温5.5~15.2℃，最热月(7月)平均气温27~29℃。≥10℃的活动积温5644~8306℃，为全国热量资源最丰富的省份之一。气温和热量表现为南部和中部地区基本是长夏无冬、春秋相连，北部地区则具冬短夏长、四季分明的特征。

4.3　降　水

广西年降水量1100~2823毫米，一般在1300~1800毫米，雨量丰富，但时空差异明显。其中，85%以上的降水集中在3～10月。广西全境除桂东北部分地区外，都有雨季和旱季之分。3个多雨中心分别位于东兴、昭平和永福附近。各中心附近的年平均降水量都在1900毫米以上，其中东兴高达2823毫米。以百色为中心的右江河谷及其上游的隆林、西林，和以宁明为中心的明江、左江河谷至邕宁一带，为少雨地带，年平均降水量在1200毫米以下。

5 水 文

5.1 地表水

广西河网密集，河间分水岭交互错杂，水系发达，年径流量大。据统计资料，全区集雨面积>50平方公里的河流有937条，总长约3.4万公里，水域面积约占陆域总面积的2.0%。广西境内主要河流分属珠江流域西江水系，长江流域湘、资水系，南部独流入海水系，红河水系等四大水系。其中，以西江水系为主。

广西地表径流遍及全区各地，年平均径流深约790毫米，年径流总量1840亿立方米，占全国年径流总量的7.2%，在全国各省份中排行第四，地表径流丰富。

5.2 地下水

受地质构造、地形地貌、气候等诸多因素的综合影响，广西不仅地表水丰富，地面径流量大，而且赋存的地下水资源也较充足；境内的地下水资源中，有岩溶地下水，亦有非岩溶地下水。据不完全统计，全区枯水流量大于0.10立方米/秒、长度10公里以上的地下河系共计有248条，总枯水流量>150立方米/秒。

6 野生植物

广西已知野生高等植物9494种，隶属371科2090属。其中，维管束植物(被子植物、裸子植物和蕨类植物)共有8580种，隶属于291科1825属。

就维管束植物而言，其特有性非常明显，共有8个特有属和880个特有种。在地理分布上，形成了3个广西植物特有现象中心，分别是桂西南石灰岩地区、大瑶山地区和九万山地区。其中，桂西南石灰岩地区处于中国3个植物特有现象中心之一的“滇东南—桂西南地区”。

广西维管束植物稀有性也十分突出，列入《国家重点保护野生植物名录(第一批)》的野生维管束植物共86种(类)，包括桫椤1科7种和苏铁1科10种，共101种。其中：国家Ⅰ级保护有22种(类)共31种，国家Ⅱ级保护有64种(类)共70种；列入IUCN红色名录的广西植物极危等级(CR)物种有115种；列入CITES附录(2012年)的广西植物共13种以及苏铁科植物和兰科植物两大类，约410种，其中附录Ⅰ有兜兰属3种，其余的列入附录Ⅱ；在列入《全国极小种群野生植物拯救保护设施方案(2010～2015年)》的120种极小种群野生植物中，广西分布有32种；列入《广西壮族自治区第一批重点保护野生植物名录》的植物有84种(类)，包括金花茶组和兰科植物两大类，约500种。

除维管束植物以外，广西苔藓植物和藻类植物的多样性也较丰富，但由于关注和重视程度不够，以及缺乏专业人才开展相关的研究工作，目前对这两大类群的资源本底仍不够清楚。

7 野生动物

广西已知野生脊椎动物1906种(其中陆生野生脊椎动物1151种),隶属于68目280科;已知昆虫5876种,隶属于29目331科。其他类别野生动物由于缺乏资料,未能统计。

在广西野生动物中有很多属于珍稀濒危物种,具有重要的保护价值。其中,列入国家Ⅰ级保护的野生动物有27种,国家Ⅱ级保护的有151种。

在脊椎动物中:列入国家Ⅰ级保护物种有25种,国家Ⅱ级保护物种有147种;列入世界自然保护联盟(IUCN)红色名录(2010年)中的受威胁物种有158种,包括极危(CR)11种,濒危(EN)40种,易危(VU)63种,近危(NT)44种;列入《濒危野生动植物种国际贸易公约》(CITES)附录中的动物共有150种,其中列入附录Ⅰ的35种;列入附录Ⅱ的有115种。

另外,在低等动物中,属节肢动物的昆虫类被列入国家Ⅰ级保护1种,国家Ⅱ级保护2种;列入CITES附录Ⅱ1种;属脊索动物的文昌鱼目文昌鱼科的文昌鱼为国家Ⅱ级保护物种;属刺胞动物的柳珊瑚目红珊瑚科的红珊瑚为国家Ⅰ级保护物种;属瓣鳃纲真瓣鳃目蚌科的佛耳丽蚌为国家Ⅱ级保护物种。

广西野生动物表现出较强的特有性,共有20种陆生野生脊椎动物为广西特有种。如白头叶猴、百色闭壳龟、广西林蛇及多种蛙类,特别是近年新发现命名的弄岗穗鹛,实属难得,在动物学和生物多样性研究方面都有重要意义,充分表明广西野生动物多样性在全国乃至全球的重要地位。

第二节 社会经济状况

1 行政区划

根据《广西统计年鉴·2012》,广西行政区划为14个设区市,7个县级市、56个县、12个民族自治县、34个市辖区,424个乡(含58个民族乡)、702个镇、108个街道。

2 土地利用

2011年年末,广西实有耕地面积442.11万公顷,基本农田保护面积364.9万公顷;森林总面积1437.48万公顷,森林覆盖率60.5%;建设用地110.3万公顷,未利用地301.0万公顷。河流总长3.4万公里,水域面积80.26万公顷。海岸线长度1595公里,滩涂面积10.05万公顷,20米等深线内浅海面积64.88万公顷。北部湾中国海域面积1283万公顷,其中广西面临的海域面积约628万公顷,属广西管辖的海域面积约400万公顷。

3 人口与民族

2011年年末,广西总人口5199万人,常住人口4645万人,其中城镇人口1942万人,乡村人口2703万人。6岁以上的人口中,受教育人口占总人口的96.2%。

广西是多民族聚居的地区，世居民族有壮、汉、瑶、苗、侗、仫佬、毛南、回、京、彝、水、仡佬等12个，另有满、蒙古、朝鲜、白、藏、黎、土家等40多个民族成分人口。按2011年统计结果，少数民族人口1957万人，约占广西常住人口总数的42.5%。其中，壮族人口1601万人，约占31.0%。壮族是广西人数最多的少数民族，主要聚居在桂西、桂西南和桂中地区。

4　交通与通信

2011年，南宁铁路局管辖国家铁路营业里程3227公里，全年发送旅客3835.5万人，完成货物发送量1.1亿吨；全区公路里程10.49万公里，其中二级以上公路1.28万公里；沿海和内河港口货物综合通过能力1.98亿吨，集装箱通过能力274万标准箱；与56个国内外城市开通了航线航班，民航旅客吞吐量达1331.29万人次，货邮吞吐量11.03万吨；基本实现了县县通柏油路，乡乡通等级公路，村村通机动车路。

2011年，全区电话用户总数达到3183.6万户，电话普及率为每百人69.16部。其中固定电话用户650.9万户，移动电话用户2532.7万户，互联网接入用户1619.4万户。实现了村村通电、通广播电视、通电话。

5　经济发展

2011年广西实现地区生产总值1.17万亿元(数据来源于2011年广西统计公报)，其中第一产业增加值2047.30亿元，第二产业增加值5736.78亿元，第三产业增加值3930.27亿元，三次产业结构由2010年的17.5∶47.1∶35.4调整为17.5∶49.0∶33.5。财政收入1542.49亿元。城镇居民人均可支配收入188854元，农民人均纯收入5231元。

与2010年相比，广西地区生产总值增长12.3%，财政收入增长25.5%，城镇居民人均可支配收入增长10.5%，农民人均纯收入增长15.1%。同时，渔业增长11.6%，水产品产量增长5%，海水产品和淡水产品分别增长3.2%和7.3%。

6　湿地文化

广西各级党委、政府坚持“生态立区、绿色发展”。2005年，自治区党委、政府作出建设生态广西的重大战略决策；2007年，《生态广西建设规划纲要》经自治区人大常委会审议批准；2010年，出台了《关于推进生态文明示范区建设的决定》，努力建设全国生态文明示范区。

随着生态文明建设的深入，广西湿地生态建设成效突显。开展了山口红树林自然保护区等国家重要湿地调查、评估；实施了部分重要湿地区湿地保护与恢复工程；北海滨海湿地公园列为国家湿地公园试点建设；多形式多渠道开展湿地生态环境宣传教育；积极打造东兴京族(滨海渔业少数民族)、龙胜龙脊壮族(山地农业稻作文化)等反映湿地文化的生态博物馆建设；打造“大桂林山水森林度假游”“北部湾滨海森林体验游”“大西江优美森林休闲游”等生态旅游品牌。同时通过努力发展湿地生态产业，积极推进湿地保护立法工作，湿地知识与保护理念得到不断普及和提升。

第二章 湿地类型

第一节 湿地类型与面积

1 湿地类型与面积概况

广西湿地总面积为75.43万公顷，其中自然湿地（包括近海与海岸湿地、湖泊湿地、河流湿地、沼泽湿地）53.66万公顷，占湿地总面积71.14%；人工湿地21.77万公顷，占湿地总面积28.86%（图2-1）。

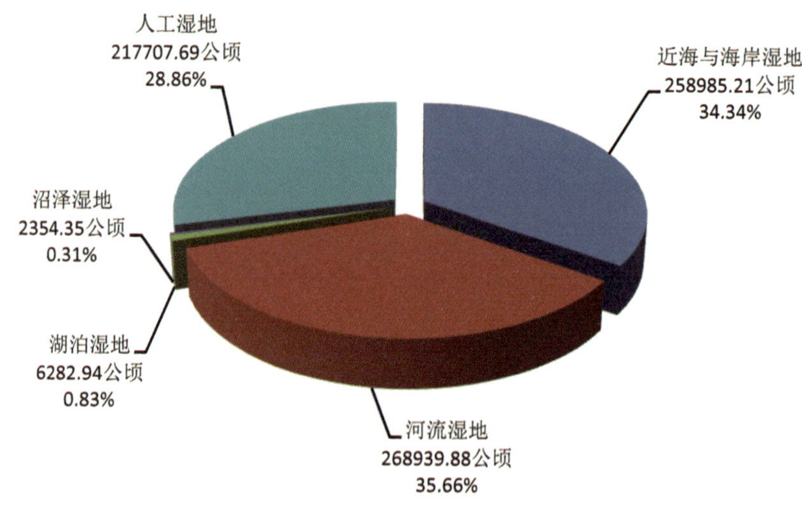

图**2-1**　广西各湿地类面积比例构成图

广西湿地资源分布图，如图2-2。

广西重点调查湿地分布图，如图2-3。

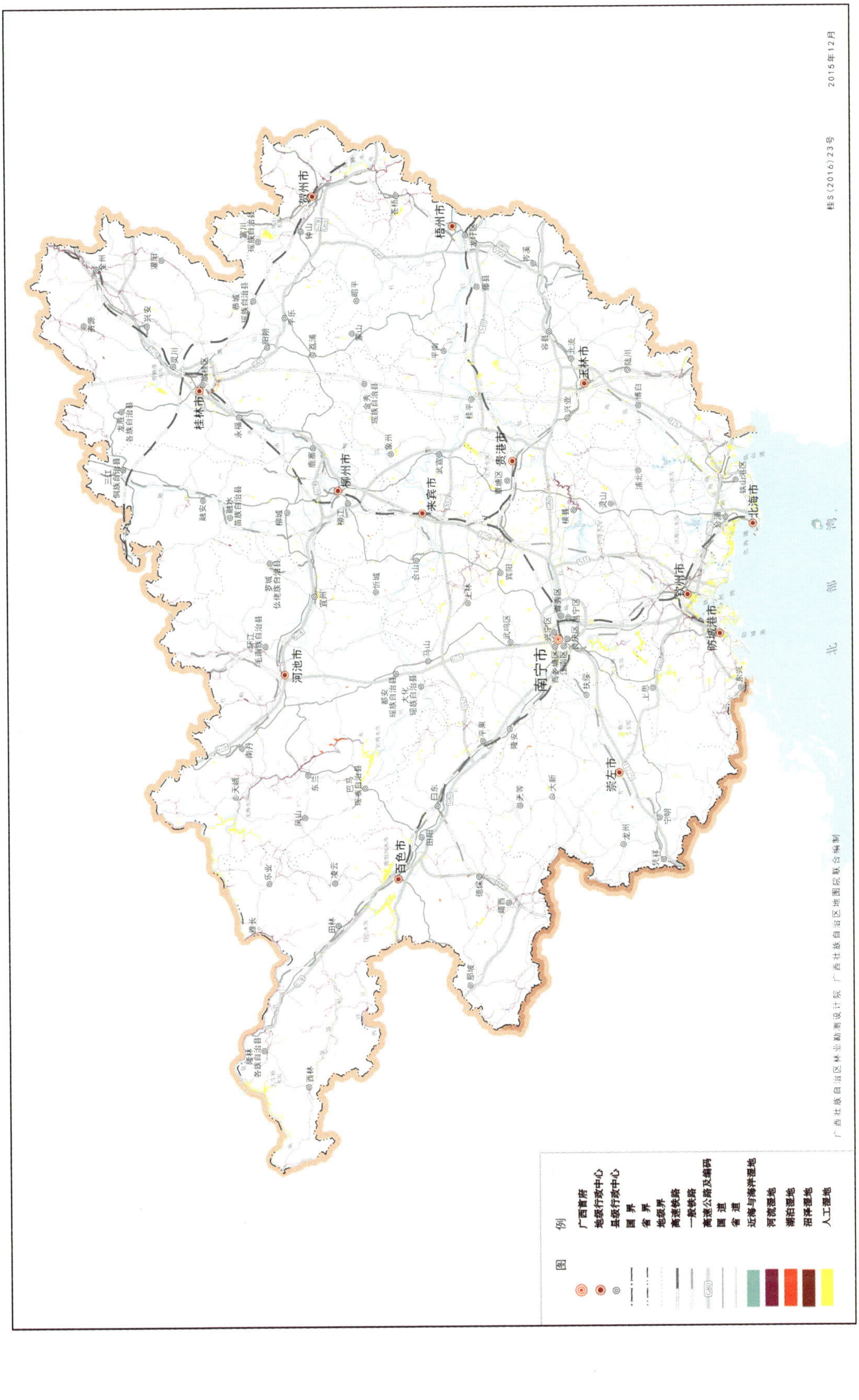

图 2-2　广西湿地资源分布图

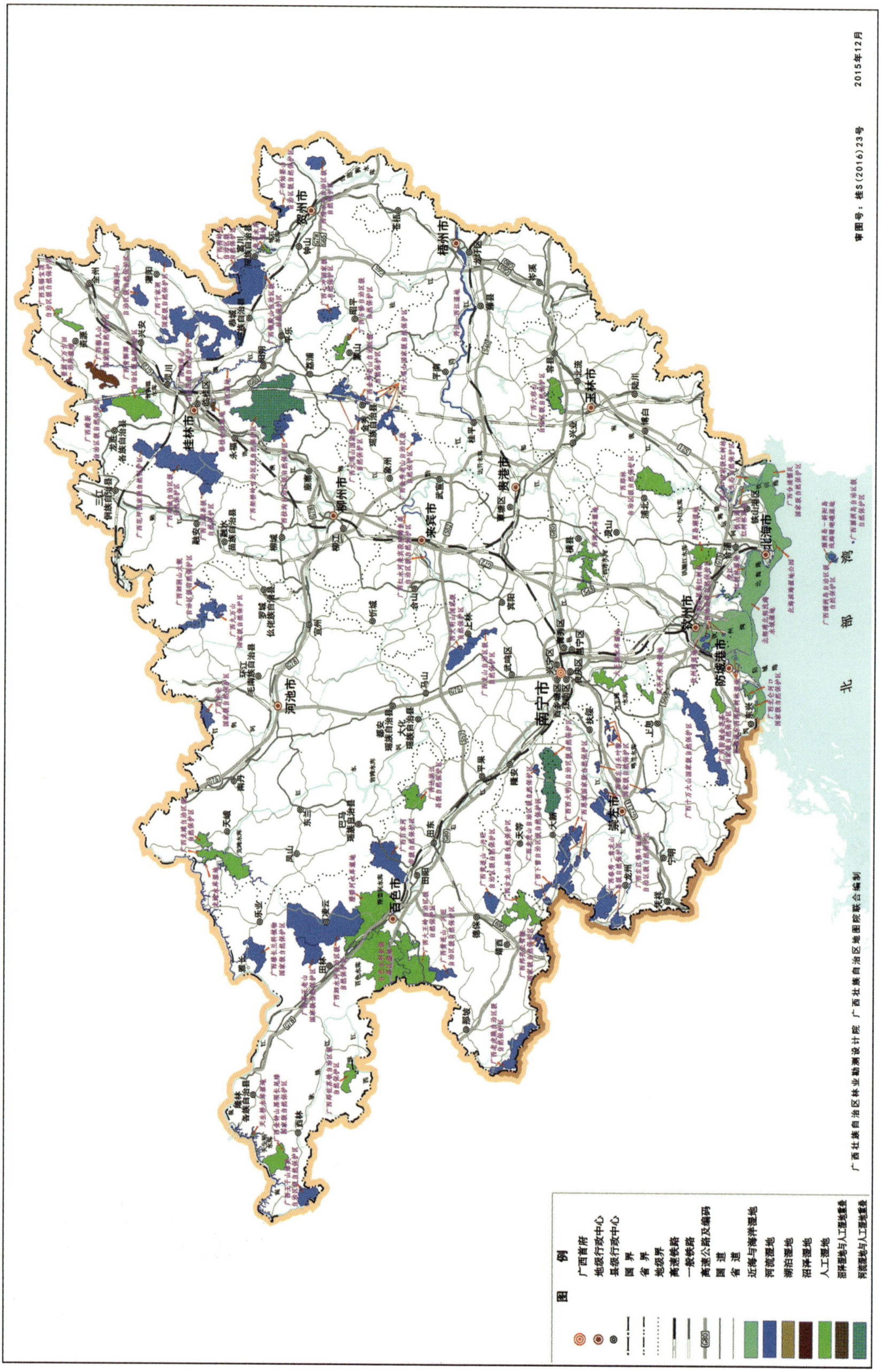

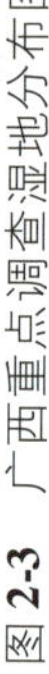

审图号：桂S(2016)23号

2015年12月

广西壮族自治区林业勘测设计院 广西壮族自治区地图院联合编制

图2-3 广西重点调查湿地分布图

广西有湿地5类24型(不含人工湿地类的水稻田型)，其中自然湿地有近海与海岸湿地、河流湿地、湖泊湿地、沼泽湿地4类20型；人工湿地有库塘、运河/输水河、水产养殖场、盐田4型，见表2-1。

此外，根据广西壮族自治区农业厅提供的数据，广西还有水稻田湿地类型面积208.86万公顷。

表2-1　广西湿地各湿地类型概况表

湿地类	湿地型	湿地型面积（公顷）	湿地型比例（%）	湿地类面积（公顷）	湿地类比例（%）
近海与海岸湿地	浅海水域	171177.68	22.69	258985.21	34.34
	潮下水生层	537.29	0.07		
	珊瑚礁	240.08	0.03		
	岩石海岸	356.09	0.05		
	沙石海滩	46903.56	6.22		
	淤泥质海滩	7045.42	0.93		
	潮间盐水沼泽	431.35	0.06		
	红树林	8780.73	1.16		
	河口水域	15623.26	2.07		
	三角洲/沙洲/沙岛	7881.69	1.04		
	海岸性咸水湖	8.06	0		
河流湿地	永久性河流	259475.87	34.40	268939.88	35.66
	季节性或间歇性河流	1499.80	0.20		
	洪泛平原湿地	7964.21	1.06		
湖泊湿地	永久性淡水湖	4436.21	0.59	6282.94	0.83
	季节性淡水湖	1846.73	0.24		
沼泽湿地	藓类沼泽	51.91	0.01	2354.35	0.31
	草本沼泽	2031.38	0.27		
	灌丛沼泽	122.10	0.02		
	森林沼泽	148.96	0.02		
人工湿地	库塘	173478.67	23.00	217707.69	28.86
	运河/输水河	2226.66	0.30		
	水产养殖场	39516.83	5.24		
	盐田	2485.53	0.33		
总　计		754270.07	100	754270.07	100

2 各类湿地概述

2.1 近海与海岸湿地

广西濒临北部湾，近海与海岸湿地均分布于滨海流域，资源十分丰富，在25.90万公顷近海与海岸湿地中，包括浅海水域、潮下水生层、珊瑚礁、岩石海岸、沙石海滩、淤泥质海滩、潮间盐水沼泽、红树林、河口水域、三角洲/沙洲/沙岛、海岸性咸水湖11个湿地型，其比例构成见图2-4。

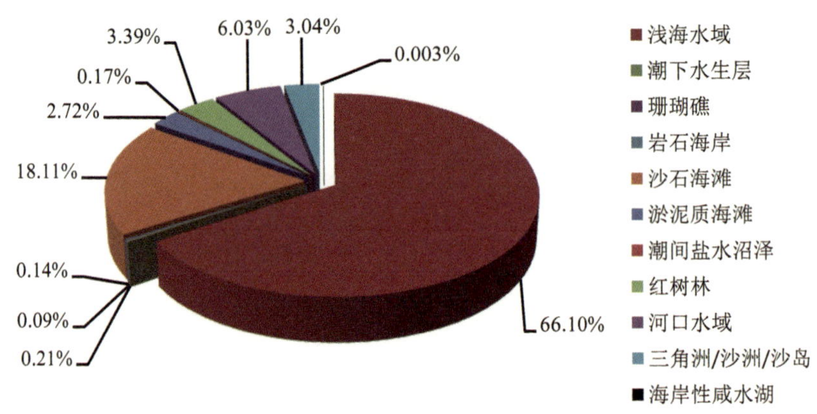

图2-4 广西近海与海岸湿地各湿地型面积比例构成图

(1)浅海水域：是指浅海湿地中，湿地底部基质为无机质组成，植被盖度<30%的区域，多数情况下低潮时水深小于6米的区域。包括海湾、海峡。全区浅海水域湿地面积达17.12万公顷，占近海与海岸湿地总面积的66.10%。

(2)潮下水生层湿地：即在海洋潮下，湿地底部基质含有机质成分，植被盖度≥30%。广西分布的为亚热带海草床。全区潮下水生层湿地面积0.05万公顷，占近海与海岸湿地总面积的0.21%。

(3)珊瑚礁湿地：即基质由珊瑚聚集生长而成的浅海湿地。全区珊瑚礁湿地面积240.08公顷，占近海与海岸湿地总面积的0.09%。

(4)岩石海岸湿地：指底部基质75%以上是岩石和砾石，包括岩石性沿海岛屿、海岩峭壁。全区岩石海岸湿地面积356.09公顷，占近海与海岸湿地总面积的0.14%。

(5)沙石海滩湿地：指由砂质或沙石组成的，植被盖度<30%的疏松海滩。全区沙石海滩湿地面积4.69万公顷，占近海与海岸湿地总面积的18.11%。

(6)淤泥质海滩湿地：指由淤泥质组成的植被盖度<30%的淤泥质海滩。全区淤泥质海滩湿地面积0.70万公顷，占近海与海岸湿地总面积的2.72%。

(7)潮间盐水沼泽湿地(图2-5)：指潮间地带形成的植被盖度≥30%的潮间沼泽，包括盐碱沼泽、盐水草地和海滩盐沼。全区潮间盐水沼泽湿地面积0.04万公顷，占近海与海岸湿地总面积的0.17%。

(8)红树林湿地(图2-6)：指由红树植物为主组成的潮间沼泽。全区红树林湿地面积0.88万公顷，占近海与海岸湿地总面积的3.39%。

图 **2-5**　潮间盐水沼泽湿地
(彭定人拍于合浦党江)

图 **2-6**　红树林湿地
(彭定人拍于合浦党江)

(9)河口水域湿地：指从近口段的潮区界(潮差为零)至口外海滨段的淡水舌锋缘之间的永久性水域。全区河口水域湿地面积1.56万公顷，占近海与海岸湿地总面积的6.03%。

(10)三角洲/沙洲/沙岛湿地：指河口系统四周冲积的泥/沙滩，沙洲/沙岛(包括水下部分)植被盖度<30%。全区三角洲/沙洲/沙岛湿地面积0.79万公顷，占近海与海岸湿地总面积的3.04%。

(11)海岸性咸水湖湿地：是地处海滨区域有一个或多个狭窄水道与海相通的湖泊，包括海岸性微咸水、咸水和盐水湖。全区海岸性咸水湖湿地面积仅8.06公顷，仅占近海与海岸湿地总面积的0.003%。

2.2　河流湿地

由于广西地势由西和西北向东和东南逐渐倾斜，四周为高耸的山地所围绕，中间为相互穿插的丘陵、台地、平原和纵横交错的谷地、盆地及弧形山脉，区内河流众多，河流湿地在全区各地都有分布。全区河流湿地共26.89万公顷，包括永久性河流、季节性河流、洪泛平原湿地3个湿地型，其比例构成如图2-7。

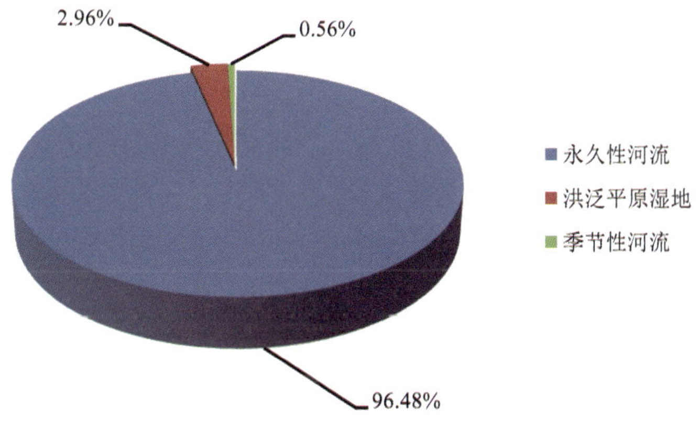

图 **2-7**　广西河流湿地各湿地型面积比例构成图

(1)永久性河流湿地(图2-8)：指常年有河水径流的河流，仅包括河床部分。全区永久性河流湿地面积25.95万公顷，占河流湿地总面积的96.48%。

图**2-8** 永久性河流湿地
(彭定人拍于红水河来宾段)

(2)季节性河流湿地(图2-9)：是指一年中只有季节性或间歇性有水径流的河流。全区季节性河流湿地面积0.15万公顷，占河流湿地总面积的0.56%。

(3)洪泛平原湿地(图2-10)：指在丰水季节由洪水泛滥的河滩、河心洲、河谷、季节性泛滥的草地以及保持了常年或季节性被水浸润的内陆三角洲。全区洪泛平原湿地面积0.80万公顷，占河流湿地总面积的2.96%。

图**2-9** 季节性河流湿地
(彭定人拍于横县)

图**2-10** 洪泛平原湿地
(彭定人拍于桂林会仙国家湿地公园)

2.3 湖泊湿地

湖泊是湖盆、湖水和水中所含物质(矿物质、溶解质、有机质以及水生生物等)组成的自然综合体，包括永久性淡水湖、季节性淡水湖、永久性咸水湖、季节性咸水湖等。广西仅分布有永久性淡水湖、季节性淡水湖两种湿地型(图2-11、图2-12)。全区湖泊湿地面积仅为0.63万公顷。其中，永久性淡水湖面积0.44万公顷，占70.61%；季节性淡水湖面积0.18万公顷，占29.39%。

图 **2-11**　永久性淡水湖湿地
（肖发凌拍于凌云浩坤湖国家湿地公园）

图 **2-12**　季节性淡水湖湿地
（黄志平拍于三十六弄—陇均自然保护区）

2.4　沼泽湿地

全区沼泽湿地 2354.35 公顷，其中藓类沼泽 51.91 公顷，草本沼泽 2031.38 公顷，灌丛沼泽 122.10 公顷，森林沼泽 148.96 公顷，如图 2-13。由于围垦、自然淤积加快等因素影响，近年来全区沼泽湿地面积锐减，保存量少而且分布零散，单块面积小(图 2-14、图 2-15、图 2-16)。

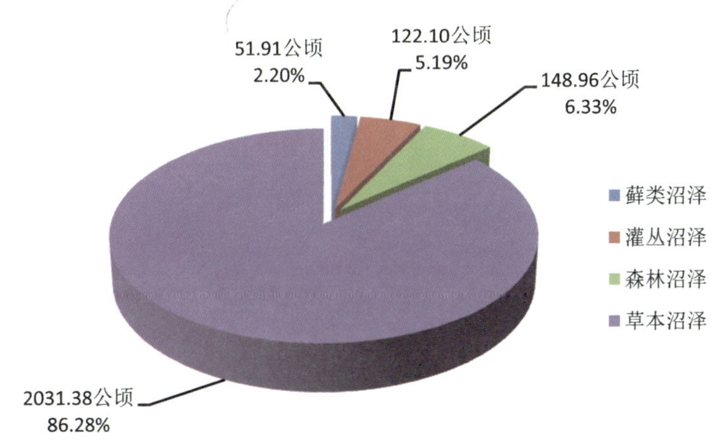

图 **2-13**　广西沼泽湿地各湿地型面积比例构成图

图 **2-14**　藓类沼泽湿地
（陆学军拍于资源县十万古田）

图 **2-15**　草本沼泽湿地
（彭定人拍于桂林会仙国家湿地公园）

图 **2-16** 森林沼泽湿地
（李甫拍于猫儿山国家级自然保护区）

2.5 人工湿地

广西人工湿地面积 21.77 万公顷，占湿地总面积的 28.86%，主要有库塘、运河/输水河、水产养殖场和盐田 4 种类型，其比例构成如图 2-17。

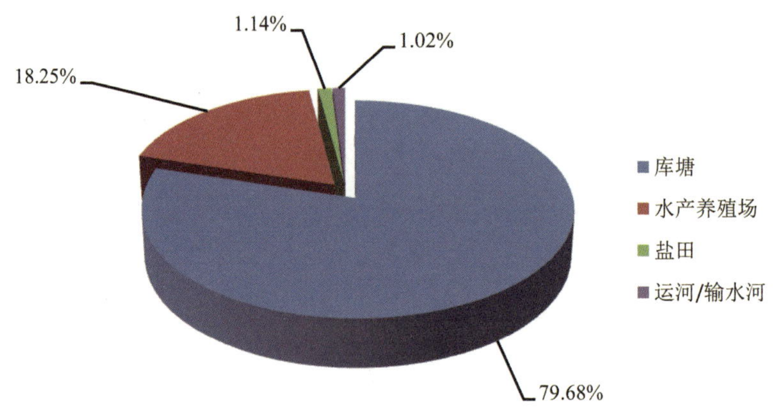

图 **2-17** 广西人工湿地各湿地型面积比例构成图

(1)库塘湿地(图 2-18)：主要是为灌溉、水电、防洪等目的而建造的，面积不小于 8 公顷的人工蓄水区。全区库塘湿地面积 17.35 万公顷，分布于低山丘陵地区，尤其在西南部和东北部低山丘陵居多。全区有蓄水量 1 亿立方米以上的大型水库 25 座，蓄水量在 0.1 亿 ~1 亿立方米的中型水库 174 座。

(2)运河/输水河湿地：包括全区为水运、输水而建造的人工河流湿地，以及以灌溉、疏浚等为主要目的的沟、渠，面积为 2226.66 公顷。广西是一个人工河流湿地较为丰富的省份，且在全区各地均有分布。很多历史久远的人工河流已经具有自然河流的属性。特别是在广西中部来宾平原和横县平原，人工河流与自然河流交织密布(图 2-19)。

图 **2-18**　库塘湿地
（彭定人拍于防城小峰水库）

图 **2-19**　运河/输水河湿地
（覃永华拍于横县）

（3）水产养殖场湿地：指以水产养殖为主要目的而建造的人工湿地。全区水产养殖场面积达3.95万公顷，主要分布于北海、钦州和防城港沿海三市，以及南宁市。广西海水资源丰富，海水养殖业较发达，特别是近年来，随着海产品价格的上涨，沿海地区群众大搞海水养殖，大量滩涂被围垦用于养殖，甚至大量农田也改造为水产养殖场。

（4）盐田湿地：主要指以为获取盐业资源而修建的晒盐场所，包括盐池、盐水泉。全区盐田面积2485.53公顷，主要分布于沿海地区。

第二节
湿地的分布规律

1　各湿地区的湿地类型分布

根据《全国湿地资源调查技术规程（试行）》和《广西壮族自治区第二次湿地资源调查实施细则》要求，全区划为150个湿地区，其中单独区划湿地区42个，零星湿地区108个，见表2-2。在单独区划的湿地区中，湿地面积最大的是北部湾北部浅海水域湿地区，其次是钦州湾湿地区，第三为浔江—西江湿地区。近海与海岸湿地面积最大的湿地区是北部湾北部浅海水域湿地区；河流湿地面积最大的湿地区是浔江—西江湿地区；湖泊湿地主要集中于东兰县零星湿地区；沼泽湿地主要集中于临桂县、资源县以及桂平市零星湿地区；人工湿地在绝大部分湿地区中均有分布，其中钦州湾湿地区分布面积最大。

表 2-2　广西各湿地区湿地概况表（公顷）

序号	湿地区名称	近海与海岸湿地	河流湿地	湖泊湿地	沼泽湿地	人工湿地	合　计
1	兴宁区零星湿地区	0	664.41	0	0	747.42	1411.83
2	青秀区零星湿地区	0	2532.57	121.59	0	555.69	3209.85
3	江南区零星湿地区	0	1519.06	8.06	0	1520.08	3047.20

（续）

序号	湿地区名称	近海与海岸湿地	河流湿地	湖泊湿地	沼泽湿地	人工湿地	合　计
4	西乡塘区零星湿地区	0	2046.34	86.32	0	2313.67	4446.33
5	良庆区零星湿地区	0	866.80	0	0	152.35	1019.15
6	邕宁区零星湿地区	0	1358.16	0	0	617.39	1975.55
7	武鸣县零星湿地区	0	2127.83	32.05	0	3251.53	5411.41
8	隆安县零星湿地区	0	2475.40	266.76	0	744.57	3486.73
9	马山县零星湿地区	0	1322.37	0	0	757.03	2079.40
10	上林县零星湿地区	0	1614.37	103.67	88.87	2289.66	4096.57
11	宾阳县零星湿地区	0	1721.52	364.69	71.11	4083.93	6241.25
12	横县零星湿地区	0	5826.64	31.55	11.07	4892.02	10761.28
13	城中区零星湿地区	0	519.52	47.01	0	8.99	575.52
14	鱼峰区零星湿地区	0	1660.80	0	0	142.48	1803.28
15	柳南区零星湿地区	0	158.04	0	0	73.77	231.81
16	柳北区零星湿地区	0	888.97	0	0	477.07	1366.04
17	柳江县零星湿地区	0	3016.92	136.97	0	947.04	4100.93
18	柳城县零星湿地区	0	4079.18	0	0	1829.10	5908.28
19	鹿寨县零星湿地区	0	6559.90	89.99	11.46	1079.27	7740.62
20	融安县零星湿地区	0	4698.73	0	0	898.59	5597.32
21	融水苗族自治县零星湿地区	0	8756.57	14.77	0	263.98	9035.32
22	三江侗族自治县零星湿地区	0	5581.47	0	0	0	5581.47
23	秀峰区零星湿地区	0	113.63	61.61	0	58.79	234.03
24	叠彩区零星湿地区	0	0	20.23	0	0	20.23
25	象山区零星湿地区	0	24.15	8.51	48.19	169.24	250.09
26	七星区零星湿地区	0	51.68	0	0	40.06	91.74
27	雁山区零星湿地区	0	239.33	8.35	33.04	481.68	762.40
28	阳朔县零星湿地区	0	763.76	77.75	0	349.34	1190.85
29	临桂县零星湿地区	0	2006.79	282.50	689.91	1652.34	4631.54
30	灵川县零星湿地区	0	796.86	0	0	327.72	1124.58
31	全州县零星湿地区	0	4737.96	0	0	1359.66	6097.62
32	兴安县零星湿地区	0	2031.39	44.61	0	644.04	2720.04
33	永福县零星湿地区	0	2224.97	12.78	0	1021.11	3258.86
34	灌阳县零星湿地区	0	1620.35	0	0	221.24	1841.59
35	龙胜各族自治县零星湿地区	0	3587.41	0	0	67.95	3655.36
36	资源县零星湿地区	0	2152.15	0	247.91	110.50	2510.56

（续）

序号	湿地区名称	近海与海岸湿地	河流湿地	湖泊湿地	沼泽湿地	人工湿地	合　计
37	平乐县零星湿地区	0	3448. 20	12. 45	0	723. 07	4183. 72
38	荔浦县零星湿地区	0	1596. 63	0	0	505. 19	2101. 82
39	恭城瑶族自治县零星湿地区	0	1986. 47	8. 12	0	636. 30	2630. 89
40	万秀区零星湿地区	0	157. 13	0	0	0	157. 13
41	蝶山区零星湿地区	0	834. 77	0	0	163. 21	997. 98
42	长洲区零星湿地区	0	664. 78	0	0	123. 63	788. 41
43	苍梧县零星湿地区	0	3984. 62	0	0	1480. 25	5464. 87
44	藤县零星湿地区	0	5895. 68	0	0	1310. 79	7206. 47
45	蒙山县零星湿地区	0	2098. 92	0	0	407. 20	2506. 12
46	岑溪市零星湿地区	0	3271. 32	0	0	312. 92	3584. 24
47	海城区零星湿地区	0	0	0	0	154. 32	154. 32
48	银海区零星湿地区	0	156. 68	0	0	2653. 73	2810. 41
49	铁山港区零星湿地区	123. 50	122. 22	0	0	2366. 09	2611. 81
50	合浦县零星湿地区	0	3575. 41	32. 47	18. 25	7180. 50	10806. 63
51	防城区零星湿地区	1708. 23	3130. 86	0	0	2149. 96	6989. 05
52	上思县零星湿地区	0	2719. 82	0	0	3773. 91	6493. 73
53	东兴市零星湿地区	0	860. 02	0	0	1689. 19	2549. 21
54	钦南区零星湿地区	0	2547. 93	0	8. 13	1376. 73	3932. 79
55	钦北区零星湿地区	0	2637. 40	0	0	1589. 24	4226. 64
56	灵山县零星湿地区	0	1103. 98	0	0	2480. 19	3584. 17
57	浦北县零星湿地区	0	2355. 56	22. 12	0	2917. 91	5295. 59
58	港北区零星湿地区	0	1307. 70	55. 77	0	2065. 10	3428. 57
59	港南区零星湿地区	0	2263. 97	27. 21	14. 50	1263. 05	3568. 73
60	覃塘区零星湿地区	0	1436. 17	54. 62	27. 02	2625. 42	4143. 23
61	平南县零星湿地区	0	2168. 36	42. 26	145. 42	2674. 34	5030. 38
62	桂平市零星湿地区	0	6997. 47	99. 41	166. 38	5351. 77	12615. 03
63	玉州区零星湿地区	0	1174. 94	0	0	1984. 79	3159. 73
64	容县零星湿地区	0	2433. 07	10. 22	0	492. 05	2935. 34
65	陆川县零星湿地区	0	827. 48	0	0	1801. 06	2628. 54
66	博白县零星湿地区	0	4429. 10	44. 71	0	6664. 85	11138. 66
67	兴业县零星湿地区	0	222. 75	0	0	953. 83	1176. 58
68	北流市零星湿地区	0	1917. 35	0	0	733. 50	2650. 85
69	右江区零星湿地区	0	2206. 23	0	0	341. 96	2548. 19

（续）

序号	湿地区名称	近海与海岸湿地	河流湿地	湖泊湿地	沼泽湿地	人工湿地	合 计
70	田阳县零星湿地区	0	2256.88	239.43	0	880.81	3377.12
71	田东县零星湿地区	0	2341.31	40.49	8.24	692.09	3082.13
72	平果县零星湿地区	0	1504.60	0	38.26	1953.39	3496.25
73	德保县零星湿地区	0	677.30	175.37	0	231.94	1084.61
74	靖西县零星湿地区	0	1015.74	230.00	18.14	1179.01	2442.89
75	那坡县零星湿地区	0	945.93	0	0	89.97	1035.90
76	凌云县零星湿地区	0	76.00	0	0	338.13	414.13
77	乐业县零星湿地区	0	1392.70	0	0	31.65	1424.35
78	田林县零星湿地区	0	2965.91	0	0	1565.75	4531.66
79	西林县零星湿地区	0	795.12	0	0	1084.79	1879.91
80	隆林各族自治县零星湿地区	0	1527.86	0	0	86.87	1614.73
81	八步区零星湿地区	0	5885.38	90.43	56.08	3065.03	9096.92
82	昭平县零星湿地区	0	5812.97	0	0	376.52	6189.49
83	钟山县零星湿地区	0	1127.23	33.58	19.94	686.06	1866.81
84	富川瑶族自治县零星湿地区	0	643.61	61.25	23.47	5137.62	5865.95
85	金城江区零星湿地区	0	1597.33	0	0	229.91	1827.24
86	南丹县零星湿地区	0	2103.73	0	0	504.67	2608.40
87	天峨县零星湿地区	0	1098.19	0	0	4046.76	5144.95
88	凤山县零星湿地区	0	809.46	0	0	107.27	916.73
89	东兰县零星湿地区	0	2794.22	1351.60	0	30.19	4176.01
90	罗城仫佬族自治县零星湿地区	0	2717.73	10.13	10.81	515.60	3254.27
91	环江毛南族自治县零星湿地区	0	3851.47	0	0	147.32	3998.79
92	巴马瑶族自治县零星湿地区	0	983.53	0	0	1081.14	2064.67
93	都安瑶族自治县零星湿地区	0	3382.59	102.29	16.29	90.47	3591.64
94	大化瑶族自治县零星湿地区	0	2827.78	12.15	0	5318.10	8158.03
95	宜州市零星湿地区	0	3519.42	33.29	0	2429.58	5982.29
96	兴宾区零星湿地区	0	4173.07	389.70	160.62	3234.28	7957.67
97	忻城县零星湿地区	0	1811.46	278.03	0	245.06	2334.55
98	象州县零星湿地区	0	3626.86	111.78	0	1770.16	5508.80
99	武宣县零星湿地区	0	4290.03	53.67	0	678.06	5021.76
100	金秀瑶族自治县零星湿地区	0	982.97	0	0	143.22	1126.19
101	合山市零星湿地区	0	540.71	0	0	290.80	831.51
102	江州区零星湿地区	0	3291.79	144.67	20.61	1417.06	4874.13

（续）

序号	湿地区名称	近海与海岸湿地	河流湿地	湖泊湿地	沼泽湿地	人工湿地	合 计
103	扶绥县零星湿地区	0	2433.80	428.41	0	1198.31	4060.52
104	宁明县零星湿地区	0	4401.41	8.25	0	1195.23	5604.89
105	龙州县零星湿地区	0	2900.28	41.60	0	439.61	3381.49
106	大新县零星湿地区	0	1826.99	10.70	0	605.63	2443.32
107	天等县零星湿地区	0	644.46	114.16	0	562.84	1321.46
108	凭祥市零星湿地区	0	295.18	0	0	157.92	453.10
109	北仑河口红树林沼泽湿地区	3045.40	0	0	0	156.91	3202.31
110	防城港湾湿地区	1318.50	0	0	0	292.18	1610.68
111	钦州湾湿地区	53169.88	295.81	0	26.27	13060.37	66552.33
112	南流江河口湿地区	3485.41	974.73	42.63	0	6486.44	10989.21
113	北海半岛滨海湿地区	1737.85	0	0	0	31.83	1769.68
114	铁山港湿地区	2265.58	0	0	0	169.28	2434.86
115	山口红树林湿地区	6746.98	8.47	0	0	1980.09	8735.54
116	北部湾北部浅海水域湿地区	182695.15	0	0	19.21	3188.52	185902.88
117	涠洲岛—斜阳岛浅海珊瑚礁湿地区	2688.73	0	0	157.34	23.12	2869.19
118	大瑶山自然保护区湿地区	0	1333.51	0	0	75.30	1408.81
119	猫儿山自然保护区湿地区	0	41.24	0	140.84	0	182.08
120	海洋山自然保护区湿地区	0	452.00	0	0	155.30	607.30
121	漓江湿地区	0	4078.53	0	0	0	4078.53
122	花坪自然保护区湿地区	0	50.94	0	0	0	50.94
123	寿城自然保护区湿地区	0	694.35	0	0	27.89	722.24
124	架桥岭自然保护区湿地区	0	846.93	0	0	751.08	1598.01
125	拉钩自然保护区湿地区	0	140.00	0	0	0	140.00
126	九万山自然保护区湿地区	0	185.45	0	8.12	52.32	245.89
127	泗水河自然保护区湿地区	0	915.92	0	0	48.55	964.47
128	岑王老山自然保护区湿地区	0	58.15	0	0	0	58.15
129	金钟山自然保护区湿地区	0	54.36	0	0	652.35	706.71
130	百东河自然保护区湿地区	0	362.02	0	0	420.25	782.27
131	七冲自然保护区湿地区	0	87.77	0	0	0	87.77
132	浔江—西江湿地区	0	16911.32	0	0	88.15	16999.47
133	大明山自然保护区湿地区	0	95.69	0	14.13	13.53	123.35

（续）

序号	湿地区名称	近海与海岸湿地	河流湿地	湖泊湿地	沼泽湿地	人工湿地	合　计
134	龙山自然保护区湿地区	0	31.37	0	0	15.16	46.53
135	古龙山自然保护区湿地区	0	18.43	0	0	42.72	61.15
136	西大明山自然保护区湿地区	0	34.58	0	0	23.63	58.21
137	崇左白头叶猴自然保护区湿地区	0	13.00	0	0	0	13.00
138	大容山自然保护区湿地区	0	38.82	0	0	469.77	508.59
139	十万大山自然保护区湿地区	0	319.83	0	0	154.89	474.72
140	红水河来宾段自然保护区湿地区	0	1374.03	0	0	0	1374.03
141	左江佛耳丽蚌自然保护区湿地区	0	700.35	0	0	0	700.35
142	星岛湖湿地区	0	0	0	0	6696.92	6696.92
143	青狮潭水库湿地区	0	677.19	50.20	0	2557.77	3285.16
144	澄碧河水库湿地区	0	348.94	0	0	4100.96	4449.90
145	西津水库湿地区	0	0	0	34.72	9614.59	9649.31
146	龙滩水库湿地区	0	710.52	0	0	6467.40	7177.92
147	天生桥水库湿地区	0	10.53	0	0	5651.02	5661.55
148	百色水利枢纽湿地区	0	189.79	0	0	7633.54	7823.33
149	大王滩水库湿地区	0	133.32	0	0	3223.15	3356.47
150	凤亭河水库湿地区	0	0	0	0	4448.54	4448.54
总　计		258985.21	268939.88	6282.94	2354.35	217707.69	754270.07

2　各流域的湿地类型分布

根据水利部全国一、二、三级流域分类规定，广西涉及4个一级流域、8个二级流域、13个三级流域，见表2-3。

在各一级流域中，西南诸河流域由于处于云贵高原边缘，地貌以中低山为主，因此以河流湿地为主，兼有少许人工湿地，属于湿地资源稀少区。

珠江流域位于广西中部，是广西农业的主产区，湿地面积占广西湿地面积的60.7%，以河流湿地、人工湿地、湖泊湿地为主，由于历史上开发利用活动影响，大量湖泊和沼泽湿地被围垦转变为农业用地或转变为以水产养殖场为主的人工湿地。但即使如此，该流域仍是广西河流湿地、湖泊湿地、库塘湿地的最集中分布区。

长江流域处于桂北石山区，湿地资源较为匮乏，面积仅占广西湿地面积的1.53%。

滨海湿地区涉及北海、钦州、防城港等3个市的合浦、铁山港、银海、海城、钦南、港口、防城、东兴共8个县(市、区)，以近海与海岸湿地为主，是广西湿地资源分布的集中区之一，面积占广西湿地面积的36.3%。湿地型主要有红树林、河口水域、浅海水域、沙石海滩等，是候鸟迁徙的主要通道和暂栖地，也是众多留鸟的理想栖息地，具有重要的保护价值。

表 2-3　广西各流域各湿地类概况表(公顷)

一级流域	二级流域	三级流域	湿地类					共　计
			近海与海岸湿地	河流湿地	湖泊湿地	沼泽湿地	人工湿地	
西南诸河	红河	盘龙江	0	734.64	0	0	78.07	812.71
	共　计		0	734.64	0	0	78.07	812.71
珠江区	南北盘江	南盘江	0	3662.60	0	0	6415.77	10078.37
	红柳江	柳江	0	61474.28	639.46	865.25	13256.56	76235.55
		红水河	0	29919.89	2643.04	351.02	29199.32	62113.27
		小　计	0	91394.17	3282.50	1216.27	42455.88	138348.82
	郁江	右江	0	18478.05	900.62	64.64	25329.15	44772.46
		左江及郁江干流	0	43743.09	1292.10	242.49	44305.93	89583.61
		小　计	0	62221.14	2192.72	307.13	69635.08	134356.07
	西江	贺桂江	0	34081.22	514.45	424.52	17165.93	52186.12
		黔浔江及西江(梧州以下)	0	43543.59	151.34	177.23	11717.40	55589.56
		小　计	0	77624.81	665.79	601.75	28883.33	107775.68
	桂南诸河	南流江、钦江等	0	22607.05	107.11	0	51648.62	74362.78
	粤西诸河	九洲江	0	1510.20	34.82	0	1828.60	3373.62
		小　计	0	24117.25	141.93	0	53477.22	77736.40
	共　计		0	259019.97	6282.94	2125.15	200867.28	468295.34
长江区	洞庭湖水系	资水冷水江以上	0	1551.14	0	0	60.94	1612.08
		湘江衡阳以上	0	7634.13	0	0	2290.74	9924.87
		小　计	0	9185.27	0	0	2351.68	11536.95
	共　计		0	9185.27	0	0	2351.68	11536.95
滨海湿地	滨海湿地	滨海湿地	258985.21	0	0	229.20	14410.66	273625.07
	共　计		258985.21	0	0	229.20	14410.66	273625.07
总　计			258985.21	268939.88	6282.94	2354.35	217707.69	754270.07

2.1　近海与海岸湿地

广西近海与海岸湿地只分布在滨海，涉及北海市、钦州市和防城港市。

2.2　河流湿地

在全区中，有 3 个一级流域、7 个二级流域、12 个三级流域分布有河流湿地，见表 2-4。

表 2-4 广西各流域河流湿地分布表(公顷)

一级流域	二级流域	三级流域	湿地型			合 计
			永久性河流	季节性河流	洪泛平原湿地	
西南诸河	红河	盘龙江	734.64	0	0	734.64
	共 计		734.64	0	0	734.64
珠江区	南北盘江	南盘江	3662.60	0	0	3662.60
	红柳江	柳江	59810.42	345.86	1318.00	61474.28
		红水河	29104.52	691.43	123.94	29919.89
		小 计	88914.94	1037.29	1441.94	91394.17
	郁江	右江	17985.48	98.79	393.78	18478.05
		左江及郁江干流	43048.41	72.95	621.73	43743.09
		小 计	61033.89	171.74	1015.51	62221.14
	西江	桂贺江	32072.55	163.47	1845.20	34081.22
		黔浔江及西江(梧州以下)	42176.01	0	1367.58	43543.59
		小 计	74248.56	163.47	3212.78	77624.81
	桂南诸河	南流江、钦江等	21619.21	24.57	963.27	22607.05
	粤西诸河	九洲江	1510.20	0	0	1510.20
		小 计	23129.41	24.57	963.27	24117.25
	共 计		250989.40	1397.07	6633.50	259019.97
长江区	洞庭湖水系	资水冷水江以上	1551.14	0	0	1551.14
		湘江衡阳以上	6200.69	102.73	1330.71	7634.13
		小 计	7751.83	102.73	1330.71	9185.27
	共 计		7751.83	102.73	1330.71	9185.27
总 计			259475.87	1499.80	7964.21	268939.88

可见，广西河流众多，珠江流域面积大，分布广泛，其中河流湿地面积较大的为珠江流域中的郁江、西江、红柳江和粤西桂南沿海诸河等二级流域，主要涉及南宁、贵港、梧州、百色、崇左、柳州等地。在各三级流域中，永久性河流湿地面积最大的是柳江流域，最小的是盘龙江流域；季节性河流湿地主要分布在红水河流域；洪泛平原湿地面积最大的是桂贺江流域。

2.3 湖泊湿地

广西的湖泊湿地均属珠江流域，面积为 0.63 万公顷。由于人为活动的干扰，广西湖泊湿地多分布在红柳江流域的红水河、郁江流域内的左江及郁江等二级流域内，见表 2-5。

表 2-5 广西珠江区各流域湖泊湿地分布表(公顷)

二级流域	三级流域	湿地型		合 计
		永久性淡水湖	季节性淡水湖	
红柳江	柳江	478.76	160.70	639.46
	红水河	2014.64	628.40	2643.04
	小 计	2493.40	789.10	3282.50
郁江	右江	252.30	648.32	900.62
	左江及郁江干流	932.30	359.80	1292.10
	小 计	1184.60	1008.12	2192.72
西江	桂贺江	486.43	28.02	514.45
	黔浔江及西江(梧州以下)	129.85	21.49	151.34
	小 计	616.28	49.51	665.79
桂南诸河	南流江、钦江等	107.11	0	107.11
粤西诸河	九洲江	34.82	0	34.82
	小 计	141.93	0	141.93
总 计		4436.21	1846.73	6282.94

2.4 沼泽湿地

全区沼泽湿地多分布于红柳江流域内的三级流域柳江流域内。广西各级流域沼泽湿地分布见表2-6。

表 2-6 广西各流域沼泽湿地分布表(公顷)

一级流域	二级流域	三级流域	湿地型				合 计
			藓类沼泽	草本沼泽	灌丛沼泽	森林沼泽	
珠江区	红柳江	柳江	51.91	683.12	122.10	8.12	865.25
		红水河	0	351.02	0	0	351.02
		小 计	51.91	1034.14	122.10	8.12	1216.27
	郁江	右江	0	64.64	0	0	64.64
		左江及郁江干流	0	242.49	0	0	242.49
		小 计	0	307.13	0	0	307.13
	西江	桂贺江	0	283.68	0	140.84	424.52
		黔浔江及西江(梧州以下)	0	177.23	0	0	177.23
		小 计	0	460.91	0	140.84	601.75
	共 计		51.91	1802.18	122.10	148.96	2125.15
滨海湿地	滨海湿地	滨海湿地	0	229.20	0	0	229.20
	共 计		0	229.20	0	0	229.20
总 计			51.91	2031.38	122.10	148.96	2354.35

2.5 人工湿地

从一级流域来看，珠江流域内人工湿地面积占全区人工湿地面积的92.26%，流域内库塘众多，主要为用于蓄水、发电、农业灌溉用的水库。全区各级流域人工湿地分布见表2-7。

表2-7 广西各级流域人工湿地分布表(公顷)

一级流域	二级流域	三级流域	湿地型				合 计
			库塘	运河/输水河	水产养殖场	盐田	
西南诸河	红河	盘龙江	78.07	0	0	0	78.07
	共 计		78.07	0	0	0	78.07
珠江区	南北盘江	南盘江	6415.77	0	0	0	6415.77
	红柳江	柳江	11972.16	206.69	1077.71	0	13256.56
		红水河	28423.48	429.89	345.95	0	29199.32
		小 计	40395.64	636.58	1423.66	0	42455.88
	郁江	右江	24998.90	91.54	238.71	0	25329.15
		左江及郁江干流	39489.37	453.54	4363.02	0	44305.93
		小 计	64488.27	545.08	4601.73	0	69635.08
	西江	桂贺江	16214.70	305.12	646.11	0	17165.93
		黔浔江及西江(梧州以下)	11005.55	62.57	649.28	0	11717.40
		小 计	27220.25	367.69	1295.39	0	28883.33
	桂南诸河	南流江、钦江等	30431.38	258.70	20958.54	0	51648.62
	粤西诸河	九洲江	1820.49	0	8.11	0	1828.60
		小 计	32251.87	258.70	20966.65	0	53477.22
	共 计		170771.80	1808.05	28287.43	0	200867.28
长江区	洞庭湖水系	资水冷水江以上	60.94	0	0	0	60.94
		湘江衡阳以上	2225.61	40.54	24.59	0	2290.74
		小 计	2286.55	40.54	24.59	0	2351.68
	共 计		2286.55	40.54	24.59	0	2351.68
滨海湿地	滨海湿地	滨海湿地	342.25	378.07	11204.81	0	14410.66
	共 计		342.25	378.07	11204.81	0	14410.66
总 计			173478.67	2226.66	39516.83	0	217707.69

3 各行政区湿地类型分布

全区14个设区市湿地分布状况见表2-8。湿地总面积排在前三位的分别是北海市、钦州市和防城港市。

北海市湿地面积为 17.68 万公顷，其中近海与海岸湿地面积 14.59 万公顷，是广西该类湿地面积最大的市，占全区同类湿地的 56.35%。境内已建立山口红树林国家级自然保护区(国际重要湿地)、合浦儒艮国家级自然保护区、涠洲岛自治区级自然保护区等 3 处与湿地密切相关的自然保护区，是全区湿地生物多样性最丰富的区域之一。

钦州市湿地面积为 8.35 万公顷，近海与海岸湿地面积 5.32 万公顷，列全区第三；人工湿地面积 2.14 万公顷，列全区第四。

防城港市湿地面积为 8.22 万公顷，其中近海与海岸湿地面积 5.99 万公顷，列全区第二；人工湿地面积 1.51 万公顷，列全区第六。境内有北仑河口国际重要湿地。

表 2-8　广西 14 个设区市湿地概况表(公顷)

序号	行政区	近海与海岸湿地	河流湿地	湖泊湿地	沼泽湿地	人工湿地	合　计
1	南宁市	0	24352.32	1014.69	219.90	37539.19	63126.10
2	柳州市	0	36105.56	288.74	11.46	5720.29	42126.05
3	桂林市	0	34248.51	587.11	1159.89	11860.27	47855.78
4	梧州市	0	28149.20	0	0	3886.15	32035.35
5	北海市	145925.73	4837.51	75.10	175.59	25774.33	176788.26
6	防城港市	59853.42	7136.67	0	45.48	15129.82	82165.39
7	钦州市	53206.06	8834.54	22.12	8.13	21379.21	83450.06
8	贵港市	0	20212.23	279.27	353.32	14014.41	34859.23
9	玉林市	0	11043.51	54.93	0	13065.12	24163.56
10	百色市	0	19663.72	685.29	64.64	28441.98	48855.63
11	贺州市	0	13556.96	185.26	99.49	9265.23	23106.94
12	河池市	0	26535.96	1509.46	35.22	19604.50	47685.14
13	来宾市	0	17737.82	833.18	160.62	6436.88	25168.50
14	崇左市	0	16525.37	747.79	20.61	5590.31	22884.08
总　计		258985.21	268939.88	6282.94	2354.35	217707.69	754270.07

全区 109 个县(市、区)湿地分布状况见表 2-9。

表 2-9　广西 109 个县(市、区)湿地概况表(公顷)

序号	县(市、区)	近海与海岸湿地	河流湿地	湖泊湿地	沼泽湿地	人工湿地	合　计
1	兴宁区	0	664.41	0	0	747.42	1411.83
2	青秀区	0	2532.57	121.59	0	555.69	3209.85
3	江南区	0	1519.06	8.06	0	2329.36	3856.48

（续）

序号	县(市、区)	近海与海岸湿地	河流湿地	湖泊湿地	沼泽湿地	人工湿地	合 计
4	西乡塘区	0	2046.34	86.32	0	2313.67	4446.33
5	良庆区	0	1000.12	0	0	5303.72	6303.84
6	邕宁区	0	1358.16	0	0	617.39	1975.55
7	武鸣县	0	2147.29	32.05	0	3251.53	5430.87
8	隆安县	0	2491.87	266.76	0	754.49	3513.12
9	马山县	0	1347.72	0	0	757.03	2104.75
10	上林县	0	1696.62	103.67	103.00	2318.35	4221.64
11	宾阳县	0	1721.52	364.69	71.11	4083.93	6241.25
12	横县	0	5826.64	31.55	45.79	14506.61	20410.59
13	城中区	0	519.52	47.01	0	8.99	575.52
14	鱼峰区	0	1660.80	0	0	142.48	1803.28
15	柳南区	0	158.04	0	0	73.77	231.81
16	柳北区	0	888.97	0	0	477.07	1366.04
17	柳江县	0	3016.92	136.97	0	947.04	4100.93
18	柳城县	0	4079.18	0	0	1829.10	5908.28
19	鹿寨县	0	6699.90	89.99	11.46	1079.27	7880.62
20	融安县	0	4698.73	0	0	898.59	5597.32
21	融水苗族自治县	0	8802.03	14.77	0	263.98	9080.78
22	三江侗族自治县	0	5581.47	0	0	0	5581.47
23	秀峰区	0	113.63	61.61	0	58.79	234.03
24	叠彩区	0	168.41	20.23	0	0	188.64
25	象山区	0	24.15	8.51	48.19	169.24	250.09
26	七星区	0	379.93	0	0	40.06	419.99
27	雁山区	0	718.04	8.35	33.04	481.68	1241.11
28	阳朔县	0	2291.95	77.75	0	492.62	2862.32
29	临桂县	0	2118.94	282.50	689.91	1652.34	4743.69
30	灵川县	0	2454.81	50.20	0	2885.49	5390.50
31	全州县	0	4753.28	0	0	1359.66	6112.94
32	兴安县	0	2523.80	44.61	140.84	799.34	3508.59
33	永福县	0	3147.64	12.78	0	1320.44	4480.86
34	灌阳县	0	1723.95	0	0	221.24	1945.19

（续）

序号	县（市、区）	近海与海岸湿地	河流湿地	湖泊湿地	沼泽湿地	人工湿地	合　计
35	龙胜各族自治县	0	3604.31	0	0	67.95	3672.26
36	资源县	0	2152.15	0	247.91	110.50	2510.56
37	平乐县	0	3761.97	12.45	0	723.07	4497.49
38	荔浦县	0	2094.28	0	0	841.55	2935.83
39	恭城瑶族自治县	0	2217.27	8.12	0	636.30	2861.69
40	万秀区	0	458.94	0	0	0	458.94
41	蝶山区	0	1834.52	0	0	163.21	1997.73
42	长洲区	0	1924.40	0	0	211.78	2136.18
43	苍梧县	0	5392.59	0	0	1480.25	6872.84
44	藤县	0	13132.12	0	0	1310.79	14442.91
45	蒙山县	0	2135.31	0	0	407.20	2542.51
46	岑溪市	0	3271.32	0	0	312.92	3584.24
47	海城区	5468.61	0	0	0	217.46	5686.07
48	银海区	29753.83	156.68	0	157.34	2805.86	32873.71
49	铁山港区	32205.29	122.22	0	0	2366.09	34693.60
50	合浦县	78498.00	4558.61	75.10	18.25	20384.92	103534.88
51	港口区	30694.43	0	0	45.48	3757.84	34497.75
52	防城区	15303.75	3334.89	0	0	2977.71	21616.35
53	上思县	0	2941.76	0	0	5586.40	8528.16
54	东兴市	13855.24	860.02	0	0	2807.87	17523.13
55	钦南区	53206.06	2737.60	0	8.13	12665.27	68617.06
56	钦北区	0	2637.40	0	0	1589.24	4226.64
57	灵山县	0	1103.98	0	0	4206.79	5310.77
58	浦北县	0	2355.56	22.12	0	2917.91	5295.59
59	港北区	0	1307.70	55.77	0	2065.10	3428.57
60	港南区	0	2263.97	27.21	14.50	1263.05	3568.73
61	覃塘区	0	1436.17	54.62	27.02	2625.42	4143.23
62	平南县	0	5585.83	42.26	145.42	2674.34	8447.85
63	桂平市	0	9618.56	99.41	166.38	5386.50	15270.85
64	玉州区	0	1174.94	0	0	2071.04	3245.98
65	容县	0	2433.07	10.22	0	492.05	2935.34

（续）

序号	县(市、区)	近海与海岸湿地	河流湿地	湖泊湿地	沼泽湿地	人工湿地	合 计
66	陆川县	0	827.48	0	0	1801.06	2628.54
67	博白县	0	4429.10	44.71	0	6664.85	11138.66
68	兴业县	0	222.75	0	0	953.83	1176.58
69	北流市	0	1956.17	0	0	1082.29	3038.46
70	右江区	0	2724.95	0	0	12090.10	14815.05
71	田阳县	0	2598.56	239.43	0	1163.27	4001.26
72	田东县	0	2341.31	40.49	8.24	692.09	3082.13
73	平果县	0	1504.60	0	38.26	1953.39	3496.25
74	德保县	0	695.73	175.37	0	231.94	1103.04
75	靖西县	0	1015.74	230.00	18.14	1221.73	2485.61
76	那坡县	0	945.93	0	0	89.97	1035.90
77	凌云县	0	998.42	0	0	386.68	1385.10
78	乐业县	0	1392.70	0	0	1447.88	2840.58
79	田林县	0	3057.91	0	0	1689.90	4747.81
80	西林县	0	810.02	0	0	2630.43	3440.45
81	隆林各族自治县	0	1577.85	0	0	4844.60	6422.45
82	八步区	0	5885.38	90.43	56.08	3065.03	9096.92
83	昭平县	0	5900.74	0	0	376.52	6277.26
84	钟山县	0	1127.23	33.58	19.94	686.06	1866.81
85	富川瑶族自治县	0	643.61	61.25	23.47	5137.62	5865.95
86	金城江区	0	1597.33	0	0	229.91	1827.24
87	南丹县	0	2103.73	0	0	504.67	2608.40
88	天峨县	0	1808.71	0	0	9097.93	10906.64
89	凤山县	0	809.46	0	0	107.27	916.73
90	东兰县	0	2794.22	1351.60	0	30.19	4176.01
91	罗城仫佬族自治县	0	2824.97	10.13	10.81	567.92	3413.83
92	环江毛南族自治县	0	3884.22	0	8.12	147.32	4039.66
93	巴马瑶族自治县	0	983.53	0	0	1081.14	2064.67
94	都安瑶族自治县	0	3382.59	102.29	16.29	90.47	3591.64
95	大化瑶族自治县	0	2827.78	12.15	0	5318.10	8158.03
96	宜州市	0	3519.42	33.29	0	2429.58	5982.29

（续）

序号	县(市、区)	近海与海岸湿地	河流湿地	湖泊湿地	沼泽湿地	人工湿地	合　计
97	兴宾区	0	5347.62	389.70	160.62	3234.28	9132.22
98	忻城县	0	1811.46	278.03	0	245.06	2334.55
99	象州县	0	3826.34	111.78	0	1770.16	5708.28
100	武宣县	0	4290.03	53.67	0	678.06	5021.76
101	金秀瑶族自治县	0	1921.66	0	0	218.52	2140.18
102	合山市	0	540.71	0	0	290.80	831.51
103	江州区	0	3744.98	144.67	20.61	1417.06	5327.32
104	扶绥县	0	2451.91	428.41	0	1198.31	4078.63
105	宁明县	0	4401.41	8.25	0	1195.23	5604.89
106	龙州县	0	3160.44	41.60	0	439.61	3641.65
107	大新县	0	1826.99	10.70	0	619.34	2457.03
108	天等县	0	644.46	114.16	0	562.84	1321.46
109	凭祥市	0	295.18	0	0	157.92	453.10
总　计		258985.21	268939.88	6282.94	2354.35	217707.69	754270.07

3.1　近海与海岸湿地

广西14个设区市中，只有沿海的北海、钦州和防城港三市分布有近海与海岸湿地，面积分布见表2-10。其中北海市的近海与海岸湿地面积最大，面积14.59万公顷，占全区近海与海岸湿地面积的56.35%；其次是防城港市，面积5.99万公顷，占23.11%；钦州市近海与海岸湿地面积5.32万公顷，占20.54%，居第三位。

表2-10　广西各设区市近海与海岸湿地分布表(公顷)

湿地型	北海市	防城港市	钦州市	合　计
浅海水域	96886.55	38229.72	36061.41	171177.68
潮下水生层	537.29	0	0	537.29
珊瑚礁	240.08	0	0	240.08
岩石海岸	60.65	167.13	128.31	356.09
沙石海滩	30557.48	12722.20	3623.88	46903.56
淤泥质海滩	4341.15	253.93	2450.34	7045.42
潮间盐水沼泽	0	41.62	389.73	431.35
红树林	3038.83	2186.74	3555.16	8780.73

（续）

湿地型	北海市	防城港市	钦州市	合　计
河口水域	5009.96	4326.49	6286.81	15623.26
三角洲/沙洲/沙岛	5253.74	1925.59	702.36	7881.69
海岸性咸水湖	0	0	8.06	8.06
总　计	145925.73	59853.42	53206.06	258985.21

3.2 河流湿地

广西14个设区市河流湿地面积分布见表2-11。柳州市有洛清江、融江、龙江等较大的江河流经，溪河密布，河流湿地面积达3.61万公顷，居14个市之首；桂林市河流湿地达3.42万公顷，居第二位；梧州市河流湿地面积2.81万公顷，居第三位。

表2-11　广西各设区市河流湿地分布表(公顷)

序号	行政区	湿地型			合　计
		永久性河流	季节性河流	洪泛平原湿地	
1	南宁市	24221.78	40.18	90.36	24352.32
2	柳州市	35332.28	55.45	717.83	36105.56
3	桂林市	31202.35	289.67	2756.49	34248.51
4	梧州市	27830.69	0	318.51	28149.20
5	北海市	4302.74	24.57	510.20	4837.51
6	防城港市	7061.72	0	74.95	7136.67
7	钦州市	8657.95	0	176.59	8834.54
8	贵港市	19462.99	0	749.24	20212.23
9	玉林市	10825.87	0	217.64	11043.51
10	百色市	19156.74	89.37	417.61	19663.72
11	贺州市	13151.01	16.06	389.89	13556.96
12	河池市	25706.68	662.70	166.58	26535.96
13	来宾市	16696.88	248.85	792.09	17737.82
14	崇左市	15866.19	72.95	586.23	16525.37
总　计		259475.87	1499.80	7964.21	268939.88

3.3 湖泊湿地

在全区14个设区市中，除了梧州和防城港市外，其余12个市均有湖泊湿地，见表2-12。河池、南宁、来宾三个市湖泊湿地面积在全区14个设区市中分别居第一、第二、第三位。

表 2-12　广西各设区市湖泊湿地分布表(公顷)

序号	行政区	永久性淡水湖	季节性淡水湖	合　计
1	南宁市	758.11	256.58	1014.69
2	柳州市	150.30	138.44	288.74
3	桂林市	575.77	11.34	587.11
4	北海市	75.10	0	75.10
5	钦州市	22.12	0	22.12
6	贵港市	279.27	0	279.27
7	玉林市	54.93	0	54.93
8	百色市	162.13	523.16	685.29
9	贺州市	168.58	16.68	185.26
10	河池市	1372.76	136.70	1509.46
11	来宾市	318.48	514.70	833.18
12	崇左市	498.66	249.13	747.79
总　计		4436.21	1846.73	6282.94

3.4　沼泽湿地

全区 14 个设区市中，除了梧州市和玉林市外，其余 12 个设区市均有沼泽湿地分布(表 2-13)。从行政区内沼泽湿地的分布情况看，广西沼泽湿地分布较多的是桂林、贵港、南宁三市，面积分别为 1159.89 公顷、353.32 公顷、219.90 公顷，分别占全区沼泽湿地面积的 49.27%、15%、9.34%。草本沼泽主要分布于桂林市、贵港市、南宁市；森林沼泽分布于桂林市、河池市；藓类沼泽和灌丛沼泽仅分布于桂林市。

表 2-13　广西各设区市沼泽湿地分布表(公顷)

序号	行政区	湿地型				合　计
		灌丛沼泽	森林沼泽	藓类沼泽	草本沼泽	
1	南宁市	0	219.90	0	0	219.90
2	柳州市	0	11.46	0	0	11.46
3	桂林市	51.91	845.04	122.10	140.84	1159.89
4	北海市	0	175.59	0	0	175.59
5	防城港市	0	45.48	0	0	45.48
6	钦州市	0	8.13	0	0	8.13
7	贵港市	0	353.32	0	0	353.32
8	百色市	0	64.64	0	0	64.64

（续）

序号	行政区	湿地型				合 计
		灌丛沼泽	森林沼泽	藓类沼泽	草本沼泽	
9	贺州市	0	99.49	0	0	99.49
10	河池市	0	27.10	0	8.12	35.22
11	来宾市	0	160.62	0	0	160.62
12	崇左市	0	20.61	0	0	20.61
总 计		51.91	2031.38	122.10	148.96	2354.35

3.5 人工湿地

从行政区内人工湿地的分布看，人工湿地面积最大的是南宁市，南宁市人工湿地主要湿地型为库塘湿地，其中部分为自然湿地经人为的滩涂围垦之后变为的水产养殖场；第二位为百色市，主要湿地型为库塘湿地；第三位是北海市，主要湿地型为水产养殖场，随着近年来海产品价格的上涨，沿海地区群众大搞海水养殖，大量滩涂被围垦用于养殖，甚至大量农田也被改造为水产养殖场。全区 14 个设区市人工湿地分布见表 2-14。

表 2-14 广西各设区市人工湿地分布表(公顷)

序号	行政区	库 塘	运河/输水河	水产养殖场	盐 田	合 计
1	南宁市	33450.38	592.70	3496.11	0	37539.19
2	柳州市	5388.03	9.28	322.98	0	5720.29
3	桂林市	10272.62	398.53	1189.12	0	11860.27
4	梧州市	3538.84	0	347.31	0	3886.15
5	北海市	5742.06	557.55	18245.06	1229.66	25774.33
6	防城港市	8318.82	84.86	5983.60	742.54	15129.82
7	钦州市	13523.61	40.99	7301.28	513.33	21379.21
8	贵港市	12183.44	224.00	1606.97	0	14014.41
9	玉林市	12381.82	0	683.30	0	13065.12
10	百色市	28288.24	76.81	76.93	0	28441.98
11	贺州市	8981.34	92.32	191.57	0	9265.23
12	河池市	19552.28	52.22	0	0	19604.50
13	来宾市	6389.12	47.76	0	0	6436.88
14	崇左市	5468.07	49.64	72.60	0	5590.31
总 计		173478.67	2226.66	39516.83	2485.53	217707.69

4 湿地分布特点

4.1 湿地类型多样，特色鲜明

广西湿地类型多样，全国有5类湿地，在广西均有分布；全国有34个湿地型，广西分布有25个湿地型，所占比例达73%。

广西湿地以喀斯特湿地和近海与海岸湿地最具特色。喀斯特湿地分布在喀斯特峰丛洼(谷)地、峰林平原(盆地)中(包括地表、地下)，以岩溶水为主要补给源，兼具山林秀美与水光潋滟，在生态功能与社会经济作用中独树一帜。

此外，广西的近海与海岸湿地在国际和国家生态地位中极其重要。根据2000年编制的《中国湿地保护行动计划》中所确定的173处国家重要湿地，涉及广西有钦州湾湿地、澄碧河水库湿地、山口红树林区湿地和北仑河口湿地共4处，其中3处属于近海与海岸湿地。同时，山口红树林区湿地和北仑河口湿地被《湿地公约》列入国际重要湿地名录，在钦州湾湿地范围内分别建立有国家级海洋公园和自治区级自然保护区各1处。

4.2 河流湿地数量众多，分布广泛

广西的地势、降雨等因素形成了众多的河流，全区各地均有广泛分布，河流湿地数量和面积居各湿地类面积之首，分别占全区湿地斑块数量和面积的52.7%和35.7%。如此众多和分布广泛的河流湿地为广西的工农业生产和人类生活提供了重要的基础。

由于广西位于云贵高原东南缘，地势由西和西北向东和东南倾斜，河流大多沿着地势呈倾斜面，从西北流向东南，形成了南盘江—红水河—黔江—浔江—西江为主干流，自西北折向东横，贯全境的水系，流域面积达全区总面积的85.2%。

此外，桂东北有注入洞庭湖水系的资水、湘江等河流；桂南分布的河流独流入海；桂西南的百都河入国际河流红河水系。

第三章 湿地生物资源

第一节 湿地植物和植被

1 湿地植物

1.1 湿地植物的界定和类型

1.1.1 湿地植物的定义

湿地植物(wetland plant)泛指在湿地环境中生长的植物。广义的湿地植物是指所有能在湿地环境中生长的植物，即除了包括仅以湿地环境作为栖息地的那部分植物，也包括那些既能在湿地环境中生长又能在中生环境(mesophytic environment)中生长的植物，例如禾本科和莎草科的一些种类。狭义的湿地植物是指那些专性在湿地环境中生长的植物，例如苦草、金鱼藻、黑藻、海菜花等种类专性在水生环境中生长。

1.1.2 湿地植物的类型

根据湿地植物对湿地环境水分的需求量、依赖性程度、生态习性以及目前人们的使用习惯，将湿地植物划分为两栖植物、半湿生植物、湿生植物、挺水植物、浮叶植物、漂浮植物和沉水植物7种生态类型。

1.1.2.1 两栖植物

两栖植物(amphibious plant)是指既能在陆生环境中生长又能在水生环境中生长的植物。这类植物的适应性较广，具有水陆两栖的特性，例如水杉、落羽杉、水松、芦苇、芦竹、喜旱莲子草等种类。由于水陆两种生境条件的截然不同，有些两栖植物在不同的环境中生长时形态上存在着比较明显的差异。

1.1.2.2 半湿生植物

半湿生植物(semi-hygrophilous plant)是指既能在湿生环境中生长又能在中生环境中生长的植物，这类植物属于耐水湿的种类，兼性生长在湿生环境中。例如野牡丹、地菍、蔊菜、繁缕、老鹳草、地瓜榕、地榆、剑叶木姜子等种类。

1.1.2.3 湿生植物

湿生植物(hygrophilous plant)是指长期生长在湿生环境中，不能忍受较长时间水分不足的植物。这类植物植株的基部通常不被水浸泡，但其土壤水分充分饱和。湿生植物是以草本植物种类占优势，例如蕺菜、虎耳草等种类，有些灌木和乔木种类也比较常见，例如长梗柳、建润楠、柳叶润楠等种类。湿生植物与一般陆生植物的最大区别是湿生植物以潮湿环境作为其栖息地，有些种类还能忍耐短期水淹，甚至长期挺立在水中亦能正常生长。

1.1.2.4 水生植物

水生植物(aquatic plant)是指能够长期在水中正常生长的植物。这类植物植株部分或全部被水所浸泡，即在水中生长。水生植物的类型比较多，根据生长环境中水的深浅不同以及植物自身生态习性的差异，水生植物可以划分为挺水、浮水和沉水植物3种类型。

(1)挺水植物(emergent plant)：是指挺立在浅水中生长的水生植物，这类植物的根或地下茎生长在水底土壤中，部分茎、叶伸出水面，因而具有陆生和水生两类植物的生长特性。常见的挺水植物有水葱、水烛、互花米草等。挺水植物中，一些种类，例如莲、菖蒲、慈姑等，仅是叶挺出水面，可称之为挺叶植物(emergent-leaved plant)。生长在热带亚热带海岸潮间带上的红树植物，例如木榄、红海榄、秋茄树、桐花树、海榄雌等，在涨潮时可完全浸没在海水之中。

(2)浮水植物(floating plant)：是指叶片或植株漂浮在水面上生长的水生植物，可以再分为浮叶植物和漂浮植物两类。浮叶植物(floating-leaved plant)，亦称根生浮叶植物(rooted floating-leaved plant)，是指根或地下茎固定生长在水底泥土中而叶浮在水面上，如睡莲、王莲、芡实等种类；漂浮植物(free-floating plant)是指植物体漂浮在水面上，如满江红、槐叶苹、浮萍、凤眼莲、大薸、水龙、水禾。

(3)沉水植物(submerged plant)：是指植物体全部或绝大部分沉没在水中生长的植物，如苦草、狐尾藻、黑藻、菹草、软骨草等。

1.2 湿地植物种类组成

1.2.1 湿地植物类群组成

1.2.1.1 类 群

广西湿地高等植物已知797种(含亚种、变种和变型，下同)，隶属于145科358属。其中，苔藓植物23科36属74种，分别占广西湿地植物科、属、种总数的15.86%、10.06%和9.28%；蕨类植物15科17属26种，分别占10.34%、4.75%和3.26%；裸子植物2科4属5种，分别占1.38%、1.12%和0.63%；被子植物105科301属692种，分别占72.41%、84.08%和86.83%。被子植物中，双子叶植物73科182属384种，分别占50.34%、50.84%和48.18%；单子叶植物32科119属308种，分别占22.07%、33.24%和38.64%。由此可见，被子植物是广西湿地植物的优势类群。广西湿地高等植物各类群数量统计见表3-1。

表 3-1 广西湿地高等植物各类群科、属、种数量统计

植物类群	科 数	占总科数(%)	属 数	占总属数(%)	种 数	占总种数(%)
苔藓植物	23	15.86	36	10.06	74	9.28
蕨类植物	15	10.34	17	4.75	26	3.26
裸子植物	2	1.38	4	1.12	5	0.63
被子植物	105	72.41	301	84.08	692	86.83
双子叶植物	73	50.34	182	50.84	384	48.18
单子叶植物	32	22.07	119	33.24	308	38.64
总 计	145	100	358	100	797	100

1.2.1.2 生活型

广西湿地维管束植物中，通过生活型划分(表 3-2)，常绿乔木、落叶乔木、常绿灌木、落叶灌木、半灌木、多年生草本和一年生草本的种数分别有 14、10、39、11、11、391 和 247 种，分别占总种数的 1.94%、1.38%、5.39%、1.52%、1.52%、54.08% 和 34.16%，即以草本植物种类占绝对优势。

表 3-2 广西湿地维管束植物种的生活型统计

生活型	常绿乔木	落叶乔木	常绿灌木	落叶灌木	半灌木	多年生草本	一年生草本
蕨类植物	0	0	0	0	0	22	4
裸子植物	1	4	0	0	0	0	0
被子植物	13	6	39	11	11	369	243
双子叶植物	13	6	35	11	11	166	142
单子叶植物	0	0	4	0	0	203	101
总 计	14	10	39	11	11	391	247

注：由于苔藓植物种类的生长年限难于确定，同时缺乏参考文献，故不进行统计分析。

1.2.1.3 生态类型

根据生态类型划分(表 3-3)，两栖植物、半湿生植物、湿生植物、挺水植物、浮叶植物、漂浮植物和沉水植物的种类分别有 28、138、366、110、18、13 和 50 种，分别占总种数的 3.87%、19.09%、50.62%、15.21%、2.49%、1.80% 和 6.92%，即以湿生植物种类居多，其次是挺水植物、沉水植物、两栖植物、浮叶植物、漂浮植物等水生植物种类。

表 3-3 广西湿地维管束植物种的生态类型统计

生态类群	两栖植物	半湿生植物	湿生植物	挺水植物	浮叶植物	漂浮植物	沉水植物
蕨类植物	2	2	15	3	1	3	0
裸子植物	4	1	0	0	0	0	0
被子植物	22	135	351	107	17	10	50
双子叶植物	18	111	185	42	14	3	11
单子叶植物	4	24	166	65	3	7	39
总 计	28	138	366	110	18	13	50

注：由于苔藓植物种类适应范围广，生态习性复杂，故不进行统计分析。

1.2.2 蕨类植物

1.2.2.1 科的统计分析

(1)科的组成：广西湿地蕨类植物共15科，各科含属、种数，见表3-4。由表可见，大部分科内属、种均贫乏。含2属的科仅金星蕨科、蹄盖蕨科，其余科均含1属。含4种的科仅金星蕨科，含2~3种的科为木贼科、瓶尔小草科、紫萁科、蹄盖蕨科、满江红科，其余科均含1种。

表3-4 广西湿地蕨类植物科的属、种组成

科 名	属 数	种 数	科 名	属 数	种 数	科 名	属 数	种 数
金星蕨科	2	4	满江红科	1	2	水蕨科	1	1
木贼科	1	3	石松科	1	1	乌毛蕨科	1	1
瓶尔小草科	1	3	水韭科	1	1	条蕨科	1	1
紫萁科	1	3	莲座蕨科	1	1	苹科	1	1
蹄盖蕨科	2	2	卤蕨科	1	1	槐叶苹科	1	1

(2)科的地理成分：在湿地蕨类植物的15科中，石松科、水韭科、瓶尔小草科、紫萁科、蹄盖蕨科、苹科、槐叶苹科和满江红科是世界分布科；莲座蕨科、卤蕨科、水蕨科、金星蕨科、乌毛蕨科和条蕨科是热带分布科；木贼科是温带分布科。从科级水平来看，广西湿地蕨类植物以世界分布科占优势，其次是热带分布科。这些科中，石松科、木贼科、水韭科、瓶尔小草科、莲座蕨科、紫萁科等是比较原始的科，其中石松科、莲座蕨科等是在古生代就有的蕨类植物；槐叶苹科是较进化的科；水韭科、水蕨科、苹科、槐叶苹科和满江红科是典型的水生蕨类植物。

(3)表征科：可以表征广西湿地蕨类植物区系主要特征的科为水韭科、卤蕨科、水蕨科、苹科、槐叶苹科、满江红科等6个，占蕨类植物总科数的40%。

1.2.2.2 属的统计分析

(1)属的组成：广西湿地蕨类植物共计17属，按含种数由多到少排列，见表3-5。含3种的属有4个，分别为木贼属、瓶尔小草属、紫萁属、毛蕨属；含2种的属仅满江红属；其余12属均仅含1种。由此可见，大部分属内种类贫乏。

表3-5 广西湿地蕨类植物属的大小排列

属 名	种 数	属 名	种 数	属 名	种 数
木贼属	3	水韭属	1	星毛蕨属	1
瓶尔小草属	3	观音座莲属	1	乌毛蕨属	1
紫萁属	3	卤蕨属	1	条蕨属	1
毛蕨属	3	水蕨属	1	苹属	1
满江红属	2	蹄盖蕨属	1	槐叶苹属	1
垂穗石松属	1	菜蕨属	1		

(2)属的地理成分：根据中国蕨类植物区系(陆树刚，2004)的划分方法，广西湿地蕨类植物属可以分为5个分布区类型：世界分布6属，包括水韭属、瓶尔小草属、蹄盖蕨属、苹属、槐叶

苹属、满江红属；泛热带分布 6 属，包括垂穗石松属、卤蕨属、水蕨属、毛蕨属、乌毛蕨属、条蕨属；旧大陆热带分布 2 属，即观音座莲属、星毛蕨属；热带亚洲至热带大洋洲分布仅莱蕨属 1 属；北温带分布 2 属，即木贼属和紫萁属。

从属级水平来看，广西湿地蕨类植物以热带分布属占优势，其次是世界分布属。这些属中，有的起源古老，如水韭属起源于古老的石松类植物；木贼属是早期陆地维管束植物楔叶类唯一的现存代表；观音座莲属是古生代的植物类群，紫萁属是中生代三叠纪的植物类群。一些属分布广泛，如木贼属目前仅澳大利亚、南极洲和新西兰尚无记载；瓶尔小草属主要分布在北半球；苹属遍布世界各地，以大洋洲及非洲南部最多。

(3)表征属：能够表征广西湿地蕨类植物区系主要特征的属有水韭属、紫萁属、卤蕨属、水蕨属、苹属、槐叶苹属、满江红属等 7 个，占蕨类植物总属数的 41. 18%。

1.2.3 种子植物

1.2.3.1 科的统计分析

(1)科的组成：根据各科所含的种数，可将广西湿地种子植物 107 科分成 4 个等级：一级含 20 种以上，二级含 10 ~ 19 种，三级含 2 ~ 9 种，四级含 1 种。各科所含属、种数列举如下(表 3-6、表 3-7)。

湿地种子植物各科中，含 10 属以上的有 4 科，占总数的 3. 74%；含 6 ~ 9 属的有 9 科，占总科数的 8. 41%；含 2 ~ 5 属的有 28 科，占总科数的 26. 17%；仅含 1 属的有 66 科，占总科数的 61. 68%。

湿地种子植物各科中，含 20 种以上的有 6 科，占总科数的 5. 61%；含 10 ~ 19 种的有 9 科，占总科数的 8. 41%；含 2 ~ 9 种的有 50 科，占总科数的 46. 73%；仅含 1 种的有 42 科，占总科数的 39. 25%。

表 3-6 广西湿地种子植物各科的数量及所占比例

级 别	科 数	比例(%)	属 数	比例(%)	种 数	比例(%)
≥20 种	6	5. 61	104	34. 10	291	41. 75
10 ~ 19 种	9	8. 41	45	14. 75	122	17. 50
2 ~ 9 种	50	46. 73	114	37. 38	242	34. 72
1 种	42	39. 25	42	13. 77	42	6. 03
合 计	107	100	305	100	697	100

表 3-7 广西湿地种子植物各科的属、种组成

科 名	属 数	种 数	科 名	属 数	种 数	科 名	属 数	种 数
禾本科	45	72	旋花科	2	3	壳斗科	1	1
莎草科	20	98	苋科	2	3	木麻黄科	1	1
菊科	18	22	蒟蒻薯科	2	3	胡桃科	1	1
唇形科	12	14	锦葵科	2	2	杜鹃花科	1	1

（续）

科　名	属　数	种　数	科　名	属　数	种　数	科　名	属　数	种　数
玄参科	9	26	败酱科	2	2	紫金牛科	1	1
荨麻科	8	32	谷精草科	1	15	夹竹桃科	1	1
天南星科	8	16	狸藻科	1	10	萝藦科	1	1
水鳖科	7	17	茨藻科	1	9	忍冬科	1	1
伞形科	6	12	杨柳科	1	8	白花丹科	1	1
茜草科	6	9	眼子菜科	1	8	车前科	1	1
石竹科	6	8	灯心草科	1	8	尖瓣花科	1	1
蝶形花科	6	6	凤仙花科	1	7	花柱草科	1	1
马鞭草科	6	6	桑科	1	6	田基麻科	1	1
睡莲科	5	8	茅膏菜科	1	6	猪笼草科	1	1
虎耳草科	5	6	堇菜科	1	5	罂粟科	1	1
蓼科	4	41	小二仙草科	1	5	远志科	1	1
鸭跖草科	4	14	马钱科	1	4	沟繁缕科	1	1
毛茛科	4	13	睡菜科	1	3	粟米草科	1	1
藜科	4	5	黄眼草科	1	3	番杏科	1	1
红树科	4	4	美人蕉科	1	3	海桑科	1	1
十字花科	3	9	香蒲科	1	3	胡麻科	1	1
报春花科	3	8	露兜树科	1	3	苦槛蓝科	1	1
千屈菜科	3	8	水玉簪科	1	3	花蔺科	1	1
雨久花科	3	5	金鱼藻科	1	2	水蕹科	1	1
杉科	3	4	野牡丹科	1	2	大叶藻科	1	1
樟科	3	4	草海桐科	1	2	川蔓藻科	1	1
角果藻科	3	4	牻牛儿苗科	1	2	芭蕉科	1	1
大戟科	3	3	酢浆草科	1	2	姜科	1	1
三白草科	3	3	菱科	1	2	竹芋科	1	1
浮萍科	3	3	松科	1	1	百合科	1	1
柳叶菜科	2	11	杉叶藻科	1	1	石蒜科	1	1
半边莲科	2	9	水马齿科	1	1	田葱科	1	1
泽泻科	2	8	使君子科	1	1	兰科	1	1
龙胆科	2	5	金丝桃科	1	1	寻灯草科	1	1
爵床科	2	5	梧桐科	1	1	刺鳞草科	1	1
桃金娘科	2	3	蔷薇科	1	1			

(2)科的地理成分：根据吴征镒(2003)的世界种子植物科的分布区类型系统，广西湿地野生种子植物102 科可以划分为8 个类型和5 个亚型(表3-8)，并依据各个类型及亚型的性质，将其归并为世界分布科、热带分布科和温带分布科三大类。

表 3-8 广西湿地野生种子植物科的分布区类型

分布区类型及其亚型	科数	比例(%)	属数	比例(%)	种数	比例(%)
1. 世界分布	45	—	204	—	491	—
2. 泛热带分布	24	42.11	53	55.21	128	64.32
2-1. 热带亚洲—大洋洲和南美洲分布	1	1.75	1	1.04	1	0.50
2-2. 热带亚洲—热带非洲—热带美洲分布	1	1.75	1	1.04	4	2.01
2S. 以南半球为主的泛热带分布	5	8.77	6	6.25	7	3.52
3. 东亚(热带、亚热带)及热带南美洲间断分布	2	3.51	7	7.29	7	3.52
4. 旧世界热带分布	3	5.26	3	3.13	5	2.51
4-1. 热带亚洲、非洲和大洋洲间断分布或星散分布	1	1.75	1	1.04	1	0.50
5. 热带亚洲至热带大洋洲分布	3	5.26	3	3.13	3	1.51
8. 北温带分布	5	8.77	5	5.21	5	2.51
8-4. 北温带和南温带间断分布	10	17.54	12	12.50	33	16.58
9. 东亚及北美洲间断分布	1	1.75	3	3.13	3	1.51
10. 旧世界温带分布	1	1.75	1	1.04	2	1.01
合 计	102	100	300	100	690	100

世界分布科：世界分布科共有45 个，占湿地野生种子植物总科数的44.12%，分别为：毛茛科、金鱼藻科、睡莲科、十字花科、堇菜科、远志科、虎耳草科、石竹科、蓼科、车前科、藜科、苋科、酢浆草科、千屈菜科、柳叶菜科、小二仙草科、水马齿科、蔷薇科、蝶形花科、桑科、杜鹃花科、伞形科、茜草科、败酱科、菊科、龙胆科、睡菜科、报春花科、白花丹科、半边莲科、田基麻科、旋花科、玄参科、狸藻科、唇形科、水鳖科、泽泻科、眼子菜科、角果藻科、茨藻科、浮萍科、香蒲科、兰科、莎草科和禾本科。这些科中的湿地植物种类以草本植物为主，其中金鱼藻科、睡莲科、睡菜科、狸藻科、水鳖科、泽泻科、眼子菜科、角果藻科、茨藻科、浮萍科、香蒲科等是典型的水生植物。

热带分布科：热带分布科共有4 个类型4 个亚型，包括泛热带分布、热带亚洲—大洋洲和南美洲分布、热带亚洲—热带非洲—热带美洲分布、以南半球为主的泛热带分布、东亚(热带、亚热带)及热带南美洲间断分布、旧世界热带分布[热带亚洲、非洲和大洋洲间断分布或星散分布]以及热带亚洲至热带大洋洲分布，共40 科，占总科数的70.16%(不包括世界分布，下同)。其中，泛热带分布的科有樟科、沟繁缕科、凤仙花科、野牡丹科、使君子科、红树科、梧桐科、锦葵科、大戟科、荨麻科、紫金牛科、夹竹桃科、萝藦科、尖瓣花科、草海桐科、花柱草科、爵床科、鸭跖草科、黄眼草科、谷精草科、雨久花科、天南星科、蒟蒻薯科和水玉簪科；热带亚洲—大洋洲和南美洲分布的科有刺鳞草科；热带亚洲—热带非洲—热带美洲分布的科有马钱科；以南半球为主的泛热带分布的科有粟米草科、番杏科、桃金娘科、石蒜科和帚灯草科；东亚(热带、亚热带)及热带南美洲间断分布的科有苦槛蓝科和马鞭草科；旧世界热带分布的科有胡麻科、芭蕉科和露兜树科；热带亚洲、非洲和大洋洲间断分布或星散分布的科有水蕹科；热带亚洲至热带大洋洲分布的科有猪笼草科、姜科和田葱科。使君子科、红树科、梧桐科、锦葵科、大戟科、紫金牛科、草海桐科、爵床科、马鞭草科等是含有红树植物的科。

温带分布科：温带分布科共有3个类型1个亚型，包括北温带分布、北温带和南温带间断分布、东亚及北美洲间断分布以及旧世界温带分布，共有17科，占总科数的29.82%。其中，北温带分布的科有杉叶藻科、金丝桃科、忍冬科和百合科；北温带和南温带间断分布的科有罂粟科、茅膏菜科、牻牛儿苗科、杨柳科、胡桃科、壳斗科、大叶藻科、川蔓藻科和灯心草科；东亚及北美洲间断分布的科有三白草科；旧世界温带分布的科有菱科。其中，杉叶藻科、大叶藻科、川蔓藻科、菱科等是典型水生植物。

从科级水平来看，世界分布科在广西维管束植物种类组成中占有优势，显示了湿地植被的隐域性。同时，热带分布科也较多。

(3)表征科：可以表征广西湿地种子植物区系主要特征的有26科，占种子植物总科数的24.30%。其中，双子叶植物有12科，分别为金鱼藻科、睡莲科、三白草科、蓼科、菱科、小二仙草科、杉叶藻科、水马齿科、红树科、睡菜科、尖瓣花科、狸藻科；单子叶植物有14科，分别为水鳖科、泽泻科、水蕹科、大叶藻科、眼子菜科、角果藻科、茨藻科、谷精草科、雨久花科、浮萍科、香蒲科、灯心草科、帚灯草科、莎草科。

1.2.3.2 属的统计分析

(1)属的组成：根据各属所含种数，将广西湿地种子植物305属分为4个等级：一级含10种以上，二级含6~10种，三级含2~5种，四级为1种，并将各属所含种数列举如下(表3-9、表3-10)。

表3-9 广西湿地种子植物属的数量级统计

级　别	属　数	比例(%)	种　数	比例(%)
>10种	5	1.64	98	14.06
6~10种	21	6.89	160	22.96
2~5种	89	29.18	249	35.72
1种	190	62.30	190	27.26
合　计	305	100	697	100

表 3-10 广西湿地种子植物各属所含种数

属名	种数	属名	种数	属名	种数	属名	种数	属名	种数
蓼属	34	犁头尖属	3	天葵属	1	杜鹃属	1	大叶藻属	1
莎草属	21	香蒲属	3	芡属	1	桐花树属	1	川蔓藻属	1
飘拂草属	17	露兜树属	3	莲属	1	海杧果属	1	针叶藻属	1
谷精草属	15	水玉簪属	3	王莲属	1	鹅绒藤属	1	角果藻属	1
荸荠属	11	砖子苗属	3	猪笼草属	1	风箱树属	1	聚花草属	1
楼梯草属	10	薏苡属	3	裸蒴属	1	新耳草属	1	芭蕉属	1
狸藻属	10	柳叶箬属	3	蕺菜属	1	薄柱草属	1	闭鞘姜属	1
薹草属	10	李氏禾属	3	三白草属	1	水锦树属	1	再力花属	1
茨藻属	9	落羽杉属	2	血水草属	1	接骨木属	1	萱草属	1
蔗草属	9	润楠属	2	豆瓣菜属	1	败酱草属	1	凤眼莲属	1
柳属	8	金鱼藻属	2	远志属	1	缬草属	1	梭鱼草属	1
冷水花属	8	萍蓬草属	2	落新妇属	1	藿香蓟属	1	刺芋属	1
母草属	8	梅花草属	2	金腰属	1	石胡荽属	1	大薸属	1
眼子菜属	8	碱蓬属	2	扯根菜属	1	蓟属	1	泉七属	1
灯心草属	8	莲子草属	2	虎耳草属	1	山芫荽属	1	浮萍属	1
毛茛属	7	老鹳草属	2	田繁缕属	1	鳢肠属	1	紫萍属	1
凤仙花属	7	酢浆草属	2	无心菜属	1	野茼蒿属	1	芜萍属	1
丁香蓼属	7	菱属	2	荷莲豆草属	1	鼠麴草属	1	文殊兰属	1
半边莲属	7	蒲桃属	2	鹅肠菜属	1	泥胡菜属	1	蒟蒻薯属	1
石龙尾属	7	野牡丹属	2	多荚草属	1	旋覆花属	1	田葱属	1
水竹叶属	7	糯米团属	2	漆姑草属	1	稻槎菜属	1	绶草属	1
茅膏菜属	6	紫麻属	2	粟米草属	1	阔苞菊属	1	薄果草属	1
榕属	6	赤车属	2	海马齿属	1	秋分草属	1	刺鳞草属	1
珍珠菜属	6	水团花属	2	金线草属	1	蟛蜞菊属	1	克拉莎属	1
慈姑属	6	下田菊属	2	荞麦属	1	黄鹌菜属	1	翅鳞莎属	1
稗属	6	蒿属	2	滨藜属	1	獐牙菜属	1	裂颖茅属	1
碎米荠属	5	鬼针草属	2	刺藜属	1	报春花属	1	水莎草属	1
堇菜属	5	球菊属	2	盐角草属	1	水茴草属	1	鳞籽莎属	1
酸模属	5	铜锤玉带属	2	大豆属	1	补血草属	1	擂鼓艻属	1
狐尾藻属	5	草海桐属	2	青葙属	1	尖瓣花属	1	赤箭莎属	1
水车前属	5	番薯属	2	千屈菜属	1	花柱草属	1	狗牙根属	1

（续）

属名	种数	属名	种数	属名	种数	属名	种数	属名	种数
银莲花属	4	假马齿苋属	2	海桑属	1	田基麻属	1	箣竹属	1
节节菜属	4	通泉草属	2	杉叶藻属	1	马蹄金属	1	剪股颖属	1
柳叶菜属	4	筋骨草属	2	水马齿属	1	胡麻草属	1	看麦娘属	1
苎麻属	4	水蜡烛属	2	水翁属	1	虻眼属	1	水蔗草属	1
天胡荽属	4	喜盐草属	2	榄李属	1	沟酸浆属	1	芦竹属	1
水芹属	4	泽泻属	2	木榄属	1	腹水草属	1	小丽草属	1
醉鱼草属	4	二药藻属	2	角果木属	1	茶菱属	1	马唐属	1
龙胆属	4	蓝耳草属	2	秋茄树属	1	老鼠簕属	1	画眉草属	1
水蓑衣属	4	海芋属	2	红树属	1	苦槛蓝属	1	蜈蚣草属	1
水筛属	4	芋属	2	金丝桃属	1	海榄雌属	1	野黍属	1
鸭跖草属	4	隐棒花属	2	银叶树属	1	紫珠属	1	甜茅属	1
菖蒲属	4	裂果薯属	2	木槿属	1	大青属	1	球穗草属	1
水蜈蚣属	4	球柱草属	2	桐棉属	1	过江藤属	1	水禾属	1
扁莎草属	4	芙兰草属	2	海漆属	1	豆腐柴属	1	膜稃草属	1
刺子莞属	4	湖瓜草属	2	算盘子属	1	牡荆属	1	距花黍属	1
稻属	4	珍珠茅属	2	水柳属	1	香薷属	1	鸭嘴草属	1
黍属	4	牛鞭草属	2	地榆属	1	活血丹属	1	千金子属	1
雀稗属	4	莠竹属	2	合萌属	1	动蕊花属	1	类芦属	1
睡莲属	3	芒属	2	黄芪属	1	地笋属	1	求米草属	1
蔊菜属	3	芦苇属	2	鱼藤属	1	薄荷属	1	狼尾草属	1
繁缕属	3	早熟禾属	2	水黄皮属	1	石荠苎属	1	甘蔗属	1
水苋菜属	3	棒头草属	2	田菁属	1	刺蕊草属	1	藨草属	1
水麻属	3	囊颖草属	2	木麻黄属	1	夏枯草属	1	金发草	1
耳草属	3	铁杉属	1	花点草属	1	黄芩属	1	鹅观草属	1
荇菜属	3	水松属	1	枫杨属	1	水苏属	1	米草属	1
婆婆纳属	3	水杉属	1	车前属	1	水罂粟属	1	稗荩属	1
苦草属	3	樟属	1	积雪草属	1	黑藻属	1	鬣刺属	1
黄眼草属	3	木姜子属	1	蛇床属	1	水鳖属	1	鼠尾粟属	1
美人蕉属	3	青冈属	1	鸭儿芹属	1	虾子草属	1	三毛草属	1
雨久花属	3	水毛茛属	1	刺芹属	1	水蕹属	1	菰属	1

种数众多的属表现其区系上的繁荣和生态上的活力。因此，一个地区的大属能较直观地体现

区系的特征。广西湿地种子植物中，含6种及6种以上的属有26属，占总属数的8.52%，分别为蓼属(34种)、莎草属(21种)、飘拂草属(17种)、谷精草属(15种)、荸荠属(11种)、楼梯草属(10种)、狸藻属(10种)、薹草属(10种)、茨藻属(9种)、蔗草属(9种)、柳属(8种)、冷水花属(8种)、母草属(8种)、眼子菜属(8种)、灯心草属(8种)、毛茛属(7种)、凤仙花属(7种)、丁香蓼属(7种)、半边莲属(7种)、石龙尾属(7种)、水竹叶属(7种)、茅膏菜属(6种)、榕属(6种)、珍珠菜属(6种)、慈姑属(6种)、稗属(6种)。

(2)属的地理成分：根据吴征镒(1991)对中国种子植物属的分布区类型的划分，广西野生湿地种子植物287属可归为12个类型和9个亚型(表3-11)，依据各个类型及亚型的性质，将它们归并为世界分布属、热带分布属、温带分布属和中国特有分布属四大类。

表3-11 广西野生湿地种子植物属的分布区类型

分布区类型及其亚型	属 数	比例(%)	种 数	比例(%)
1. 世界分布	59	—	230	—
2. 泛热带分布	81	35.53	208	47.27
2-1. 热带亚洲、大洋洲和中至南美洲间断	4	1.75	5	1.14
2-2. 热带亚洲、非洲和中至南美洲间断	3	1.32	5	1.14
3. 热带亚洲和热带美洲间断分布	3	1.32	3	0.68
4. 旧世界热带分布	14	6.14	43	9.77
4-1. 热带亚洲、非洲和大洋洲间断	3	1.32	3	0.68
5. 热带亚洲至热带大洋洲分布	19	8.33	22	5.00
6. 热带亚洲至热带非洲分布	14	6.14	19	4.32
7. 热带亚洲(印度、马来西亚)分布	17	7.46	27	6.14
7-4. 越南(或中南半岛)至中国华南(或西南)	1	0.44	2	0.45
8. 北温带分布	19	8.33	35	7.95
8-4. 北温带和南温带间断	12	5.26	22	5.00
8-5. 欧亚大陆和温带南美洲间断	1	0.44	1	0.23
9. 东亚和北美洲间断分布	9	3.95	12	2.73
10. 旧世界温带分布	10	4.39	15	3.41
10-3. 欧亚和南部非洲间断	1	0.44	1	0.23
14. 东亚分布	9	3.95	9	2.05
14(SH)中国—喜马拉雅	1	0.44	1	0.23
14(SJ)中国—日本	3	1.32	3	0.68
15. 中国特有分布	4	1.75	4	0.91
合 计	287	100	670	100

世界分布属：世界分布属有59属，占野生湿地种子植物总属数的21.15%，分别为：银莲花属、毛茛属、金鱼藻属、碎米荠属、豆瓣菜属、蔊菜属、堇菜属、远志属、多荚草属、车前属、繁缕属、蓼属、酸模属、滨藜属、碱蓬属、老鹳草属、酢浆草属、水苋菜属、千屈菜属、狐尾藻属、杉叶藻属、水马齿属、金丝桃属、鬼针草属、山芫荽属、鼠麴草属、龙胆属、荇菜属、珍珠菜属、水茴草属、补血草属、半边莲属、沟酸浆属、狸藻属、黄芩属、水苏属、大叶藻属、眼子菜属、川蔓藻属、角果藻属、茨藻属、浮萍属、紫萍属、芜萍属、香蒲属、灯心草属、薹草属、莎草属、荸荠属、水莎草属、刺子莞属、赤箭莎属、藨草属、剪股颖属、马唐属、甜茅属、黍属、芦苇属和早熟禾属。其中，金鱼藻属、狐尾藻属、杉叶藻属、荇菜属、狸藻属、大叶藻属、眼子菜属、川蔓藻属、角果藻属、茨藻属、浮萍属、紫萍属、芜萍属等是比较典型的水生植物。

热带分布属：热带分布属有6个类型4个亚型，包括泛热带分布[热带亚洲、大洋洲和中至南美洲间断，热带亚洲、非洲和中至南美洲间断]、热带亚洲和热带美洲间断分布、旧世界热带分布[热带亚洲、非洲和大洋洲间断]、热带亚洲至热带大洋洲分布、热带亚洲至热带非洲分布、热带亚洲(印度、马来西亚)分布[越南(或中南半岛)至中国华南(或西南)]，共有159属，占总属数的69.74%(不包括世界分布属，下同)。其中，泛热带分布有81属，双子叶植物有茅膏菜属、田繁缕属、荷莲豆草属、粟米草属、海马齿属、莲子草属、凤仙花属、节节菜属、丁香蓼属、红树属、木槿属、算盘子属、合萌属、鱼藤属、榕属、苎麻属、冷水花属、积雪草属、刺芹属、天胡荽属、醉鱼草属、鹅绒藤属、青葙属、耳草属、下田菊属、鳢肠属、球菊属、阔苞菊属、蟛蜞菊属、尖瓣花属、草海桐属、田基麻属、马蹄金属、番薯属、假马齿苋属、母草属、水蓑衣属、海榄雌属、紫珠属、大青属和牡荆属等41属，单子叶植物有喜盐草属、水车前属、苦草属、二药藻属、鸭跖草属、聚花草属、黄眼草属、谷精草属、闭鞘姜属、大薸属、文殊兰属、蒟蒻薯属、水玉簪属、球柱草属、克拉莎属、裂颖茅属、飘拂草属、芙兰草属、水蜈蚣属、擂鼓艻属、砖子苗属、扁莎草属、珍珠茅属、芦竹属、野黍属、球穗草属、牛鞭草属、膜稃草属、柳叶箬属、鸭嘴草属、李氏禾属、千金子属、求米草属、稻属、雀稗属、棒头草属、囊颖草属、狗牙根属、甘蔗属和鼠尾粟属等40属。热带亚洲、大洋洲和中至南美洲间断分布有4属，分别为薄柱草属、石胡荽属、铜锤玉带草属和薄果草属。热带亚洲、非洲和中至南美洲间断分布有3属，分别为糯米团属、湖瓜草属和距花黍属。热带亚洲和热带美洲间断分布有3属，分别为木姜子属、过江藤属和针叶藻属。旧世界热带分布有14属，分别为蒲桃属、榄李属、木榄属、角果木属、银叶树属、楼梯草属、虻眼属、石龙尾属、水筛属、水竹叶属、芭蕉属、雨久花属、露兜树属和水蔗草属。热带亚洲、非洲和大洋洲间断分布有3属，分别为水鳖属、水蕹属和小丽草属。热带亚洲至热带大洋洲分布有19属，分别为樟属、猪笼草属、水翁属、野牡丹属、水黄皮属、海杧果属、新耳草属、水锦树属、花柱草属、胡麻草属、通泉草属、苦槛蓝属、水蜡烛属、黑藻属、田葱属、刺鳞草属、鳞籽莎属、蜈蚣草属和鬓刺属。热带亚洲至热带非洲分布有14属，分别为大豆属、桐棉属、海漆属、水麻属、水团花属、野茼蒿属、老鼠簕属、豆腐柴属、虾子草属、蓝耳草属、翅鳞莎属、莠竹属、芒属和类芦属。热带亚洲(印度、马来西亚)分布有17属，分别为润楠属、青冈属、秋茄树属、水柳属、紫麻属、赤车属、桐花树属、刺蕊草属、海芋属、芋属、隐棒花属、刺芋属、泉七属、犁头尖属、薏苡属、水禾属和稗荩属。越南(或中南半岛)至中国华南(或西南)分布有1属，即裂果薯属。

这些属中，海榄雌属、喜盐草属、水车前属、苦草属、二药藻属、谷精草属、大薸属、针叶藻属、木榄属、石龙尾属、水筛属、水鳖属、水蕹属、黑藻属、秋茄树属、桐花树属、水禾属等是比较典型的水生植物。

温带分布属：温带分布属有4个类型5个亚型，分别为北温带分布[北温带和南温带间断分布、欧亚大陆和温带南美洲间断分布]、东亚和北美洲间断分布、旧世界温带分布、欧亚和南部非洲间断分布、东亚分布、中国—喜马拉雅分布以及中国—日本分布，共有65属，占总属数的28.52%。其中，北温带分布有19属，分别为荸蓬草属、梅花草属、虎耳草属、漆姑草属、地榆属、柳属、鸭儿芹属、杜鹃属、蒿属、蓟属、报春花属、活血丹属、地笋属、薄荷属、夏枯草属、泽泻属、绶草属、稗属和画眉草属。北温带和南温带间断分布有12属，分别为水毛茛属、金腰子属、无心菜属、盐角草属、柳叶菜属、接骨木属、缬草属、獐牙菜属、婆婆纳属、慈姑属、藨草属和三毛草属。欧亚大陆和温带南美洲间断分布有1属，即看麦娘属。东亚和北美洲间断分布有9属，分别为铁杉属、三白草属、落新妇属、扯根菜属、金线草属、风箱树属、腹水草属、菖蒲属和菰属。旧世界温带分布有10属，分别为鹅肠菜属、荞麦属、菱属、水芹属、旋覆花属、稻槎菜属、筋骨草属、香薷属、萱草属和鹅观草属。欧亚和南部非洲间断分布有1属，即蛇床属。东亚分布有9属，分别为芡属、蕺菜属、花点草属、败酱草属、泥胡菜属、秋分草属、黄鹌菜属、石荠苎属和金发草属。中国—喜马拉雅分布有1属，即箭竹属。中国—日本有3属，分别为天葵属、枫杨属和茶菱属。

中国特有分布：中国特有分布属在广西湿地植物区系中比较缺乏，仅有4属(水松属、裸蒴属、血水草属和动蕊花属)，占总属数的1.75%。其中，水松属是单型属，在中生代和第三纪是北半球植物区系的重要组成成分。

(3)表征属：能够表征广西湿地种子植物区系主要特征的属有89属，占种子植物总属数的29.18%。其中，裸子植物有2属，双子叶植物有41属，单子叶植物有46属，见表3-12。

1.2.4 湿地植物区系特征

(1)草本植物占绝对优势：在广西分布的723种湿地维管束植物中，草本植物达638种，占总种数的88.24%，因此，以草本植物占绝对优势。草本植物多生长在水田、沟渠、池塘、湖泊、河流、溪流或沼泽环境中，以水生、沼生和湿生为主，常见的有苹、满江红、莲、萍蓬草、三白草、蓼、水龙、狐尾藻、水芹、石龙尾、水蓑衣、节节草、狸藻、浮萍、紫萍、凤眼莲、慈姑、眼子菜、谷精草、苦草、香蒲、菖蒲、莎草、藨草、飘拂草、荸荠、芦苇、李氏禾、双穗雀稗、菰等。

乔木或灌木种类除了分布于海岸带的红树植物外，其余还有铁杉属、水松属、水杉属、落羽杉属、润楠属、榕属、柳属、算盘子属、水翁属、蒲桃属、水团花属、野牡丹属、木麻黄属、枫杨属、杜鹃属、风箱树属、水锦树属等，其中水杉属、落羽杉属和木麻黄属为栽培的种类。

(2)多型属的种类较多、少型属和单型属的种类较少：广西野生湿地维管束植物中，世界性多型属的种类有618种，隶属240属，分别占总数的85.48%和74.53%；少型属的种类有58种，隶属46属，分别占总数的8.02%和14.29%；单型属的种类有16种，隶属16属，分别占总数的2.21%和4.97%。

表 3-12　广西湿地种子植物表征属组成

裸子植物(2 属)						
铁杉属	水松属					
双子叶植物(41 属)						
水毛茛属	金鱼藻属	天胡荽属	节节菜属	狸藻属	虻眼属	海杧果属
三白草属	红树属	蓼属	榄李属	水芹属	狐尾藻属	茅膏菜属
丁香蓼属	秋茄树属	芡属	木榄属	海漆属	水蓑衣属	裸蒴属
茶菱属	莲子草属	盐角草属	银叶树属	水马齿属	萍蓬草属	半边莲属
石龙尾属	水苋菜属	尖瓣花属	桐花树属	蕺菜属	水团花属	老鼠簕属
豆瓣菜属	菱属	海榄雌属	荇菜属	杉叶藻属	水蜡烛属	
单子叶植物(46 属)						
苦草属	喜盐草属	香蒲属	芦竹属	紫萍属	莎草属	田葱属
大叶藻属	水筛属	柳叶箬属	芦苇属	灯心草属	荸荠属	芜萍属
泽泻属	雨久花属	黑藻属	二药藻属	克拉莎属	菰属	膜稃草属
菖蒲属	谷精草属	针叶藻属	露兜树属	茨藻属	李氏禾属	水禾属
眼子菜属	水鳖属	慈姑属	水蜈蚣属	角果藻属	隐棒花属	水蕹属
薏苡属	薄果草属	大薸属	雀稗属	水车前属	闭鞘姜属	水莎草属
稻属	浮萍属	蔗草属	虾子草属			

(3)分布区类型复杂，以热带成分占优势：广西野生湿地维管束植物科的分布区有 8 个类型和 5 个亚型，属的分布区有 12 个类型和 9 个亚型。从科级水平看，热带分布科有 46 科，占总科数的 71.88%。从属级水平看，热带分布属有 168 属，占总属数的 70.29%；温带分布属有 67 属，占 28.03%；世界分布属有 65 属，占 20.19%。可见，广西野生湿地维管束植物是以热带成分占优势。但世界分布的金鱼藻属、豆瓣菜属、蓼属、水苋菜属、狸藻属、大叶藻属、眼子菜属、浮萍属、紫萍属、香蒲属、薹草属、莎草属、荸荠属、蔗草属、芦苇属等属中的许多种类是广西湿地植被常见的建群种或优势种，而且分布面积较大，因此，世界分布成分也占有重要地位。

(4)特有属、种匮乏：广西湿地维管束植物种类丰富，但没有广西特有属，中国特有属仅有 4 属。广西特有种有短喙狐尾藻、合苞挖耳草、贵港水蓑衣、靖西海菜花、出水海菜花、橙花水竹叶、广西隐棒花和广西裂果薯 8 种，除了靖西海菜花形成小面积连片分布外，其他种的分布数量较少。由于缺乏特有属和种，广西湿地维管束植物区系的个性特征不够明显。

1.3　常见湿地植物

1.3.1　各生态类型常见种

(1)两栖植物：紫萁、华南紫萁、喜旱莲子草、长鬃蓼、刺酸模、苦郎树、黄槿、千屈菜、风箱树、水团花、有梗石龙尾、细叶水团花、枫杨、芦竹、双穗雀稗等。

(2)半湿生植物：垂穗石松、乌毛蕨、蟛蜞菊、过路黄、星宿菜、四方麻、活血丹、厚藤、下田菊、藿香蓟、鬼针草、鼠麴草、露兜树、水蔗草、雀稗等。

(3)湿生植物：节节草、星毛蕨、南方碱蓬、柳叶润楠、石榕树、毛茛、火炭母、蚕茧草、毛草龙、海马齿、石龙芮、蓼子草、莲子草、水苋菜、合萌、鸭儿芹、红马蹄草、破铜钱、半边莲、过江藤、鳢肠、垂穗飘拂草、扁穗牛鞭草、聚花草、水竹叶、海芋、灯心草、笄石菖、条穗薹草、扁鞘飘拂草、拟二叶飘拂草、短叶水蜈蚣、砖子苗、柳叶箬、铺地黍、薏苡、鸭跖草、谷精草、碎米莎草、水虱草等。

(4)挺水植物：卤蕨、莲、三白草、豆瓣菜、盐角草、光蓼、水蓼、节节菜、圆叶节节菜、丁香蓼、老鼠簕、榄李、角果木、桐花树、海榄雌、无瓣海桑、红海榄、海漆、木榄、秋茄树、柳叶白前、水芹、水蓑衣、薄荷、酸模叶蓼、齿叶水蜡烛、矮慈姑、野慈姑、剪刀草、慈姑、野芋、水烛、香蒲、华克拉莎、风车草、茳芏、短叶茳芏、荸荠、野荸荠、龙师草、水莎草、李氏禾、芦苇、菰、菖蒲、水稻、雨久花、鸭舌草等。

(5)浮叶植物：水罂粟、眼子菜、冠果草、苹、芡实、萍蓬草、睡莲、柔毛齿叶睡莲、黄睡莲、王莲、野菱、丘角菱、沼生水马齿、金银莲花、荇菜、茶菱等。

(6)漂浮植物：水龙、水鳖、水禾、凤眼莲、大薸、浮萍、紫萍、芜萍等。

(7)沉水植物：金鱼藻、五刺金鱼藻、狐尾藻、石龙尾、黄花狸藻、黑藻、海菜花、靖西海菜花、龙舌草、密刺苦草、苦草、菹草、微齿眼子菜、竹叶眼子菜、小眼子菜、角果藻、贝克喜盐草、喜盐草、日本大叶藻、二药藻、针叶藻、无尾水筛、有尾水筛、水筛、草茨藻、小茨藻等。

1.3.2 栽培种

属于人工栽培的种类有 33 种，占总种数的 4.14%，分别为：水松、水杉、池杉、落羽杉、莲、睡莲、柔毛齿叶睡莲、黄睡莲、王莲、豆瓣菜、红花酢浆草、无瓣海桑、蒲桃、紫云英、田菁、垂柳、云南柳、木麻黄、大花水蓑衣、水蕹菜、硬毛地笋、水罂粟、慈姑、焦芋、美人蕉、紫叶美人蕉、再力花、梭鱼草、文殊兰、荸荠、水稻、皇竹草、菰。其中莲、豆瓣菜、水蕹菜、慈姑、荸荠、水稻、皇竹草、菰等是常见经济种类；水松、水杉、池杉、落羽杉、睡莲、柔毛齿叶睡莲、黄睡莲、王莲、垂柳、水罂粟、美人蕉、再力花、梭鱼草、文殊兰等为常见的观赏种类。值得注意的是，一些栽培种类，例如豆瓣菜、水蕹菜、菰、文殊兰、皇竹草等，它们的野生种群(包括逸为野生)也较为常见，水松也有零星野生分布。

1.3.3 常见外来入侵种

常见的外来入侵种有土荆芥、喜旱莲子草、藿香蓟、凤眼莲、互花米草、大薸等。

1.3.4 红树植物

红树植物(mangrove)是一类生长在热带、亚热带海岸潮间带的木本植物。根据对海岸潮间带的依赖程度，红树植物可分为真红树植物和半红树植物两大类。真红树植物(true mangrove 或 exclusive mangrove)是指专一性生长在海岸潮间带的木本植物，它们只能在潮间带环境生长繁殖，在陆地环境中不能够繁殖，其主要特征是具有胎生现象、呼吸根和支柱根发达、具有泌盐组织或拒盐机制、渗透压高。半红树植物(semi-mangrove 或 mangrove associate)是指既能在海岸潮间带生存，并在潮滩上有时成为优势种，又能在陆地环境中生长繁殖的两栖木本植物。广西的红树植物分布在南部沿海的北海市、钦州市和防城港市的海岸潮间带，连片分布、面积大于0.1公顷的红树林斑块有863个，总面积8898.28公顷，主要分布于茅尾海、铁山港、大风江、珍珠港、廉州湾、防城港东湾和丹兜海，其他港湾相对较少。广西的红树植物种类有17种，隶属13科17属。其中，真红树植物有11种，隶属8科11属；无瓣海桑是由钦州市林业局于2002年从广东雷州引种到康熙岭镇沿海滩涂。角果木在研究文献中有记载，但在近年来的调查中未发现，可能已经灭绝。半红树植物有6种，隶属5科6属。红树植物种类组成及分布见表3-13。

表3-13 广西红树植物种类组成及分布

种 类	属 名	科 名	分布地点		
			北 海	钦 州	防城港
真红树					
卤蕨	卤蕨属	卤蕨科	√	√	√
无瓣海桑	海桑属	海桑科	√	√	
榄李	榄李属	使君子科	√	√	√
木榄	木榄属	红树科	√	√	√
角果木*	角果木属	红树科	√		√
秋茄树	秋茄树属	红树科	√	√	√
红海榄	红树属	红树科	√	√	√
海漆	海漆属	大戟科	√	√	√
桐花树	桐花树属	紫金牛科	√	√	√
老鼠簕	老鼠簕属	爵床科	√	√	√
海榄雌	海榄雌属	马鞭草科	√	√	√
半红树					
银叶树	银叶树属	梧桐科			√
黄槿	木槿属	锦葵科	√	√	√
杨叶肖槿	桐棉属	锦葵科	√	√	√
水黄皮	水黄皮属	蝶形花科	√	√	√
海杧果	海杧果属	夹竹桃科	√	√	√
苦郎树	大青属	马鞭草科	√	√	√

*表示文献有记载，但在近年来的调查中未发现有该种分布。

1.3.5 海 草

海草(seagrass)是一类开花的草本单子叶植物，由叶、根状茎和根系组成，生长在底质通常为淤泥质、泥沙质或沙质土壤的热带、亚热带至温带近岸浅水海域或滨海河口区水域中。面积大、连片分布的海草称为海草床。全世界海草共有12属60多种，我国有9属20多种，广西有喜盐草属、大叶藻属、二药藻属和针叶藻属4属，包括贝克喜盐草、喜盐草、日本大叶藻、羽叶二药藻、二药藻和针叶藻等6种。广西的海草床可以分为3个群系，分布在北海市合浦县以及防城港市珍珠港。其中，合浦海草床是以二药藻、日本大叶藻和喜盐草为优势种，而珍珠港海草床是由日本大叶藻组成。

1.4 珍稀濒危湿地植物

1.4.1 重点保护植物

广西湿地植物中，属于国家重点保护野生植物的有10种，其中国家Ⅰ级保护2种，国家Ⅱ级保护8种；属于广西自治区级重点保护湿地植物的有3种。保护植物种类及分布见表3-14。

表3-14 国家和自治区重点保护野生湿地植物

物种名称	保护等级	分 布
中华水韭	Ⅰ	桂林
水松	Ⅰ	桂林、梧州、合浦、防城港、浦北、陆川、富川、天等
水蕨	Ⅱ	广西各地
樟	Ⅱ	广西各地
高雄茨藻	Ⅱ	北海
金荞麦	Ⅱ	南宁、临桂、兴安、龙胜、资源、平南、容县、凌云、金秀、鹿寨
野大豆	Ⅱ	象州、桂北
野菱	Ⅱ	全州、兴安、桂东南
野生稻	Ⅱ	南宁、上林、宾阳、柳州、鹿寨、藤县、合浦、防城港、钦州、灵山、贵港、桂平、玉林、北流、百色、田东、贺州、来宾、象州
药用野生稻	Ⅱ	梧州、苍梧、藤县、邕宁、岑溪、玉林、昭平
铁杉	自治区级	融水、兴安、灌阳、资源、乐业、环江、金秀
角果木	自治区级	北海、防城港
银叶树	自治区级	防城港

注：保护等级中Ⅰ、Ⅱ级表示1999年国务院公布的《国家重点保护野生植物名录》中的种类及保护级别。“自治区级”表示列入《广西壮族自治区第一批重点保护野生植物名录》。

中华水韭又名华水韭，隶属于水韭科水韭属，属国家Ⅰ级保护野生植物。水韭属植物是古老的原始拟蕨类植物，全世界约有150种，但迄今在中国仅发现4种，即中华水韭、宽叶水韭、台湾水韭、高寒水韭。中华水韭是一种多年生沼泽蕨类，是经过第四纪冰川后残存下来的孑遗植物，在系统演化上具有很高的研究价值。野生稻是国家Ⅱ级保护植物，是具有重要潜在开发利用价值的种质基因库资源，由于其生境范围越来越窄，个体数量日趋减少，处于濒危状态。此外，水杉和莲亦为国家重点保护植物，但在广西没有野生的，均系栽培。

1.4.2 其他珍稀濒危植物

广西湿地维管束植物中，列入世界自然保护联盟(IUCN)发布的濒危物种红色名录(2010，2011)的有2中，其中水松列为极危(CR)，贝克喜盐草列为易危(VU)。

列入《濒危野生动植物种国际贸易公约》(CITES)附录Ⅱ的有2种：猪笼草和绶草，其国际贸易受到严格管制。

列入《中国物种红色名录》(汪松等，2004)的有7种，其中出水海菜花列为极危(CR)；水松、海菜花、药用野生稻、普通野生稻列为易危(VU)；铁杉、箭根薯列为近危(NT)。

1.5 特有湿地植物

广西湿地维管束植物中，属中国特有分布的共14种，包括铁杉、水杉和水松等3种裸子植物以及裸蒴、血水草、动蕊花、短喙狐尾藻、合苞挖耳草、贵港水蓑衣、靖西海菜花、出水海菜花、橙花水竹叶、广西隐棒花、广西裂果薯11种被子植物。

广西特有的湿地维管束植物有8种，分别为短喙狐尾藻、合苞挖耳草、贵港水蓑衣、靖西海菜花、出水海菜花、橙花水竹叶、广西隐棒花、广西裂果薯。

特有湿地植物中，铁杉是珍稀濒危古老裸子植物，是第三纪孑遗树种，主要分布于广东、广西、贵州、湖南、江西、安徽、福建等地，耐阴湿是猫儿山森林沼泽湿地的主要建群种之一。水松主要分布在广东珠江三角洲和福建的中部、北部及闽江下游地区，在广东西部、广西东南部、江西东部及云南东南部亦有零星分布，是国家Ⅰ级保护植物。水杉是古老的第三纪孑遗植物，被称为“活化石”，属国家Ⅰ级保护植物，主要分布在湖北省利川市，湖南省的龙山县和桑植县、重庆市的石柱县冷水溪乡等地也有分布，广西各地有引种栽培。合苞挖耳草是我国珍稀濒危的食虫植物之一。

1.6 资源植物

湿地植物具有维持生物多样性、美化环境、净化水质、保护岸堤等功能并具有一定经济效益。根据湿地植物的功能作用，广西湿地资源植物可以划分为4大类22小类。在这些资源植物中，目前开发利用比较普遍的是防风固堤植物、降污植物、绿肥植物、食用植物、药用植物、饲用植物、淀粉植物、蜜源植物、纤维植物和观赏植物。

1.6.1 环境保护植物

环境保护植物是指对湿地生态环境起到一定保护作用的湿地植物。这类湿地植物通常生长快、枝繁叶茂、根系发达，具有较强的固土、抗风、降污等能力。

(1)促淤造陆植物：这类植物具有较强的网罗碎屑物质能力，促进淤泥积；如红海榄、木榄、秋茄树、桐花树、海榄雌等红树植物种类，互花米草等米草属植物种类。

(2)固土植物：这类植物的根系或横走茎比较发达，能够防止或减少土壤被波浪或水流的侵蚀，如芦苇、李氏禾、铺地黍、菰、牛毛毡、鸭跖草、水竹叶等。

(3)防风固堤植物：这类植物通过植物体的阻挡作用，能降低风速、减缓波浪或水流的速度，从而减少波浪对堤岸的冲刷，如红树植物、枫杨、细叶水团花等种类。

(4)指示植物：这类植物能在一定范围内指示生长环境或某些环境条件。例如，黄花狸藻指示酸性水体；鸭跖草是辐射污染的指示植物。

(5)降污植物：这类植物能对水体中的有毒有害物质进行吸收、转化和降解，或将水体中的有毒、有害物质累积在植物体内，从而改善水质，净化环境，如李氏禾、香蒲、凤眼莲等。

(6)绿肥植物：这类植物能有效增加土壤的肥力。例如，紫云英是一种优良的绿肥植物。

(7)动物栖息地植物：这类植物能为动物提供栖息、觅食、躲避敌害、繁育等场所，如红树植物、芦苇、菰等种类及其构成的群落。

1.6.2 经济植物

(1)食用植物：这类植物的根、茎、叶或种子能够食用。例如，蕺菜、鸭儿芹、水芹、水蕨等属于野生蔬菜类；莲、豆瓣菜、水蕹菜、慈姑、水稻、菰、荸荠等为常见栽培的水生蔬菜。

(2)药用植物：这类植物按其药用功效可分成解表药、清热药、利水渗湿药、止血药等类型，常用的种类有节节草、蕺菜、地耳草、积雪草、破铜钱、半边莲、菖蒲、灯心草等。

(3)饲用植物：这类植物的茎叶可以为家畜、禽类和野生动物所食用，其中饲用价值比较高的种类有喜旱莲子草、黑藻、李氏禾、菰、凤眼莲、大薸、浮萍、水竹叶等。

(4)淀粉植物：这类植物的地下茎或种子的淀粉含量比较高，可以用来提取淀粉、常见的种类有莲、慈姑、薏苡、荸荠等。

(5)芳香植物：这类植物具有香气，并可提取芳香油。例如，从薄荷中可提取薄荷油，而薄荷油是牙膏、食品、医药、日用化妆品、烟草等不可缺少的芳香原料。

(6)蜜源植物：这类植物花期长、蜜质优良无毒，适合蜜蜂采蜜。许多湿地植物种类，如水蓼、莲、毛茛、丁香蓼、红树植物等都是比较好的蜜源植物。

(7)纤维植物：这类植物富含纤维，可用作编织、造纸等原料，如芦苇、硕大蔗草、水毛花、萤蔺、灯心草、短叶茳芏等。

(8)能源植物：这类植物可提供能源，利用水生植物作为燃料是增加能源供应的途径之一，如香蒲、凤眼莲、灯心草等。

(9)杀虫植物：这类植物的提取物具有杀虫、抑制病菌的作用，如水蓼、虎杖、三白草、醉鱼草、海漆等。

(10)鞣料植物：这类植物鞣质含量比较高，如皱叶酸模的根含鞣质15.7%～38.8%、叶含鞣质17.3%～36.7%。

(11)观赏植物：许多湿地植物具有很高的观赏价值，是营造园林、庭院水景的重要植物，如睡莲、王莲、莲、萍蓬草、梭鱼草、风车草等。

(12)油脂植物：这类植物的油脂含量比较高。例如，鸭跖草的种子油含量25%～40%，可用于制作肥皂；豆瓣菜种子的含油量达24%。

1.6.3 种质资源植物

植物种质资源是人类赖以生存和发展的物质基础，也是生物产业可持续发展的重要物质基础。保护植物种质资源是植物育种的基础，挖掘和利用有利基因可为植物育种提供丰富的基因资源。其中，作物近缘种植物是经济作物的野生种或它们的近缘种。由于野生种、近缘种通常具有抗病、抗虫、抗旱、抗寒等优良性状，是用于改良栽培植物遗传性状和经济性状的重要基因库，如菰、普通野生稻等种类。

1.6.4　特有和珍稀濒危植物

特有和珍稀濒危植物资源是大自然赋予人类珍贵的自然遗产，是生物多样性的重要组成部分，它们在经济、科学、文化、教育等方面都具有重要意义。具体的种类在本章 1.4 及 1.5 中已有描述，在此不予赘述。

2　湿地植被

2.1　分类系统

按照植被型组—植被型—群系的分类系统，将广西湿地植被的主要类型划分为 7 个植被型组、13 个植被型和 70 个群系(表 3-15)。

表 3-15　广西湿地植被分类系统

植被型组	植被型	群系组
Ⅰ. 针叶林湿地植被型组	1. 常绿针叶林湿地植被型	(1)铁杉群系
Ⅱ. 阔叶林湿地植被型组	2. 落叶阔叶林湿地植被型	(2)枫杨群系
	3. 常绿阔叶林湿地植被型	(3)木麻黄群系
		(4)樟群系
		(5)褐叶青冈群系
	4. 竹林湿地植被型	(6)华西箭竹群系
	5. 季节性雨林湿地植被型	(7)水翁群系
Ⅲ. 灌丛湿地植被型组	6. 落叶阔叶灌丛湿地植被型	(8)细叶水团花群系
	7. 常绿阔叶灌丛湿地植被型	(9)野牡丹群系
		(10)水柳群系
Ⅳ. 草丛湿地植被型组	8. 莎草型湿地植被型	(11)野荸荠群系
		(12)华克拉莎群系
		(13)条穗薹草群系
		(14)水莎草群系
		(15)茳芏群系
		(16)短叶茳芏群系
	9. 禾草型湿地植被型	(17)芦苇群系
		(18)卡开芦群系
		(19)李氏禾群系
		(20)互花米草群系
		(21)铺地黍群系
		(22)双穗雀稗群系
		(23)五节芒群系
		(24)柳叶箬群系
		(25)菰群系
		(26)扁穗牛鞭草群系

（续）

植被型组	植被型	群系组
Ⅳ. 草丛湿地植被型组	10. 杂类草湿地植被型	(27)节节草群系
		(28)水蓼群系
		(29)酸模叶蓼群系
		(30)光蓼群系
		(31)慈姑群系
		(32)过江藤群系
		(33)水烛群系
		(34)香蒲群系
		(35)灯心草群系
		(36)羽状刚毛藨草群系
Ⅴ. 浅水植物湿地植被型组	11. 漂浮植物型	(37)满江红群系
		(38)浮萍群系
		(39)槐叶苹群系
		(40)凤眼莲群系
		(41)大薸群系
		(42)喜旱莲子草群系
		(43)水龙群系
	12. 浮叶植物型	(44)菱群系
		(45)睡莲群系
		(46)莲群系
		(47)萍蓬草群系
	13. 沉水植物型	(48)菹草群系
		(49)竹叶眼子菜群系
		(50)苦草群系
		(51)密刺苦草群系
		(52)海菜花群系
		(53)靖西海菜花群系
		(54)金鱼藻群系
		(55)石龙尾群系
		(56)黑藻群系
		(57)狐尾藻群系
Ⅵ. 红树林湿地植被型组		(58)海榄雌群系
		(59)秋茄树群系
		(60)木榄群系
		(61)红海榄群系
		(62)桐花树群系
		(63)无瓣海桑群系
		(64)老鼠簕群系
		(65)海漆群系
		(66)银叶树群系
		(67)黄槿群系

（续）

植被型组	植被型	群系组
Ⅶ. 海草床湿地植被型组		(68)日本大叶藻群系
		(69)二药藻群系
		(70)喜盐草群系

2.2 主要类型

(1)铁杉群系：铁杉林在广西中北部各较高海拔的山地均有分布，但形成森林沼泽的目前仅发现一处，即桂林市猫儿山自然保护区八角田海拔1900米左右的山顶台地，面积约100公顷，是广西森林沼泽的主要植被类型之一。群落可分为乔木、灌木和草本3个层次。乔木层高10~15米，盖度60%~70%，以铁杉为优势，其他种类有褐叶青冈、大八角、曼青冈、厚叶杜鹃等。灌木层盖度60%，以箭竹为主。草本层盖度20%左右，以沿阶草为优势。

(2)枫杨群系：该群系是常见的落叶阔叶林湿地植被类型，在广西各地广泛分布，多见于河流沿岸、河漫滩或河心洲上，呈带状或小块状分布，面积一般都不大。群落高度可达15米，盖度可达70%，通常为单优群落。

(3)木麻黄群系：该群系广泛分布于广西南部沿海海岸以及涠洲岛等岛屿，均为人工种植，生长在高潮线附近，土壤为滨海盐土，沿海岸成间断的带状分布，面积达数百公顷以上。群落乔木层高度可达15米以上，盖度达80%，除有个别窿缘桉外，全部为木麻黄。灌木层盖度一般在30%以下，常见的优势种有露兜树、仙人掌、单叶蔓荆等。草本层盖度10%~80%，常见的优势种有厚藤、多枝扁莎、鬣刺、沟叶结缕草等。

(4)樟群系：该群系在广西东北部的河流湿地分布比较普遍，多沿河岸呈狭带状或小块状分布，面积不大。群落高10~25米，盖度达70%，通常为单优群落，有时混生有枫杨、朴树等乔木种类。

(5)褐叶青冈群系：该群系也是广西森林沼泽的主要植被类型之一，主要见于桂林市猫儿山自然保护区八角田海拔1900~2050米的山顶台地，面积数十公顷。群落高度在9米以下，通常3.5~6米，成灌丛状，盖度在70%以上，以褐叶青冈为优势，其他常见的种类有铁杉、厚叶杜鹃、山桂花、包果柯、长梗冬青等。

(6)华西箭竹群系：该群系分布于资源县十万古田海拔1600米左右的山顶台地，面积122.1公顷。群落高1.5~2米，盖度85%以上，为单优群落。

(7)水翁群系：该群系是唯一的季节性雨林湿地植被类型，分布于龙州、上林、武鸣、隆安、大新、防城港等地，通常生长在河流两岸或河漫滩上，成狭带状或小块状分布，面积一般都较小。群落乔木层高5~8米，盖度40%~60%，以水翁为绝对优势，偶见水蒲桃、对叶榕等混生其中。灌木层盖度40%左右，无明显优势种，常见的有白饭树、石榕树、长叶水麻、粗叶榕等。草本层盖度30%以下，常见的优势种有芦竹、金丝草等。

(8)细叶水团花群系：广西各地广泛分布，常见于河漫滩和河心洲，多呈带状或斑块状分布，面积一般都不大。群落灌木层高度1.5~3米，盖度40%~60%，以细叶水团花为优势，其他组成种类因分布地不同而各异，常见的有石榕树、水柳、柳叶润楠、硬叶蒲桃、白背枫、长叶水麻、白饭树等。由于常受洪水冲刷，草本层通常不发育，常见的种类有芦竹、金丝草、水蓼、火炭母、五节芒等。

(9)野牡丹群系：在广西各地都有分布，常见于撂荒的水田或镶嵌分布于草本沼泽湿地中，多成小块状分布。群落灌木层高1.2~1.5米，盖度30%~70%，以野牡丹为优势，有时混生有朝天罐、桃金娘、地桃花等一些非湿地植物。草本层盖度常70%以上，常以地菍及莎草科、禾本科的种类为优势。

(10)水柳群系：在广西中部、西部和南部分布较广泛，常见于河流沿岸、河漫滩以及河心洲，呈狭带状或块状分布，为分布面积较大的灌丛湿地植被类型。群落高度1.2~1.6米，盖度40%~70%，单优群落或与白背枫、柳叶润楠等形成共优群落。由于常受洪水冲刷，草本层通常不发育，但在较高的河漫滩，草本层盖度常较大，以火炭母、五节芒和芦竹等为优势。

(11)野荸荠群系：该群系是常见的莎草型湿地植被，在广西各地广泛分布，常见于草本沼泽湿地和湖泊湿地中，有时在河流湿地的浅水处也有分布，在南部沿海地区撂荒水田上大面积连片分布，是分布面积较大的草丛湿地植被类型之一。群落高0.5~0.8米，盖度30%~60%，为单优群落，或与短叶茳芏、李氏禾、双穗雀稗等组成共优群落。

(12)华克拉莎群系：主要分布于广西中西部、东北部，常见于沼泽湿地或湖泊湿地和库塘湿地的浅水区域，呈斑块状分布，在东北部的沼泽湿地和湖泊湿地(如桂林会仙湿地)中连片分布，形成较大面积的草本沼泽。群落高1.5~2.5米，盖度60%~95%，以华克拉莎为优势，或与水烛形成共优势群落，其他种类有菰、水毛花、野荸荠等。

(13)条穗薹草群系：分布于广西东北部，见于沼泽湿地或河流湿地、库塘湿地的浅水区域，呈小块状分布，分布面积较小。群落高0.5~1米，盖度80%~95%，常为单优群落。

(14)水莎草群系：该群系也是常见的莎草型湿地植被，在广西各地广泛分布，见于草本沼泽湿地、农田、池塘、河漫滩或水库消落带，呈小块状分布，但分布面积一般不大。群落高度0.5~1米，盖度50%~80%，以水莎草为优势，常见的伴生种有水毛花、李氏禾、酸模叶蓼等。

(15)茳芏群系：该群系主要分布于防城港市、钦州市和北海市的沿海地区，见于河口三角洲、潮间盐水沼泽等近海与海岸湿地中，有时较大面积连片分布。群落高1~1.6米，盖度40%~80%，以茳芏优势，常见的伴生种有短叶茳芏、锈鳞飘拂草、多枝扁莎等。

(16)短叶茳芏群系：该群系也是常见的莎草型湿地植被，在广西东北部、中部、东部至南部有分布，在防城港市和钦州市的河口三角洲或潮间盐水沼泽湿地中常有数公顷至数十公顷的大面积连片分布，也是分布面积较大的草丛湿地植被类型之一。群落高1.2~1.8米，盖度40%~70%，以短叶茳芏为优势，或与茳芏、芦苇、锈鳞飘拂草等形成共优势群落，群落中其他常见种有双穗雀稗、铺地黍等。在潮间盐水沼泽湿地，短叶茳芏群落中常散生秋茄树、桐花树、老鼠簕等红树植物。

(17)芦苇群系：该群系是常见的禾草型湿地植被，也是分布面积较大的草丛湿地植被类型之一，见于广西各地，在河流、湖泊、库塘、沼泽以及近海与海岸湿地中都有分布。较大面积连片分布的芦苇群落见于防城港市和钦州市的潮间盐水沼泽湿地以及桂林会仙的草本沼泽湿地中，特别是防城港市和钦州市的潮间盐水沼泽湿地中常见数公顷至数十公顷的连片分布。群落高1.5~

2.5 米，盖度 40% ~90%，以芦苇为优势，或在内陆湿地可与水烛形成共优势群落，在近海与海岸湿地与短叶茳芏形成共优势群落。在潮间盐水沼泽湿地，芦苇群落中常散生秋茄树、桐花树等红树植物。

(18)卡开芦群系：该群系分布于广西各地，常见于河流湿地岸边、库塘湿地的浅水区域以及草本沼泽湿地中，呈狭带状或斑块状分布，但分布面积不大。群落高 1.5 ~3 米，盖度 50% ~90%，常以单优群落出现。

(19)李氏禾群系：该群系广泛分布于广西各地，常见于河流、湖泊、库塘等湿地的岸边或者浅水区域以及沼泽湿地中，但分布面积一般都不大。群落高 0.3 ~0.8 米，盖度 50% ~90%，以李氏禾为优势，或者与双穗雀稗、柳叶箬等其他禾本科植物形成共优群落。

(20)互花米草群系：该群系分布于北海市沿海滩涂或潮间盐水沼泽湿地中，为人工引种扩散后形成野生群落，总面积 389.2 公顷，是南部近海与海岸湿地中面积最大的外来入侵植物群落，其中 95% 分布于丹兜海，其余主要分布于山口镇北界村、营盘镇青山头等地。群落高 1.5 ~2 米，盖度 70% ~95%，常为单优群落。

(21)铺地黍群系：广西各地广泛分布，生于河流、湖泊、库塘、沼泽等湿地中，以河流、库塘的岸边和浅水区域以及水库消落带中常见，分布面积不大。群落呈匍匐状生长，高度在 0.3 ~0.9 米之间，盖度 70% ~90%，以铺地黍为优势，其他常见种类有扁穗牛鞭草、双穗雀稗、柳叶箬等。

(22)双穗雀稗群系：广西各地广泛分布，常见于河流、湖泊、库塘等湿地的岸边或者浅水区域以及沼泽湿地中，分布面积不大。群落高 0.3 ~0.8 米，盖度 60% ~90%，以双穗雀稗为优势，或与铺地黍、柳叶箬等形成共优群落。

(23)五节芒群系：广西各地广泛分布，常见于河流两岸、河漫滩、河心洲以及山间沼泽中，分布面积一般都不大。群落高度可达 2 米，覆盖度可达 90% 以上，常为单优群落。

(24)柳叶箬群系：在广西各地都有分布，常见于河流、湖泊、库塘的岸边或者浅水区域以及沼泽中，但分布面积一般都较小。群落高 0.2 ~0.6 米，盖度 30% ~80%，为单优群落，或与铺地黍、双穗雀稗等形成共优群落。

(25)菰群系：在广西各地都有分布，野生或者人工栽培，常见于河流、库塘、沟渠的浅水区域、水田以及沼泽中，以栽培的面积较大。群落高 1.2 ~1.6 米，盖度 50% ~ 90%，常以单优群落出现，有时与水烛组成共优群落。

(26)扁穗牛鞭草群系：在广西各地都有分布，常见于河流两岸以及水库消落带，分布面积不大。以单优群落出现，或与铺地黍组成共优群落。群落高 0.4 ~0.8 米，盖度 60% ~90%。

(27)节节草群系：在广西各地都有分布，常见于河流、库塘、沟渠的岸边或者山间沼泽湿地边缘，呈小块状分布，面积一般都较小。常以单优群落出现，群落高 0.5 ~0.9 米，盖度可达 85%。

(28)水蓼群系：广西各地广泛分布，常见于河流、库塘、沟渠的岸边、浅水处或者田间沼泽中，但少见大面积连片生长。群落高 0.6 ~1.2 米，盖度可达 70%，常为单优群落，有时也可见到李氏禾、双穗雀稗、柳叶箬等禾本科植物。

(29)酸模叶蓼群系：广西各地广泛分布，常见于河流、库塘、沟渠的岸边浅水处或者田间沼泽中，在水库库尾地带和田间沼泽中有大面积生长，是分布面积较大的杂类草湿地植被。群落高0.8~1.2米，盖度可达60%，多为单优群落。

(30)光蓼群系：分布于广西中部和西部，常见于湖泊湿地和河流湿地的浅水区域或者沼泽湿地中，分布面积一般都较小，较大面积连片生长的群落见于宾阳的苏关塘。群落高0.5~1.3米，盖度60%~90%，多为单优群落。

(31)慈姑群系：在广西各地都有分布，主要栽培于水田中，多呈小面积的片状分布。常以单优群落出现，群落高0.5~0.8米，盖度50%~80%。生于长期积水的水田中的群落，下层常可见到浮萍、紫萍和鸭舌草等漂浮和浮叶植物。

(32)过江藤群系：广西各地都有分布，常见于河漫滩、水库消落带以及干涸的池塘中，分布面积较小。群落呈匍匐状生长，高度通常在0.5米以下，盖度30%~80%，常为单优群落，有时与狗牙根形成共优群落。

(33)水烛群系：分布于广西东北部，常见于河流、库塘、湖泊等湿地的浅水区域或者沼泽湿地中，桂林会仙湿地中有数公顷的大面积连片分布。群落常以单优群落出现，有时与华克拉莎组成共优群落。单优群落高1.6~2米，盖度60%~80%；共优群落高1.8~2.5米，盖度70%~90%。无论是单优群落或是共优群落中，均可见到一些矮小的禾本科和莎草科植物。

(34)香蒲群系：广西各地都有分布，常见于河流、湖泊、池塘等湿地的浅水区域或者沼泽湿地中，分布面积不大。群落高1~1.5米，盖度50%~90%，多为单优群落。

(35)灯心草群系：广西各地都有分布，常见于河岸或河漫滩低洼处、田间沼泽和山间洼地，分布面积一般都较小。群落高0.4~0.8米，盖度40%~60%，多为单优群落，有时伴生有水毛花、柳叶箬、李氏禾等。

(36)羽状刚毛藨草群系：主要分布于防城港市沿海地区，见于河流浅水区域、入海河口以及撂荒的沙质耕地，分布面积一般都较小，偶有数公顷的连片生长。群落高1.2~1.6米，盖度40%~60%，以羽状刚毛藨草为优势，其他常见种类有多枝扁莎、野荸荠、锈鳞飘拂草等。

(37)满江红群系：广西各地广泛分布，主要漂浮生长在水面平静的池塘、沟渠、湖泊、河流边缘以及稻田中，常以单优群落出现，盖度常达100%。

(38)浮萍群系：广西各地广泛分布，主要漂浮生长在水面平静的池塘、沟渠、湖泊边缘、稻田以及河流水流比较平缓的河湾处。群落盖度近100%，常以单优势群落出现，有时与苹组成共优群落。

(39)槐叶苹群系：广西各地都有分布，主要漂浮生长在水面平静的池塘、沟渠和稻田中。常以单优群落出现，盖度40%~90%。

(40)凤眼莲群系：广西各地广泛分布，常见于静水的池塘、湖泊、水库边缘以及河流和沟渠水流缓慢处，漂浮生长在水面上，在夏季迅速生长和扩张，全区分布面积达近万公顷，是分布面积最大的外来入侵植物群落。常为单优群落，盖度常近100%。在浅水区，群落空隙处可偶见野荸荠、藨草等挺水植物；水稍深的河流、池塘边缘，有时有水龙伴生或与水龙组成共优群落。

(41)大薸群系：广西各地广泛分布，为外来入侵植物群落，因栽培而逸为野生，常见于静水的池塘、湖泊、水库边缘以及河流和沟渠水流缓慢处，漂浮生长在水面上，分布面积较大。群落盖度在90%以上，多为单优群落。

(42)喜旱莲子草群系：广西各地广泛分布，为外来入侵植物群落，常见于河流、湖泊、库塘、沟渠等湿地的浅水区域或岸边，各地都有较大面积连片生长者。群落高0.2～0.5米，盖度50%～90%，以喜旱莲子草为优势，其他常见种类有过江藤、水龙、酸模叶蓼、火炭母等。

(43)水龙群系：广西各地都有分布，常见于河流、湖泊和库塘等湿地的岸边，多成片漂浮生长在水面上，密集而旺盛，但面积一般都较小。在离岸较近的区域常与喜旱莲子草组成共优群落，而在离岸较远的区域则常与凤眼莲组成共优群落，群落盖度可达80%，水下有时会有水草生长。

(44)菱群系：该群系不多见，主要分布于广西南部和东北部，人工栽培或野生，生长在池塘和河流水流平缓处，分布面积较小。菱的叶聚生在茎的顶端成莲座状的菱盘浮生在水面上，形成单优群落，盖度可达90%。

(45)睡莲群系：广西各地都有分布，常栽种于库塘中，分布面积较小。睡莲以叶漂浮在水面上，形成单优群落，盖度可达80%。

(46)莲群系：广西各地广泛栽培，主要栽种于库塘和水田中，分布面积较大，在宾阳、横县、贵港等地常有大面积连片栽培，一些区域存在小面积逸生的自然群落。群落盖度可达90%，为单优群落。

(47)萍蓬草群系：该群系不多见，主要分布于广西东北部，生长于池塘、小湖泊以及水流平缓、基底为淤泥质的浅水河流中，分布面积很小。萍蓬草的叶漂浮在水面上，形成单优群落，盖度达70%。

(48)菹草群系：广西各地都有分布，常见于河流、湖泊、池塘和沟渠等湿地中，为沉水植物群落，分布面积不大。在池塘和湖泊中生长的菹草，常形成单优群落；而在河流和沟渠中生长的菹草，则常与苦草、竹叶眼子菜等组成共优群落。

(49)竹叶眼子菜群系：广西各地广泛分布，见于河流、湖泊、库塘和沟渠等湿地中，是比较常见的和分布面积较大的沉水植物群落之一。竹叶眼子菜的生长受基底、水深、流速等生境因子影响，可长达1.1米。群落盖度40%～90%，在流动的水体中，常与密刺苦草组成共优群落；而在静水中，则多与黑藻组成共优群落或自成单优群落。

(50)苦草群系：广西各地广泛分布，常见于河流、湖泊、库塘和沟渠等湿地中，也是常见的沉水植物群落，但分布面积相对较小。苦草生长受基底、水深、流速等生境因子影响，长可达0.92米。群落盖度40%～95%，常以单优群落出现，或与黑藻、竹叶眼子菜、狐尾藻等组成共优群落。

(51)密刺苦草群系：广西各地广泛分布，常见于河流、湖泊、库塘和沟渠等湿地中，多生长在0.1～1.5米的水中，也是比较常见的沉水植物群落之一，分布面积较大。群落盖度40%～95%，以密刺苦草为优势，常伴生有黑藻、竹叶眼子菜、狐尾藻等沉水植物，有时亦有水龙、凤眼莲等漂浮于水面。

(52)海菜花群系：分布于永福、都安、大化等地水质条件比较好的河流以及西部和西北部的一些小湖泊中，分布面积较小。群落盖度30%～80%，常为单优群落，常见的伴生种有竹叶眼子菜、苦草、黑藻、狐尾藻、石龙尾等。

(53)靖西海菜花群系：该群系为广西特有的湿地植被类型，分布范围狭窄，见于靖西、德保等地水质条件比较好的河流中，面积很小。群落盖度40%～90%，为单优群落，常见的伴生种有马来眼子菜、苦草、狐尾藻等。

(54)金鱼藻群系：广西各地广泛分布，见于河流、湖泊、库塘和沟渠等湿地中，常在水流缓慢处生长，也是常见的沉水植物群落，但分布面积不大。群落盖度40%～80%，单优群落，有时与密刺苦草、水龙、凤眼莲等生长于不同的水深层次，形成复层群落，其中上层为漂浮于水面生长的水龙、凤眼莲等，中层为金鱼藻，下层则为密刺苦草。

(55)石龙尾群系：广西各地广泛分布，见于河流、湖泊、库塘和沟渠等湿地中，分布面积不大。群落盖度40%～90%，常形成单优群落，有时也可见到竹叶眼子菜、狐尾藻等。

(56)黑藻群系：广西各地广泛分布，见于静水的湖泊和库塘以及水流缓慢的河流、沟渠中，也是常见的沉水植物群落，分布面积相对较大。在静水的湖泊和库塘中常为单优群落，盖度达100%；而在水流缓慢的河流、沟渠中有时与苦草、金鱼藻、竹叶眼子菜等共优，盖度50%～90%。

(57)狐尾藻群系：广西各地广泛分布，常见于河流、湖泊和库塘等湿地中，分布面积不大。群落高0.5～0.9米，盖度30%～70%，常为单优群落，伴生种有密刺苦草、金鱼藻、竹叶眼子菜、黑藻等。

(58)海榄雌群系：该群系为南部沿海红树林常见的植被类型之一，分布于北海、钦州和防城港市的海岸潮间带上，从内滩、中滩至外滩都有生长，以外滩细沙质土壤上多见，面积超过1000公顷。海榄雌群系呈灌丛状，在外滩常为纯林，高0.8～1.5米，盖度40%～90%；在内滩和中滩常与桐花树、秋茄树等组成共优群落，高可达3.5米，盖度80%以上，群系空隙处和边缘常有短叶茳芏、锈鳞飘拂草、卤蕨等草本植物生长。

(59)秋茄树群系：该群系也是南部沿海常见的红树林植被类型之一，主要分布于英罗湾、丹兜海、廉州湾、大风江口、茅尾海、珍珠港等地内滩至中滩的淤泥质盐土上，面积有数百公顷。群落成灌丛状，常与海榄雌、桐花树组成共优群落。在中滩特别是偏外滩地段，群落生长较差，树木分枝低矮，高1～1.5米，盖度40%～80%；在内滩，群落生长良好，树木有明显主干，高可达3米。

(60)木榄群系：该群系主要分布于北海市的英罗湾和丹兜海以及防城港市的珍珠湾，生长在内滩淤泥质盐土上，面积有100多公顷。群落为小乔林，高度5～7米，盖度40%～90%，常以共优群落出现，以木榄＋红海榄群落和木榄—桐花树群落多见，群落中还常见海榄雌、秋茄树等种类。

(61)红海榄群系：主要分布于广西海岸带的东段，北海市的英罗湾和丹兜海，生长在内滩至中内滩淤泥质或泥砂质盐土上，面积约300公顷。在分布带的中心，红海榄常形成单优纯林，群落高4～6米，盖度60%～90%，支柱根发达，分枝且连生成庞大的拱笼状支柱根系。在分布带外侧，常与木榄、海榄雌、桐花树、秋茄树等组成共优群落，以红海榄—桐花树群落多见，群落高3米左右，盖度70%～90%。

(62)桐花树群系：是分布最广泛的红树林植被类型，在防城港市、钦州市和北海市的海岸线都有分布，生长在内滩、中滩至外滩，底质为淤泥质、泥砂质或沙质盐土，可沿入海河流两岸分布至内陆以淡水为主的河段中，面积超过1000公顷。在茅尾海七十二泾，是组成全国面积最大、最典型的岛群红树林的主要植被类型。桐花树灌丛状，组成密集的单优纯林，或与海榄雌、秋茄树等组成共优群落。群落高 1 ~2.5 米，盖度 40% ~90% 。

(63)无瓣海桑群系：主要分布于钦州康熙岭沿海滩涂，北海冯家江口也见有小面积分布，为人工营造的红树林，面积 400 多公顷。康熙岭一带的无瓣海桑林，林分年龄为 10 年左右，乔木层郁闭度 0.6 左右，高 6 ~10 米，无瓣海桑分布均匀，每 100 平方米有 8 ~12 株，林下通常只散生有少数的桐花树和短叶茳芏。

(64)老鼠簕群系：主要分布于防城港市北仑河口红树林国家级自然保护区和钦州市茅尾海红树林自治区级自然保护区及其附近的坚心围一带，生长在海岸高潮带及其附近的滩地，是比较少见且分布面积最小的红树林植被类型。较大面积群落见于北仑河口独墩岛，老鼠簕呈丛状生长且较为高大，最高达 2.3 米，形成单优群落，盖度可达 90% 。其他区域的老鼠簕多与桐花树形成共优群落，老鼠簕植株数量较少，高 0.7 ~1.2 米，盖度为 30% ~50% ，群落中空隙处常密集生长着短叶茳芏、芦苇等草本，使得群落呈灌草丛状。

(65)海漆群系：该群系是广西南部沿海地区常见的海岸半红树林植被类型，主要分布于防城港市海岸潮间带内滩或者入海河流两岸，北海和钦州也有分布，多为小面积斑块状，分布面积不大。群落呈灌丛状，高 1.5 ~2.5 米，盖度 30% ~80% ，单优群落，或常有木榄、黄槿、水黄皮、苦槛蓝等种类混生。

(66)银叶树群系：该群系仅分布于防城港市沿海地区，十分稀少，且遭受破坏比较严重，目前在渔迈岛的东北部红树林内缘沿海岸边缘仍可见到，呈小片零星分布。群落组成种类除银叶树之外，还有秋茄树、桐花树、海榄雌、海漆、水黄皮、黄槿、老鼠簕、卤蕨等种类。

(67)黄槿群系：该群系也是广西南部沿海地区常见的海岸半红树林植被类型，分布比较广泛，生长在海岸高潮线附近的沙滩、海堤以及入海河流岸边，但多呈小片状分布，面积较小。群落常为萌生的灌丛状，高 2 ~4 米，个别植株高达 7 米，盖度 50% ~80% ，常伴生水黄皮、海漆、杨叶肖槿、苦槛蓝等种类，在高潮线边缘的群落，林下常散生有卤蕨、短叶茳芏等草本植物。

(68)日本大叶藻群系：该群系是广西沿海常见的海草床植被类型，主要分布于防城港市和北海市的中潮带，一般生长在淤泥质滩涂上，面积有数十公顷。常以单优群落出现，有时与喜盐草、二药藻混生形成共优群落，群落盖度 20% ~30% 。

(69)二药藻群系：该群系也是广西沿海常见的海草床植被类型，主要分布于北海竹山盐场及合浦沙田一带海域，面积有数十公顷。二药藻从中潮带、低潮带至潮下带均有生长，底质为淤泥质。常与喜盐草组成共优群落，盖度 7% ~35% 。

(70)喜盐草群系：该群系是广西沿海分布最广泛的海草床植被类型，见于合浦县、北海市和防城港市，总面积近 700 公顷，其中以北海市的分布面积最大，占总面积的 80% 以上。喜盐草从中潮带、低潮带至潮下带均有生长，底质为淤泥质或泥沙质。单优群落，或与日本大叶藻、二药藻等混生形成共优群落，盖度 15% ~40% 。

3　湿地植物的保护和利用情况

3.1　湿地植物的就地保护

目前，广西湿地植物就地保护的方式主要是建立自然保护区和湿地公园。湿地自然保护区的建设对于保护物种多样性，挽救濒危物种，维护和改善湿地自然生态环境尤为重要。广西湿地自然保护区的建设是从1985年开始的，为了保护好湿地生态环境和湿地重要珍稀野生动植物，政府积极建立湿地自然保护区。目前，广西境内建立的湿地自然保护区或者与湿地保护密切相关的保护区域主要有22处，其中包括国家级自然保护区4处、自治区级自然保护区12处和市、县级自然保护区5处、国家湿地公园1处，总面积约为34.71万公顷，其中山口红树林自然保护区和北仑河口自然保护区被列入国际重要湿地名录(表3-16)。

表3-16 广西湿地自然保护区以及与湿地保护密切相关的保护区域

序号	自然保护区名称	保护区位置	保护面积（公顷）	主要保护对象	级 别
1	合浦儒艮自然保护区	合浦县	35000	儒艮及海洋生态系统	国家级
2	山口红树林自然保护区	合浦县	8000	红树林生态系统	国家级
3	北仑河口自然保护区	防城港市	3000	红树林生态系统	国家级
4	大瑶山自然保护区	来宾市	24907	瑶山鳄蜥	国家级
5	泗涧山大鲵自然保护区	融水县	10384	大鲵及其生境	自治区级
6	青狮潭自然保护区	灵川县	47362.4	青狮潭水库水源林	自治区级
7	建新鸟类自然保护区	龙胜县	4860	迁徙候鸟	自治区级
8	古修自然保护区	蒙山县	8546	野生动植物	自治区级
9	涠洲岛鸟类自然保护区	北海市	2600	各种候鸟和旅鸟	自治区级
10	茅尾海红树林自然保护区	钦州市	2784	红树林生态系统	自治区级
11	大平山自然保护区	桂平市	1867	水源林、桫椤、瑶山鳄蜥	自治区级
12	大桂山鳄蜥自然保护区	贺州市	3780	鳄蜥及其生境	自治区级
13	龙滩自然保护区	天峨县	42848.4	水源涵养林	自治区级
14	凌云洞穴鱼类自然保护区	凌云县	684	珍稀洞穴水生生物	自治区级
15	红水河来宾段珍稀鱼类自然保护区	来宾市	582	珍稀鱼类及其栖息地、产卵场	自治区级
16	左江佛耳丽蚌自然保护区	崇左市	417.4	佛耳丽蚌等淡水贝类及其栖息地	自治区级
17	澄碧河自然保护区	百色市	77000	水源涵养林	地市级
18	百东河自然保护区	百色市	41600	水源涵养林	地市级
19	那兰鹭鸟自然保护区	南宁市	347	鹭鸟及其生境	地市级
20	万鹤山鹭鸟自然保护区	防城港市	100	鹭鸟及其生境	县级
21	达洪江自然保护区	平果县	28400	水源涵养林及野生动植物	县级
22	北海滨海国家湿地公园	银海区	2022	红树林湿地及其生态系统	国家级

除此之外，还有水库、河流、珍稀濒危野生水生物种保育地等，也设立有专门的保护管理机构，履行湿地的就地保护和管理，但在第二次广西湿地资源调查未包括在内。

3.2　植物资源利用现状

湿地是人类赖以生存的家园。湿地植物具有维持生物多样性、美化环境、净化水质、保护岸堤等功能并具有一定经济效益。根据湿地植物的功能作用，广西湿地植物资源可以划分为 4 大类 22 小类。

3.2.1　环境保护植物资源

环境保护植物资源是指对湿地生态环境起到一定保护作用的湿地植物资源。这类湿地植物通常生长快、枝繁叶茂、根系发达，具有较强的固土、抗风、降污等能力。

(1)促淤造陆植物：这类植物具有较强的网罗碎屑物质能力，促进淤泥沉积，如红海榄、木榄、秋茄树、桐花树、海榄雌等红树植物种类，互花米草等米草属植物种类。

(2)固土植物：这类植物的根系或横走茎比较发达，能够防止或减少土壤被波浪或水流的侵蚀，如芦苇、李氏禾、铺地黍、菰、牛毛毡、鸭跖草、水竹叶等。

(3)防风固堤植物：这类植物通过植物体的阻挡作用，能降低风速、减缓波浪或水流的速度，从而减少波浪对堤岸的冲刷，如红树植物、枫杨、细叶水团花等种类。

(4)指示植物：这类植物能在一定范围内指示生长环境或某些环境条件。例如，黄花狸藻指示酸性水体；鸭跖草是辐射污染的指示植物。

(5)降污植物：这类植物能对水体中的有毒有害物质进行吸收、转化和降解，或将水体中的有毒、有害物质累积在植物体内，从而改善水质，净化环境，如李氏禾、香蒲、凤眼莲等。

(6)绿肥植物：这类植物能有效增加土壤的肥力。例如，紫云英是一种优良的绿肥植物。

(7)动物栖息地植物：这类植物能为动物提供栖息、觅食、躲避敌害、繁育等场所，如红树植物、芦苇、菰等种类及其构成的群落。

3.2.2　经济植物资源

(1)食用植物：这类植物的根、茎、叶或种子能够食用。例如，蕺菜、鸭儿芹、水芹、水蕨等属于野生蔬菜类；莲、豆瓣菜、水蕹菜、慈姑、水稻、菰、荸荠等为常见的栽培水生经济植物。

(2)药用植物：这类植物按其药用功效可分成解表药、清热药、利水渗湿药、止血药等类型，常用的种类有节节草、蕺菜、地耳草、积雪草、破铜钱、半边莲、菖蒲、灯心草等种类。

(3)饲用植物：这类植物的茎叶可以为家畜、禽类和野生动物所食用，其中饲用价值比较高的种类有喜旱莲子草、黑藻、李氏禾、菰、凤眼莲、大薸、浮萍、水竹叶等种类。

(4)淀粉植物：这类植物的地下茎或种子的淀粉含量比较高，可以用来提取淀粉，常见的种类有莲、慈姑、薏苡、荸荠等种类。

(5)芳香植物：这类植物具有香气，并可提取芳香油。例如，从薄荷中可提取薄荷油，而薄荷油是牙膏、食品、医药、日用化妆品、烟草等不可缺少的芳香原料。

(6)蜜源植物：这类植物花期长、蜜质优良无毒，适合蜜蜂采蜜。许多湿地植物种类，如水蓼、莲、毛茛、丁香蓼、红树植物等都是比较好的蜜源植物。

(7)纤维植物：这类植物富含纤维，可用作编织、造纸等原料，如芦苇、硕大蔗草、水毛花、萤蔺、灯心草、短叶茳芏等种类。

(8)能源植物：这类植物可提供能源，利用水生植物作为燃料是增加能源供应的途径之一，如香蒲、凤眼莲、灯心草等。

(9)杀虫植物：这类植物的提取物具有杀虫、抑制病菌的作用，如水蓼、虎杖、三白草、醉鱼草、海漆等种类。

(10)鞣料植物：这类植物鞣质含量比较高，如皱叶酸模的根含鞣质 15.7% ~38.8%、叶含鞣质 17.3% ~36.7%。

(11)观赏植物：许多湿地植物具有很高的观赏价值，是营造园林、庭院水景的重要植物，如睡莲、王莲、莲、萍蓬草、梭鱼草、风车草等种类。

(12)油脂植物：这类植物的油脂含量比较高。例如，鸭跖草的种子油含量 25% ~40%，可用于制作肥皂；豆瓣菜种子的含油量达 24%。

3.2.3 植物种质资源

植物种质资源是人类赖以生存和发展的物质基础，也是生物产业可持续发展的重要物质基础。保护植物种质资源是植物育种的基础，挖掘和利用有利基因可为植物育种提供丰富的基因资源。

作物近缘种植物：这类植物是经济作物的野生种或它们的近缘种。由于野生种、近缘种通常具有抗病、抗虫、抗旱、抗寒等优良性状，是用于改良栽培植物遗传性状和经济性状的重要基因库，如菰、普通野生稻等种类。

3.2.4 特有和珍稀濒危植物资源

特有和珍稀濒危植物资源是大自然赋予人类珍贵的自然遗产，是生物多样性的重要组成部分，它们在经济、科学、文化、教育等方面都具有重要意义。

珍稀濒危植物：野生稻是国家Ⅱ级保护植物，是具有重要潜在开发利用价值的种质基因库资源，由于其生境范围越来越窄，个体数量日趋减少，处于濒危状态。中华水韭为中国特有种，属国家Ⅰ级保护野生植物，它是经过第四纪冰川后残存下来的孑遗植物；中华水韭又名华水韭，隶属于水韭科水韭属，而水韭属植物是古老的原始拟蕨类植物，全世界约有 150 种，但迄今在中国只发现有 4 种，即中华水韭、宽叶水韭、台湾水韭、高寒水韭；中华水韭是一种多年生沼泽蕨类，在系统演化上具有很高的研究价值。合苞挖耳草为珍稀濒危食虫植物。

特有植物：贵港水蓑衣、广西隐棒花、橙花水竹叶、靖西海菜花、出水海菜花、合苞挖耳草等是广西特有的湿地植物种类。

在这些植物资源中，目前开发利用比较普遍的是防风固堤植物、降污植物、绿肥植物、食用植物、药用植物、饲用植物、淀粉植物、蜜源植物、纤维植物和观赏植物。

3.3 植物和植被面临的主要威胁

广西在湿地保护管理方面开展了大量的工作，取得了一定的成效，但仍然面临着较多的困难和问题，如湿地保护与周边地区发展需要协调的问题、湿地资源权属与管理权限问题等。随着经济社会的发展，人类生产生活对湿地资源依赖程度越来越高，加之对湿地认识欠缺和保护不够，人们违反自然规律，盲目开垦利用和改造湿地，使广西湿地资源和生态环境遭受到严重的破坏，造成了天然湿地面积减少，湿地污染加剧，湿地生物多样性减少，湿地生态功能逐渐减弱甚至丧失。

(1)湿地被盲目开发和改造：由于湿地的重要价值没有得到开发者和管理者的充分重视，众多有价值的湿地被当作廉价普通土地用于短期生产开发和房地产建设；过度开采河沙，使河床改变，导致沉水植物资源大面积减少。资源价值严重倒置，不仅造成了不可挽回的生态环境破坏，也造成湿地资源价值严重流失。而滨海湿地面积流失的主要原因在于围海造田、围滩造塘、修建堤围和码头等。根据资料，1995 年后，沿海居民砍伐红树林，把大量的红树林改为虾塘养殖对虾。当虾塘产量减少后，即被废弃，衍生了大量盐碱化湿地。例如，北仑河口在近代红树林面积有 33.38 平方公里，至 1997 年只剩下 11.31 平方公里，与 20 世纪 50 年代以前相比，损失了 1/2 以上。

(2)湿地植物资源遭受破坏严重：湿地中蕴藏着丰富的生物资源。可是人们为了眼前的利益，过度地使用着湿地中宝贵的资源，得不偿失。例如，二药藻和喜盐草生长在广西合浦儒艮国家级保护区中，它们是儒艮赖以生存的主要食物。可是，当地居民在滩涂上挖沙虫、电鱼电虾、网箱养殖等生产作业使海草遭受到严重的破坏，面积不断减少，并且生长势态较差。

(3)湿地环境污染加剧：污水的直接排放和对河流不合理的开发利用导致河流污染日趋严重，尤其是乡镇企业的大规模发展，污水处理能力薄弱，导致河流污染现象特别严重。许多河流中生物已经绝迹，河流生态系统退化严重，导致河流湿地周围的植被受到严重破坏，湿地动物生境破碎化，动植物数量急剧减少，长此以往必将对人类生存造成严重威胁。

(4)外来生物入侵：生物入侵是引发湿地生物多样性减少和生境退化的主要原因之一。在广西造成较大影响的滨海湿地植物有互花米草，内陆植物有空心莲子草和大薸。2001 年，IUCN 将生长速度奇快的互花米草和凤眼莲列入全球 100 种最有害外来物种名单。1979 年，广西合浦引种互花米草后对红树林产生了严重的危害。它与红树林争夺着生存空间，宜林滩涂都被其侵占，部分互花米草还迅速侵占了红树林的边缘地带或林间空隙地。而且互花米草的固土作用造成海滩涂硬化，破坏了海洋底栖动物的生存环境，造成生物多样性降低。凤眼莲不仅生长速度快，而且可以随着水流漂到其他水域迅速繁殖，生长盖度可达 100%，阻塞河道，造成水下生物缺氧而亡，导致物种多样性锐减。

第二节
湿地野生动物资源

1 湿地动物概况

野生动物是湿地生物多样性的重要组成部分，是国家的重要资源。湿地独特的生态环境，为很多野生动物种类提供了栖息繁衍的家园。广西范围内有许多重要的湿地，如漓江、会仙喀斯特湿地、青狮潭水库、龟石水库、西津水库、北部湾滨海湿地、桂北建新自然保护区等湿地，它们是野生动物，特别是鱼类、两栖爬行类的重要栖息地，是候鸟迁徙的重要停歇地，也是鹭类等部分迁徙鸟类的越冬场所。因此，广西的湿地动物不仅种类丰富，而且数量庞大。

1.1 种类组成

广西湿地生态系统中栖息有野生脊椎动物884种，隶属于5纲41目143科448属。其中鱼纲21目87科274属519种；两栖纲3目11科36属105种；爬行纲2目10科33属67种；鸟纲12目30科98属185种；哺乳纲3目5科7属8种。湿地野生动物各纲物种数所占的比重如图3-1。由图可知，湿地野生动物中所占比例最高的是鱼纲，为58.7%；其次为鸟纲，为20.9%，两栖纲动物占11.8%；爬行纲动物占7.8%；哺乳纲动物仅为0.9%。同时，广西湿地野生动物的组成不均匀，有的目有很多种，但有些目的科、属和种都很少。

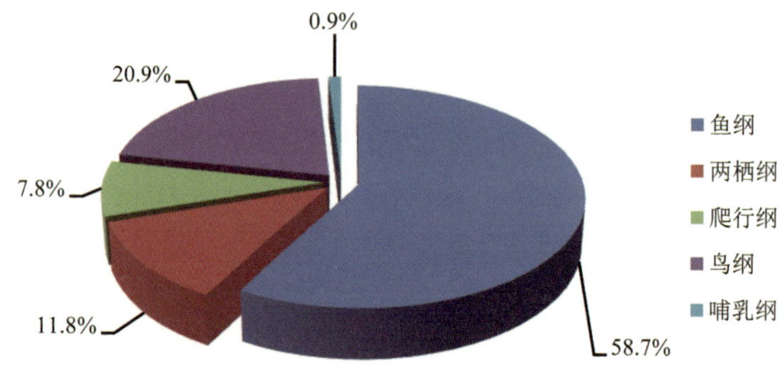

图**3-1** 广西湿地野生动物各纲物种组成示意图

1.2 数量分布

广西湿地类型多样，既有内陆湿地，又有沿海湿地，因此广西湿地野生动物中，鱼类物种资源非常丰富。同时，广西既是候鸟的迁飞通道，又是很多候鸟的越冬地，因而湿地野生动物中，鸟类也占有相当大的比例。由于人为猎捕和栖息地退化，两栖爬行类和兽类的种类和数量均相对较少。整体而言，处于鸟类迁飞通道上和候鸟越冬的地方，湿地动物种类和数量比较多，这些湿地包括了龙胜建新自然保护区、全州王福宝顶自然保护区、融水泗涧山自然保护区、广西大明山国家级自然保护区、北部湾沿海的滨海湿地等。相比之下，其他不在迁飞通道上的重点调查湿地的湿地野生动物种类就少，这正是广西湿地野生动物分布的重要特点。

将调查的数据换算成比值，即将某地发现和文献记录的陆生湿地野生动物物种数除以广西陆生湿地野生动物的总数(368种)，利用这一比值可从一个侧面反映出广西湿地动物的数量分布状况。按照这一方法统计出的前5位重点调查湿地野生动物的比值，湿地野生动物多样性排序结果如下：漓江湿地(32.6)、金秀大瑶山国家自然保护区(32.3)、广西花坪国家级自然保护区(26.9)、西津水库(25.0)、广西建新自治区级自然保护区(24.7)。从这里可以看出，前5位都处在候鸟的迁飞通道上或是湿地动物大型的停息地。

1.3 区系成分

根据张荣祖先生的描述，广西属于东洋界，分属于两个动物地理区域，即华中区和华南区。

华中区的南界，即与华南区交界线，大致与南亚热带北界相当。自福州向西鹫峰山—武夷山区南界经南岭南侧，广西大瑶山北缘至南盘江上游，其分界线大致与红水河相当。大瑶山在动物地理区划上应为华南区与华中区的过渡地带，以南为华南区，以北为华中区。

在区系分析中，海栖和纯水栖种类没有划分区系，陆生种类进行了区系的划分。两栖类、爬行类和兽类的区系容易分，但是湿地鸟类由于有长距离迁飞的特点，它们的区划上属于几个区，是多个区的共有型物种。就调查发现和文献记录的湿地野生动物而言，广西的湿地野生动物有34种区系类型(表3-17)。

表3-17　广西湿地野生动物区系类型

序　号	区系类型	种　数	比例(%)
1	东北—华北—华南	3	0.9
2	东北—华北—华中	1	0.3
3	东北—华北—华中—华南	21	6.1
4	东北—华北—蒙新—华中—华南	10	2.9
5	东北—华北—蒙新—青藏—华中—华南	5	1.4
6	东北—华北—蒙新—青藏—西南—华中—华南	46	13.3
7	东北—华北—蒙新—西南—华中	2	0.6
8	东北—华北—蒙新—西南—华中—华南	18	5.2
9	东北—华北—青藏—西南—华中—华南	8	2.3
10	东北—华北—西南—华中—华南	12	3.5
11	东北—蒙新—华中—华南	1	0.3
12	东北—蒙新—青藏—西南—华中—华南	1	0.3
13	东北—蒙新—西南—华南	1	0.3
14	东北—西南—华中	1	0.3
15	华北—华中—华南	4	1.2
16	华北—蒙新—华南	1	0.3
17	华北—蒙新—华中—华南	1	0.3
18	华北—蒙新—青藏—华中—华南	1	0.3
19	华北—蒙新—青藏—西南—华中—华南	3	0.9
20	华北—青藏—西南—华中	1	0.3
21	华北—青藏—西南—华中—华南	2	0.6
22	华北—西南—华中—华南	6	1.7
23	华南	45	13.0
24	华中	36	10.7
25	华中—华南	70	20.3
26	蒙新—华中—华南	2	0.6
27	蒙新—青藏—西南	1	0.3

（续）

序 号	区系类型	种 数	比例(%)
28	蒙新—青藏—西南—华中—华南	1	0.3
29	蒙新—西南—华中—华南	1	0.3
30	青藏—西南—华中—华南	1	0.3
31	西南	3	0.9
32	西南—华南	1	0.3
33	西南—华中	5	1.4
34	西南—华中—华南	29	8.4
总 计		345	100

广西湿地野生动物的区系组成非常复杂，单个区所特有的种类比例也非常大，达24.6%（华南区13.0%，华中区10.7%和西南区0.9%）；两个区共有的物种占22.0%，包括华中区—华南区20.3%，西南—华中1.4%和西南—华南0.3%；三个区共有的物种占12.3%，包括西南—华中—华南8.4%、华北—华中—华南1.2%，蒙新—华中—华南0.6%、蒙新—青藏—西南0.3%等；其余就是4个以上的区共有型物种，占41.1%，在4个以上区共有型种中，其中又以7个区共有的物种所占比例最大，占13.3%。

可见，就某个亚区而言，广西湿地野生动物的华南区成分最高(25.0%)，其次是华中区(24.2%)和华北区(14.0%)，其余依次是西南区、东北区、蒙新区和青藏区，其区系成分的比例如图3-2。

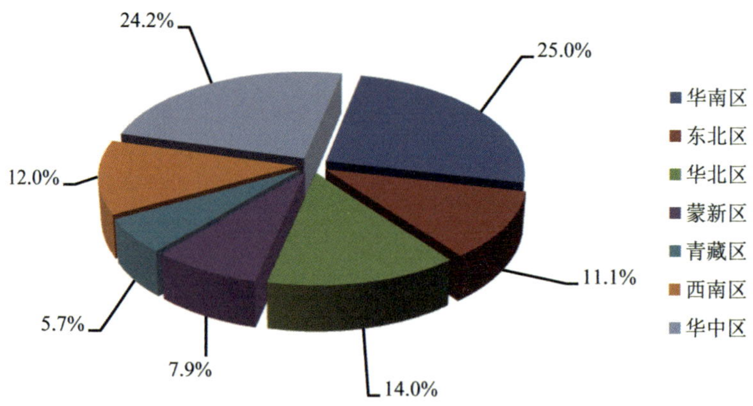

图3-2 广西湿地野生动物区系成分比例

由图3-2可知，广西湿地野生动物中，东洋界华南区、华中区和西南区物种占有绝对的优势，其比例达61.2%，古北界成分中又以华北区成分和东北区成分较高。其中，湿地野生动物的古北界华北区和东北区成分主要来自迁飞鸟类，长距离迁飞的鸟类在不同的地理区系中都有分布，因此，广西的湿地野生动物的区系还具有过渡性特征。

另外，广西山地主要是云贵高原向东南方向的延伸，不同区系成分有一定的渗透。因此，广西的脊椎动物群落的特征是南北混杂，东西渗透，既有北方的区系成分，又有南方的物种。在迁飞的季节，这种区系成分更复杂。

1.4 资源特点

1.4.1 湿地动物资源丰富

广西有很多大面积的水库湿地和重要的河流湿地。大型水库湿地有青狮潭、龟石、西津等水库；重要的河流湿地有漓江、桂江、红水河、左江、右江等湿地，它们是湿地动物迁徙通道上的食物和水分补充点、加油站；广西沿海是许多候鸟的重要越冬地，不仅种类多，而且数量庞大。除此之外，广西地理位置非常特殊，三面环山一面靠海，山体间有几条重要的候鸟迁飞通道，如南岭山脉和苗岭丘陵地区，在高的山脉之间，有几处重要的廊道，如湘桂走廊是季风区通道，也是鸟类迁飞的天然通道。因此，广西大部分的湿地迁徙鸟类都经过以上这些地区。

另外，广西南岭山脉、桂中山地和桂西南石灰岩地区是具有重要影响力的生物多样性热点地区，有非常丰富的两栖爬行类动物资源，其中有相当多是本区域特有种，如广西棱皮树蛙、昭平雨蛙和狭域分布的种，如龙胜臭蛙、金秀水树蛙等。

广西湿地脊椎动物资源丰富，其中两栖类有105种，占中国两栖类(325种)的32.3%，湿地鸟类占中国公布的271种湿地鸟类中的67.9%，其比例相当大；由于调查时间限制，数据缺乏，因此湿地爬行类和兽类不好比较。

1.4.2 湿地动物群落季相变化大

广西地跨北热带、南亚热带，中亚热带，北回归线横穿其中部，气候温暖湿润，湿地类型多样。广西湿地动物群系中，鱼类、两栖类、爬行类和兽类由于活动范围相对固定，季节性变化较小，物种组成相对稳定，但是鸟类群落季节性变化明显，物种组成差异较大。

在广西每年有两次鸟类的变化非常明显。每年3~5月气温回升较快，鸟类受到光照和温度等生态因子的影响而促使性腺活跃，一些在本地越冬，但不在本地繁殖的鸟类将开始往北方迁徙；另外，一些从更南方往北迁的鸟类在北迁时也会在这里补充食物和水分，这个时候的特点是短期内变化大；而到了农历的8月15日至9月底前，气温回落，北方冷空气南下，在寒露前后，气温骤降，形成寒潮，迁往北方繁殖的鸟类陆续迁回南方越冬，这个季节迁飞时间长，鸟类群落的变化速度相对较慢。

1.4.3 湿地动物珍稀濒危及重点保护物种比例高

调查结果表明，884种湿地野生动物中，属于国家Ⅰ级保护动物7种，分别是中华鲟、中华秋沙鸭、黑鹳、鳄蜥、鼋、儒艮、中华白海豚。国家Ⅱ级保护动物有40种，分别是花鳗鲡、大鲵、细痣疣螈、虎纹蛙、三线闭壳龟、云南闭壳龟、地龟、山瑞鳖、玳瑁、海龟、蠵龟、太平洋丽龟、棱皮龟、赤颈䴙䴘、卷羽鹈鹕、斑嘴鹈鹕、褐鲣鸟、海鸬鹚、白斑军舰鸟、黄嘴白鹭、岩鹭、海南鳽、白琵鹭、黑脸琵鹭、白额雁、小青脚鹬、鸳鸯、灰鹤、棕背田鸡、铜翅水雉、小杓鹬、褐鱼鸮、黄腿渔鸮、小天鹅、花田鸡、小鸥、水獭、小爪水獭、宽吻海豚、江豚。

除此之外，还有众多物种属于《濒危野生动植物种国际贸易公约》(CITES)指定的保护动物、地方重点保护物种和IUCN认定的濒危物种，其数量和各自所占的比重见表3-18。

表 3-18 广西珍稀濒危和受保护的湿地野生动物数量

珍稀和保护级别	数 量	所占的比重(%)
国家Ⅰ级保护动物	7	0.8
国家Ⅱ级保护动物	40	4.5
CITES 附录Ⅰ物种	11	1.2
CITES 附录Ⅱ物种	24	2.7
CITES 附录Ⅲ物种	8	1.0
IUCN 极危级别(CR)	13	0.9
IUCN 濒危级别(EN)	34	3.9
IUCN 易危级别(VU)	26	2.9
IUCN 近危级别(NT)	21	2.4

1.4.4 湿地动物中特有物种多

广西独特的地理位置、气候条件和地貌类型，使动物在进化中形成了较明显的地域特色，重要特色之一就是地方特有种或局域分布的种类非常多。广西 884 种湿地动物中，有 182 种系中国的特有物种(表 3-19)，其数量占湿地动物总数的 20.6%，特有种主要集中于鱼类、两栖类和爬行类。

表 3-19 广西湿地动物中的中国特有物种名录

鱼纲 124 种	胭脂鱼、颊鳞异条鳅、透明间条鳅、郑氏间条鳅、丽纹云南鳅、叉尾平鳅、后鳍平鳅、无眼平鳅、无斑南鳅、横纹南鳅、凌云南鳅、黄体高原鳅、南丹高原鳅、天峨高原鳅、花斑副沙鳅、武昌副沙鳅、点面副沙鳅、漓江副沙鳅、小副沙鳅、后鳍薄鳅、大斑薄鳅、桂林薄鳅、斑纹薄鳅、无眼原花鳅、瑶山鲤、拟细鲫、大眼黑线䱗、须鳊、小似鲚、海南鲌、团头鲂、小似鲴、棱似鲴、间䱻、大刺䱻、花棘䱻、长麦穗鱼、乐山小鳔鮈、似长体小鳔鮈、桂林鳅鮀、南方鳅鮀、须鱊、大鳞金线鲃、季氏金线鲃、宜山金线鲃、九圩金线鲃、小眼金线鲃、高肩金线鲃、凌云金线鲃、大眼金线鲃、多斑金线鲃、长须金线鲃、东兰金线鲃、短身金线鲃、广西金线鲃、田林金线鲃、鸭嘴金线鲃、叉背金线鲃、驯乐金线鲃、厚唇光唇鱼、带半刺光唇鱼、窄条光唇鱼、北江光唇鱼、云南光唇鱼、多耙光唇鱼、粗须白甲鱼、台湾白甲鱼、小口白甲鱼、稀有白甲鱼、桂华鲮、伍氏华鲮、直口鲮、巴马拟缨鱼、柳城拟缨鱼、异华鲮、泉水鱼、卷口鱼、大眼卷口鱼、长须卷口鱼、小口华缨鱼、云南盘鮈、宽头盘鮈、多线盘鮈、四须盘鮈、伍氏盘口鲮、乌原鲤、龙州鲤、尖鳍鲤、琼中拟平鳅、线纹原缨口鳅、信宜原缨口鳅、平头原缨口鳅、厚唇原吸鳅、中华原吸鳅、长汀拟腹吸鳅、方氏品唇鳅、巴马似原吸鳅、贵州爬岩鳅、圆体爬岩鳅、伍氏华吸鳅、都安鲇、长臀鮠、粗唇鮠、叉尾鮠、细体拟鲿、长脂拟鲿、白边拟鲿、长尾鮡、鳗尾鉠、修仁鉠、巨修仁鉠、长身鳜、漓江鳜、柳州鳜、波纹鳜、大眼鳜、粘皮鲻鰕虎鱼、丝鳍吻鰕虎鱼、瑶山吻鰕虎鱼、小吻鰕虎鱼、斑鳢、黑月鳢等
两栖纲 47 种	大鲵、猫儿山小鲵、瑶山肥螈、无斑瘰螈、弓斑肥螈、莫氏肥螈、尾斑瘰螈、广西瘰螈、富钟瘰螈、强婚刺铃蟾、峨眉髭蟾、雷山髭蟾、崇安髭蟾、高山掌突蟾、福建掌突蟾、淡肩触蟾、莽山角蟾、棘指角蟾、寒露林蛙、猫儿山林蛙、镇海林蛙、河口水蛙、黑耳水蛙、小棘蛙、景东臭蛙、务川臭蛙、挂墩角蟾、三港雨蛙、华西雨蛙、昭平雨蛙、瑶山树蛙、阔褶水蛙、海南臭蛙、安龙臭蛙、龙胜臭蛙、棘腹蛙、棘侧蛙、崇安湍蛙、金秀水树蛙、白线树蛙、侏树蛙、红蹼树蛙、弄岗狭口蛙、罗默刘树蛙、老山树蛙、峨嵋树蛙、广西棱皮树蛙

（续）

爬行纲 11 种	小鳖、环纹华游蛇、锈链腹链蛇、坡普腹链蛇、广后棱蛇、挂墩后棱蛇、福建后棱蛇、大头乌龟、云南闭壳龟、百色闭壳龟、乌梢蛇

另外，由于广西山体的特点，即东北面为越城岭，西部是云贵高原向东延伸的苗岭丘陵，而中部有大瑶山山脉从桂中拔起，因此，这里形成了一个相对封闭的生境，据目前已知的仅分布于广西的特有种类有 54 种（表 3-20），占广西所有湿地野生动物的 6.1%。

表 3-20　广西特有两栖湿地动物名录及分布

分类阶元			物种名	分　布
鱼纲	鲤形目	鳅科	颊鳞异条鳅	左江
			透明间条鳅	红水河
			郑氏间条鳅	红水河
			丽纹云南鳅	红水河
			叉尾平鳅	红水河
			后鳍平鳅	红水河
			无眼平鳅	右江
			凌云南鳅	右江
			黄体高原鳅	红水河
			南丹高原鳅	红水河
			天峨高原鳅	红水河
			漓江副沙鳅	漓江
			小副沙鳅	南流江
			桂林薄鳅	漓江、柳江
			无眼原花鳅	红水河
		鲤科	瑶山鲤	漓江、柳江、红水河
			大眼黑线䱗	柳江
			须鳊	钦江
			小似鲚	浔江
			小似鲴	钦江
			棱似鲴	左江
			长麦穗鱼	漓江
			季氏金线鲃	漓江、贺江
			宜山金线鲃	柳江
			九圩金线鲃	红水河

（续）

分类阶元			物种名	分 布
鱼纲	鲤形目	鲤科	小眼金线鲃	红水河
			凌云金线鲃	红水河
			大眼金线鲃	红水河
			东兰金线鲃	红水河
			短身金线鲃	柳江
			广西金线鲃	红水河
			田林金线鲃	红水河
			鸭嘴金线鲃	红水河
			叉背金线鲃	红水河
			驯乐金线鲃	柳江
			柳城拟缨鱼	柳江
			大眼卷口鱼	郁江
			长须卷口鱼	红水河
		平鳍鳅科	平头原缨口鳅	柳江
			巴马似原吸鳅	红水河
			圆体爬岩鳅	漓江、右江
	鲇形目	钝头鮠科	巨修仁鉠	红水河
	鲈形目	鰕虎鱼科	瑶山吻鰕虎鱼	柳江
			小吻鰕虎鱼	左江
		鳢科	黑月鳢	南流江
两栖纲	有尾目	小鲵科	猫儿山小鲵	猫儿山自然保护区
		蝾螈科	富钟瘰螈	桂林、贺州
			赵氏瘰螈	金秀
			瑶山肥螈	金秀大瑶山
	无尾目	雨蛙科	昭平雨蛙	昭平
		树蛙科	广西棱皮树蛙	金秀大瑶山
			瑶山树蛙	金秀大瑶山
			老山树蛙	金秀大瑶山
爬行纲	龟鳖目	鳖科	小鳖	全州

1.4.5 有价值的湿地物种丰富

广西湿地野生经济动物资源丰富，就鱼类而言，纯淡水鱼类 258 种，洄游鱼类 8 种，河口鱼类12种，海洋鱼类229种，这些鱼类不仅对维持河流和海洋生态系统的健康发展起到重要作用，也为人类提供了丰富的食物来源。就两栖爬行动物而言，中华蟾蜍、黑眶蟾蜍、虎纹蛙、黑斑侧褶蛙等两栖类是农田害虫重要的天敌，在农作物的生物防治方面有重要的作用；在药用方面，中华蟾蜍还是重要的药用动物和实验动物，而蛇类，如尖吻蝮是传统的中药材。湿地野生的中华鳖、山瑞鳖是具有很高经济价值的滋补食品。由于人类对其过度捕杀和破坏生境，野生资源下降比较快，需要在加强野生资源保护的同时，积极人工驯养繁殖。鹭类是湿地动物中最常见的种类，它们和雁鸭类一起，成为重要的狩猎对象，特别是雁鸭类是湿地鸟类中肉质最好的种类。野生湿地野生动物还是重要的种质基因库，在国内不少地方已经有养殖户开始饲养家鹅与雁类的杂交品种，其肉质非常好，销路非常好；蛇类具有高效的药用价值，可作为经济开发利用的人工驯养蛇类的种源。湿地野生动物还有重要的审美价值，湿地野生动物能够提供给人们观赏和休闲机会，陶冶人的性情；野生动物还具有重要的生态价值，它对维系整个生态系统的健康起着重要的作用。

1.4.6　湿地动物群落优势现象明显

广西的湿地野生动物从种的情况看，有明显的优势。由于广西内陆河流密布，三面环山，一面靠海，造成广西鱼类物种多样性非常丰富。广西是候鸟迁徙的必经地区、越冬地与繁殖地，境内存在大明山自然保护区、建新自然保护区等多个候鸟迁徙通道，因此，鸟类群落的优势度随季节性变化而变化的现象明显，最明显的表现是受迁飞鸟类种类和数量的影响，在鸟类的两个迁飞时期，鸟类种类和数量变化非常剧烈。而在非迁飞季节，湿地野生动物主要是一些常见的本地种，湿地脊椎动物群落结构相对稳定。因此，要真实地反映广西湿地野生动物的状况，必须重视迁飞时期的种类和数量的调查。

1.4.7　湿地动物数量分布不均

调查发现，广西湿地脊椎动物的分布并不均匀，处于鸟类迁飞通道上的地区，湿地野生动物种类和数量都多。另外，一些热点地区，研究得比较深入的地带，如大瑶山，种类也多。这一现象除受地理环境因素影响外，与当地湿地面积的大小、保护区数量以及当地的保护力度有一定关系。

1.5　面临的威胁和存在问题

广西山多地少，濒临北部湾，湿地类型多样，生物多样性非常丰富。虽然各级相关部门加大了保护的力度，建立了很多的保护区，湿地野生动物得到了一定程度的保护。但是，由于这些保护区周边的经济发展相对落后，当地群众谋生的手段较少，他们对保护区和受保护的河流湖泊资源依赖程度非常大，在很长的时间内不可持续地利用这些资源，因此，资源水平下降很快，很多资源种类受威胁程度的等级很高。这些威胁湿地的因素和存在问题主要有以下方面。

(1)栖息地破坏导致濒危物种数量剧减：栖息地是动物在长期进化过程中形成的对某一种类型的环境要素的组合。栖息地选择适应是长期的，栖息地一旦破坏，动物将很难迅速重新形成新的适应类型。因此，动物对栖息地变化是非常敏感的。栖息地的变化首先是破碎化，破碎化的生境对很多物种而言，产生的后果将是长期不利的。其次，生境面积的快速减少。由于湿地周边的森林被砍伐，湿地被围垦，湿地面积和功能将受到改变，依赖这种生境而生存的物种必然受到影响，比较显著的例子是会仙湿地的改变对湿地动物的影响。在调查访问中得知，会仙湿地在围垦前面积相当大，其生态功能也非常完善，食物链食物网也复杂，是迁飞鸟类的天堂。后来，随着人口的迁入，湿地不断地被围垦，湿地面积不断地减少，湿地的功能受到影响，生态过程的完整性受到破坏。目前，会仙湿地的湿地野生动物种类只有一些鹭类、鹰隼类及一些适合于灌草丛的雀形目种类，原来大型的哺乳类已经消失。

(2)湿地开发致使生境受到破坏：湿地的人工开发使开发者在短期内获得了明显的经济效益。如果是不合理的开发，则会带来不可估量的生态损失。这种开发所带来的不利的“外部后果”则是由社会为他们分担。这些外部后果包括湿地野生动物的消失，湿地涵养水源能力的下降，甚至由此而引起的更大的自然灾害。利用湿地独特的景观和生物资源，在湿地周边搞开发的现象比较普遍，因此，理应引起相关部门的重视。在开发前最起码要做好规划和环境影响评价及减缓环境影响的措施，在开发的过程中，要加强监管。开发后要有相应的监测措施。

(3)小水电的开发直接影响了湿地动物：小水电包括了村民自己使用的小水电和达到一定规模的水电开发。村民自己使用的小水电对湿地的影响不大。另一类是以经济效益为主要目的的水电开发，这类水电开发往往通过截流筑坝、开掘隧道引流和焊接水管输送，使得原本流淌于山间的溪流被人为的改道或截取，从而改变地表径流，造成山林干涸缺水，湿地面积和功能大大降低，赖以生存的山溪鱼类和两栖爬行类相继灭绝，生态系统的完整性受到影响，爬行动物、鸟类和哺乳动物数量也明显减少，特别是高营养级的物种更容易灭绝。

2 湿地动物分述

2.1 湿地鸟类

2.1.1 种类及分布特征

广西到目前为止共发现湿地鸟类 185 种，隶属于 12 目 30 科 98 属。其中以鸻形目的物种数最多，种数为 81 种，占所有湿地鸟类种数的 43.8%；其次是雁形目 31 种，占 16.8%；第三是鹳形目 25 种，占 13.5%；其他目种类所占的比例较少。广西湿地鸟类各目、科、属的数量和各目物种所占的比例见表 3-21。

表 3-21 广西湿地鸟类各目、科、属基本情况

序 号	目 名	科 数	属 数	种 数	物种所占比例(%)
1	潜鸟目	1	1	2	1.08
2	鸊鷉目	1	2	4	2.16
3	鹱形目	1	1	1	0.54
4	鹈形目	4	4	6	3.24
5	鹳形目	3	15	25	13.51
6	雁形目	1	12	31	16.76
7	隼形目	1	1	1	0.54

（续）

序号	目名	科数	属数	种数	物种所占比例(%)
8	鹤形目	3	11	18	9.73
9	鸻形目	11	38	81	43.78
10	鸮形目	1	2	2	1.08
11	佛法僧目	1	6	7	3.78
12	雀形目	2	5	7	3.78
总计		30	98	185	100

可见，广西湿地鸟类的多样性很高，与全国主要的湿地鸟类相比，无论是目、科、属、种都占有相当大的比例(表3-22)，在广西占有重要的位置。

表3-22 广西湿地鸟类与全国湿地鸟类目、科、属的对比

项目	目数	科数	物种数
广西湿地鸟类数量	12	30	185
中国主要湿地鸟类	12	32	271
占全国鸟类的比例(%)	100	93.8	68.3

广西不同的重点调查湿地其湿地鸟类物种数差异比较大，主要受几个方面的影响：一是迁飞通道上的地形地貌，处于迁飞通道上，且有高大山体的重点调查湿地，鸟类在迁飞时遇到恶劣的天气时会暂时停息，因而其记录到的种类多；二是有面积比较大的湖泊、水库和河流湿地时，湿地野生动物种类较多；三是沿海湿地，那里是许多候鸟北迁时的停息地，也是许多候鸟的越冬场所。因此，资源爱鸟界、龙胜建新自然保护区重点调查湿地的才喜界、融水泗涧山保护区重点调查湿地的“打鸟槽”(泗涧山最高峰金岗山，海拔1238米)、金秀大瑶山和老山保护区重点调查湿地和全州五福宝顶自然保护区重点调查湿地等都属于迁飞通道上高大山体；富川的龟石水库、昭平的桂江湿地、灵川的青狮潭水库和横县的西津水库等都是比较大的湿地，其湿地鸟类种类和数量都较多；北部湾沿海湿地鸟类种类非常多。

2.1.2 区系结构

广西湿地鸟类的区系结构复杂，根据《中国动物地理》的区划方法可以把调查记录的湿地鸟类的区系划分可分为27种类型，其中以东北—华北—蒙新—青藏—西南—华中—华南七区广泛分布的共有型比例最高，其比例占23.8%；其次是东北—华北—华中—华南区都有的类型，其数量占了总数的14.6%；第三就是华南区种类，占9.2%，其余类型所占的比例较少。27种区系类型各自的物种数量和比例见表3-23。

表 3-23 广西湿地鸟类区系类型及其数量

序 号	区系类型	物种数量	所占比例(%)
1	东北—华北—华南	3	1.6
2	东北—华北—华中	1	0.5
3	东北—华北—华中—华南	27	14.6
4	东北—华北—蒙新—华中—华南	10	5.4
5	东北—华北—蒙新—青藏—西南—华中—华南	44	23.8
6	东北—华北—蒙新—西南—华中—华南	15	8.1
7	东北—华北—青藏—西南—华中—华南	7	3.8
8	东北—华北—青藏—西南—华中—华南	1	0.5
9	东北—华北—西南—华中—华南	12	6.5
10	东北—蒙新—华中—华南	1	0.5
11	东北—蒙新—青藏—西南—华中—华南	1	0.5
12	东北—蒙新—西南—华南	1	0.5
13	东北—西南—华中	1	0.5
14	华北—华中—华南	4	2.2
15	华北—蒙新—华南	1	0.5
16	华北—蒙新—华中—华南	1	0.5
17	华北—蒙新—青藏—华中—华南	1	0.5
18	华北—蒙新—青藏—西南—华中—华南	3	1.6
19	华北—西南—华中—华南	1	0.5
20	华南	17	9.2
21	华中	2	1.1
22	华中—华南	12	6.5
23	蒙新—华中—华南	2	1.1
24	蒙新—青藏—西南	2	1.1
25	蒙新—青藏—西南—华中—华南	2	1.1
26	蒙新—西南—华中—华南	2	1.1
27	西南—华中—华南	11	5.9
总 计		185	100

将 18 种区系类型的各亚区抽取出来，可直观地了解到广西湿地鸟类的区系特点，将统计数据制成图，如图 3-3。

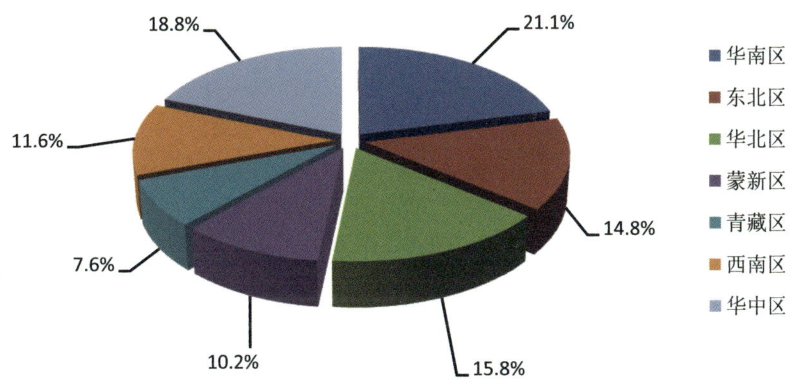

图 **3-3** 广西湿地鸟类区系成分比例图

从图 3-3 可知，广西湿地鸟类主要为东洋界华南、华中和西南成分，其中又以华南区成分最为集中(21.1%)，其次才是华中区、西南区。在古北界成分中，又以华北区比例较高，其余的区系成分依次为东北区、蒙新区，以青藏区成分最少，仅占 7.6%。

2.1.3 珍稀濒危及国家级保护物种

在 185 种湿地鸟类中，属于国家Ⅰ级保护动物有 2 种，中华秋沙鸭、黑鹳。属于国家Ⅱ级保护动物有 23 种，即赤颈鸊鷉、卷羽鹈鹕、斑嘴鹈鹕、褐鲣鸟、海鸬鹚、白斑军舰鸟、黄嘴白鹭、岩鹭、海南鳽、白琵鹭、黑脸琵鹭、白额雁、小青脚鹬、鸳鸯、棕背田鸡、灰鹤、铜翅水雉、小杓鹬、褐鱼鸮、黄腿渔鸮、小天鹅、花田鸡、小鸥。

在广西湿地鸟类中还有 24 种是世界自然保护联盟(IUCN)评定的受威胁物种，见表 3-24。

表 3-24 IUCN 评定的受威胁鸟类名录

序 号	分类阶元		物种名录	IUCN 评定级别
1	鹈形目	鹈鹕科	卷羽鹈鹕	VU
2			斑嘴鹈鹕	NT
3	鹳形目	鹭科	黄嘴白鹭	VU
4			栗头鳽	EN
5		鹳科	东方白鹳	EN
6		鹭科	海南鳽	EN
7		鹮科	黑脸琵鹭	EN
8			黑头白鹮	NT
9	雁形目	鸭科	红胸黑雁	EN
10			小白额雁	VU
11			花脸鸭	VU
12			小白额雁	VU

（续）

序　号	分类阶元		物种名录	IUCN 评定级别
13	雁形目	鸭科	青头潜鸭	CR
14			红头潜鸭	VU
15			罗纹鸭	NT
16			鸳鸯	NT
17	鹤形目	秧鸡科	花田鸡	VU
18			斑胁田鸡	NT
19	鸻形目	鸻科	灰头麦鸡	NT
20		鹬科	半蹼鹬	NT
21			黑尾塍鹬	NT
22			白腰杓鹬	NT
23			勺嘴鹬	CR
24			小青脚鹬	EN

注：CR—极危；EN—濒危；VU—易危；NT—近危。

2.1.4 种群数量及其分布

2.1.4.1 种群数量

野外鸟类的数量估计非常困难，特别是迁飞的鸟类，受到天气、地形的影响，数量更难估计。但从访问的资料，结合鸟类的生物资料，也能够对主要的湿地鸟类的种类数量做一个大概的估计。但是，这种估计仍然体现不了广西湿地的鸟类现状，因为如果天气不好，很多鸟类迁飞的过程中并不容易见到，对它们的数量估计非常困难。因此，本次的鸟类数量只能从一个侧面反映广西的湿地鸟类资源状况。

广西发现的184种湿地鸟类，已记载了约28万只(STD＝2445)，见表3-25。

表3-25　广西湿地鸟类数量

物种名称	CITES	国家保护级别	IUCN 评定级别	数量(只)
红喉潜鸟				1000
黑喉潜鸟				200
小䴙䴘				10000
凤头䴙䴘				750
黑颈䴙䴘				1000
赤颈䴙䴘		Ⅱ		500
白额鹱				100
斑嘴鹈鹕		Ⅱ	NT	200

（续）

物种名称	CITES	国家保护级别	IUCN 评定级别	数量(只)
卷羽鹈鹕		Ⅱ	VU	200
褐鲣鸟		Ⅱ		400
普通鸬鹚				2000
海鸬鹚		Ⅱ		500
白斑军舰鸟		Ⅱ		100
苍鹭				1000
草鹭				500
绿鹭				1000
池鹭				4000
牛背鹭	Ⅲ			8000
大白鹭	Ⅲ			750
白鹭	Ⅲ			15000
中白鹭				7500
黄嘴白鹭		Ⅱ	VU	1000
岩鹭		Ⅱ		400
夜鹭				8000
栗头鳽			EN	500
海南鳽	Ⅱ	Ⅱ	EN	400
黑冠鳽				4000
黄斑苇鳽				1500
紫背苇鳽				800
栗苇鳽				500
黑苇鳽				250
大麻鳽				500
东方白鹳	Ⅰ		EN	250
黑鹳		Ⅰ		100
钳嘴鹳				400
白琵鹭	Ⅱ	Ⅱ		1000
黑脸琵鹭		Ⅱ	EN	1500
黑头白鹮			NT	2000
红胸黑雁			EN	100

（续）

物种名称	CITES	国家保护级别	IUCN 评定级别	数量(只)
豆雁				1000
白额雁		Ⅱ		2000
小白额雁			VU	3000
灰雁				400
小天鹅		Ⅱ		300
栗树鸭				5000
赤麻鸭				4000
翘鼻麻鸭				500
绿翅鸭				10000
绿头鸭				5000
针尾鸭				500
花脸鸭	Ⅱ		VU	500
罗纹鸭			NT	6000
斑嘴鸭				1000
赤膀鸭				200
赤颈鸭				200
白眉鸭				250
琵嘴鸭				2000
鸳鸯		Ⅱ	NT	800
赤嘴潜鸭				500
红头潜鸭				1000
白眼潜鸭			NT	100
青头潜鸭			CR	500
凤头潜鸭				2500
斑背潜鸭				100
棉凫				10000
斑头秋沙鸭				400
中华秋沙鸭		Ⅰ	EN	50
红胸秋沙鸭				500
普通秋沙鸭				500
鹗				1000
林三趾鹑				5000

（续）

物种名称	CITES	国家保护级别	IUCN 评定级别	数量(只)
黄脚三趾鹑				6000
棕三趾鹑				2000
普通秧鸡				1200
白喉斑秧鸡				500
小田鸡				200
红胸田鸡				300
斑胁田鸡			NT	500
灰胸秧鸡				4000
棕背田鸡		Ⅱ		1000
花田鸡		Ⅱ	VU	600
红脚苦恶鸟				10000
白胸苦恶鸟				12000
董鸡				1000
黑水鸡				2500
紫水鸡				800
白骨顶				2000
水雉				800
铜翅水雉		Ⅱ		500
彩鹬				600
蛎鹬				1000
黑翅长脚鹬				5000
反嘴鹬				400
普通燕鸻				1500
凤头麦鸡				1500
灰头麦鸡			NT	1500
距翅麦鸡				1000
灰斑鸻				1000
金[斑]鸻(美洲金鸻)				500
剑鸻				500
长嘴剑鸻				400
金眶鸻				2000
环颈鸻				2500

（续）

物种名称	CITES	国家保护级别	IUCN 评定级别	数量(只)
蒙古沙鸻				400
铁嘴沙鸻				500
东方鸻				1000
小杓鹬		Ⅱ		1000
中杓鹬				2000
白腰杓鹬			NT	1000
大杓鹬				1000
黑尾塍鹬			NT	400
斑尾塍鹬				350
红脚鹤鹬				450
红脚鹬				800
灰尾漂鹬				50
翘嘴鹬				100
翻石鹬				2000
半蹼鹬			NT	500
泽鹬				300
青脚鹬				800
白腰草鹬				1000
林鹬				600
矶鹬				2500
孤沙锥				1200
大沙锥				2400
针尾沙锥				500
扇尾沙锥				790
丘鹬				20
姬鹬				700
红腹滨鹬				300
大滨鹬				1000
青脚滨鹬				1000
红颈滨鹬				400
长趾滨鹬				500
尖尾滨鹬				400

（续）

物种名称	CITES	国家保护级别	IUCN 评定级别	数量(只)
黑腹滨鹬				780
白腰滨鹬				450
弯嘴滨鹬				500
勺嘴鹬			CR	400
阔嘴鹬				550
流苏鹬				100
红颈瓣蹼鹬				350
三趾滨鹬				50
中贼鸥				100
黑尾鸥				200
银鸥				400
西伯利亚银鸥				200
黄脚银鸥				120
小黑背银鸥				250
灰背鸥				100
灰翅鸥				400
北极鸥				240
小鸥		Ⅱ		350
黑嘴鸥			VU	300
三趾鸥				150
须浮鸥				400
白翅浮鸥				200
海鸥				36
红嘴鸥				800
鸥嘴噪鸥				400
红嘴巨鸥				150
普通燕鸥				300
粉红燕鸥				250
黑枕燕鸥				400
白额燕鸥				350
大凤头燕鸥				500

（续）

物种名称	CITES	国家保护级别	IUCN 评定级别	数量(只)
扁嘴海雀				400
褐鱼鸮	Ⅱ	Ⅱ		500
黄腿渔鸮		Ⅱ		400
斑头大翠鸟			NT	800
三趾翠鸟				400
冠鱼狗				150
斑鱼狗				800
普通翠鸟				4300
白胸翡翠				120
蓝翡翠				1000
褐河乌				800
红尾水鸲				10000
斑背燕尾				400
小燕尾				2000
灰背燕尾				8000
白额燕尾				2500
白顶溪鸲				2000

2.1.4.2 分布情况

2.1.4.2.1 非雀形目鸟类

潜鸟目有 1 科 2 种，红喉潜鸟仅在滨海湿地有分布；黑喉潜鸟仅在靖西有分布记录。

䴙䴘目有 1 科 4 种，小䴙䴘与凤头䴙䴘分布广泛；在各个较大的湿地中都有分布，小䴙䴘甚至在非常小的鱼塘中也有发现。赤颈䴙䴘仅在龙州有分布纪录；黑颈䴙䴘分布于大明山周边的几个县，包括马山、上林、武鸣和南宁的湿地中。

鹱形目仅有 1 科 1 属 1 种，即白额鹱，为滨海湿地中非常少见的种类。

鹈形目中卷羽鹈鹕和斑嘴鹈鹕为滨海湿地的候鸟，分布范围不大；褐鲣鸟为北海滨海湿地少见的种类；普通鸬鹚为广泛分布的种类；海鸬鹚为滨海湿地的种类；白斑军舰鸟为滨海湿地的迷鸟。

鹳形目的鹭科种类较多，其中苍鹭、池鹭、大白鹭、小白鹭、中白鹭、牛背鹭、夜鹭、黄斑苇鳽、大麻鳽较为常见，几乎在所有的重点调查湿地或湿地周边的水域里都有分布，它们广泛分布于广西各地；鹳科包括 3 个种，即东方白鹳、黑鹳和钳嘴鹳，它们都是分布范围狭窄的种类；鹮科有 3 个种，它们都是迁飞的种类，在迁飞的季节，在迁飞通道上偶见。11 月份，在桂林全州访问时有东方白鹳的分布。

雁形目是广西湿地鸟类中最多的目，它们的种类广泛分布于广西大型的湿地中，但是每一种的数量并不多。豆雁、小白额雁、灰雁分布于大型水库；鸭科的其他种类分布比较广泛，在各大湿地均有分布，是群众传统的狩猎对象。

隼形目仅有 1 种湿地鸟类，即鹗，分布于桂西、桂西南和桂南等湿地中。

鸻形目在各科种类都比较多，主要分布于各水域，是湿地鸟类的重要组成成分。其中，水雉科仅分布有 2 种，水雉广泛分布于区内各地区；铜翅水雉仅分布于滨海湿地。彩鹬科 1 种：彩鹬，多见于大型的水体中。鸻科中凤头麦鸡、灰头麦鸡和环颈鸻较为常见，特别是在迁飞的季节，在桂林的两江机场也经常可以见到这几种鸟类；鹬科在广西湿地记录有 38 种，是广西湿地鸟类的主体。其中，白腰草鹬、扇尾沙锥和针尾沙锥最为常见，它们经常在水边和稻田边活动，在迁飞的季节，这些鸟类经常被非法捕获；白腰杓鹬在迁飞的季节比较容易看到。燕鸻科 1 种，普通燕鸻较为常见，在桂林两江机场的捕鸟网上采集过标本。鸥科总共有 14 种。其中以海鸥较为常见，冬季迁回来时常集中为大群，在大的水库中小岛上，如在龟石水库中的小岛上曾经见到几百只一群的群体。

鸮形目有鸱鸮科 2 种，即褐鱼鸮和黄脚渔鸮。它们都是夜行性的种类，调查难度比较大。数量的相对多少只能从访问中得出。

佛法僧目有 1 科 7 种。普通翠鸟、蓝翡翠分布广泛，常在水边活动；斑鱼狗和冠鱼狗常见于水库、河流及湖泊边，不取食时经常在光秃的地方等待。

2.1.4.2.2　雀形目鸟类

河乌科 1 种，即褐河乌，经常在水边，特别是山溪边活动。一旦受到干扰，喜欢沿水面飞行，是比较常见的在水边活动的鸟类。

鸫科有 6 种，其中红尾水鸲、白顶溪鸲、小燕尾、灰背燕尾、白额燕尾、斑背燕尾等较为常见，广西各重点调查湿地都有发现。

2.1.5　栖息地及其保护状况

广西湿地鸟类资源丰富，受关注的鸟类种类比例高。相应地，各级相关部门不断加强对这些地区的保护，建立了很多自然保护区，加强对捕猎湿地野生动物行为的监管力度，对湿地野生动物和其他的野生动物起到了很好地保护。

但是长期以来，由于经济发展的需要，当地对湿地不恰当地开发利用，使得很多湿地面临严重的干扰。由于会仙湿地周边群众对湿地的围垦，使得湿地区域被人为地分隔成鱼塘和农田，这严重地影响了湿地鸟类和其他湿地野生动物栖息地的质量，很多大型湿地鸟类减少，甚至完全消失；而一些湿地周边，旅游开发也造成了严重干扰，如青狮潭水库湿地边缘的旅游开发已经影响到鸟类的活动。因此，对大型湿地需要加强规划和环境影响的评估，在考虑经济发展和改善民生的同时，关注湿地野生动物的栖息地质量，在两者之间统筹考虑，这将对湿地动物保护起到决定性的作用。

目前在湿地鸟类保护上存在以下问题：

①因水量的变化，鸟类物种和个体数量在下降。

②因利用不当，湿地的生态过程受到影响，生态功能下降，湿地鸟类栖息地面积减少，特别

是迁徙候鸟适宜的自然栖息地急剧减少。

③环境污染严重造成栖息地质量下降。随着湿地周边地区工农业的不合理布局与发展，有毒气体，污水及噪音逐年增加，鸟类栖息地生态质量下降，同时由于污染造成的湿地鸟类食物的减少也势必造成湿地鸟类种类和数量的波动。近年来由于农药造成的鸟类死亡案例日益增多。

④偷捕偷猎现象客观存在，威胁鸟类生存。特别的是，在鸟类的迁飞通道上，鸟类在迁飞时如果遇到恶劣的天气，它们失去方向后，如果周边有光，它们就会向光的方向飞。因此，当地群众在这种天气下，在鸟类迁飞的通道上，通过点火把的方式把鸟引来进行捕猎。而现在手段越来越先进，捕猎者利用大型的柴油发电机，再点亮很大的射灯来引诱。这种捕猎的方式在资源、龙胜、融水、全州几个县普遍使用。另外一种方式就是使用"鸟盆"的方式，这种方式在金秀普遍使用。无论是射灯引诱还是鸟盆的方式，对从本区域经过的迁飞鸟类的损害非常大。虽然打击力度不断加大，但是偷捕偷猎鸟类行为仍很严重，一些偷猎者以各种手段捕杀鸟类，并通过地下隐蔽途径销售到广东等地谋取利益，屡禁不止。

⑤食野生动物观念作祟，影响恶劣。一些饭店从偷猎者处收购野鸭、雁，甚至国家重点保护鸟类，以野味招揽客人，部分群众以食野味为鲜，客观形成了市场需求，刺激了偷猎和贩卖行为。

⑥在管理上也存在一定的不足。除了资源的爱鸟界不是自然保护区外，其他几个点都处在重点调查湿地保护区内。如果在迁飞时期加强巡逻，及时制止非法捕猎也是一个很有效的方式。但现在很多重点调查湿地还没有专门的机构和巡护人员。即使有少量的巡护员，但由于他们的工资待遇和认识方面的问题，在制止违法捕猎的活动中所起的作用似乎不尽如人意。

2.2 鱼　类

2.2.1 物种组成

广西地处珠江流域中游，内陆河网密布，1000 多条大小江河遍布全区，水库、池塘丰富，水环境多样，适于鱼类的栖息、生长，鱼类资源十分丰富。广西南濒南海的北部湾，海岸线曲折，沿海浅海属半封闭性大陆架海域，海底地形坡度平缓，海洋鱼类资源丰富。广西已发现鱼类 519 种，隶属于 21 目 87 科 274 属，其中纯淡水鱼类 258 种，洄游鱼类 8 种，河口鱼类 12 种，海洋鱼类 229 种，引进种 12 种。广西鱼类以鲤形目种类最多，其数量占到了鱼类总数的 39. 11%。第二多的是鲈形目，其数量占总数的 28. 52%。鲇形目和鲱形目的数量也不少，分别占总数的 6. 55% 和 5. 78%。广西鱼类各目、科、属的数量和各目的物种所占的比例见表 3-26、图 3-4。

表 3-26　广西湿地鱼类种类基本情况

目　名	科　数	属　数	种　数	所占比例(%)
鲼形目	1	1	3	0. 58
鲟形目	1	1	1	0. 19
海鲢目	1	1	1	0. 19
鳗鲡目	4	10	17	3. 28

（续）

目　名	科　数	属　数	种　数	所占比例(%)
鲱形目	3	16	30	5.78
鲤形目	4	93	203	39.11
脂鲤目	1	1	1	0.19
鲇形目	10	16	34	6.55
鲑形目	2	4	4	0.77
灯笼鱼目	1	3	5	0.96
月鱼目	2	2	2	0.39
鳕形目	1	3	3	0.58
鲻形目	3	6	11	2.12
银汉鱼目	1	1	1	0.19
颌针鱼目	3	7	16	3.08
合鳃鱼目	1	1	1	0.19
鲈形目	36	81	148	28.52
鲉形目	2	2	2	0.39
鲉形目	3	9	10	1.93
鲽形目	3	7	13	2.50
鲀形目	4	9	13	2.50
总　计	87	274	519	100

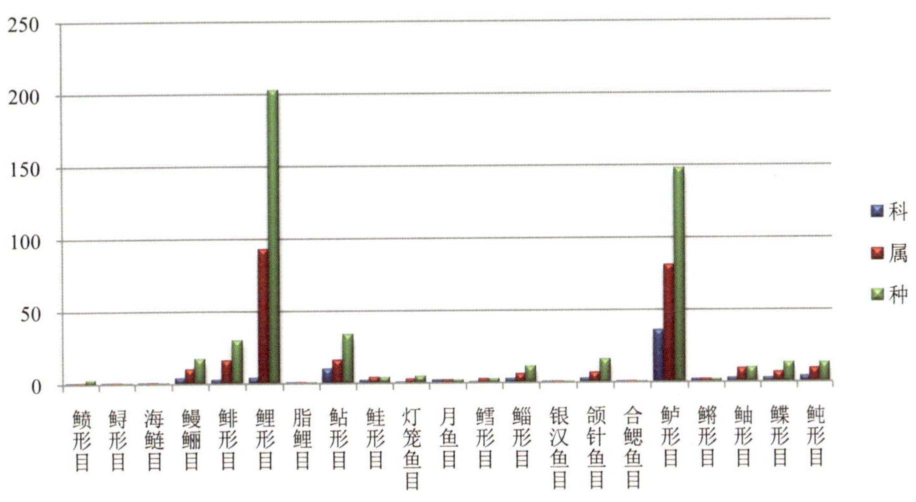

图 **3-4**　广西湿地鱼类各目科、属、种数量对比图

广西淡水鱼类（含洄游、河口鱼类）的目、科、属和物种的数量与全国淡水鱼类目、科、属和

物种数的比值为36%、10%、9%和6%。将统计数据制成柱状图(图3-5)能够直观的了解广西淡水鱼类在全国的比重和地位。

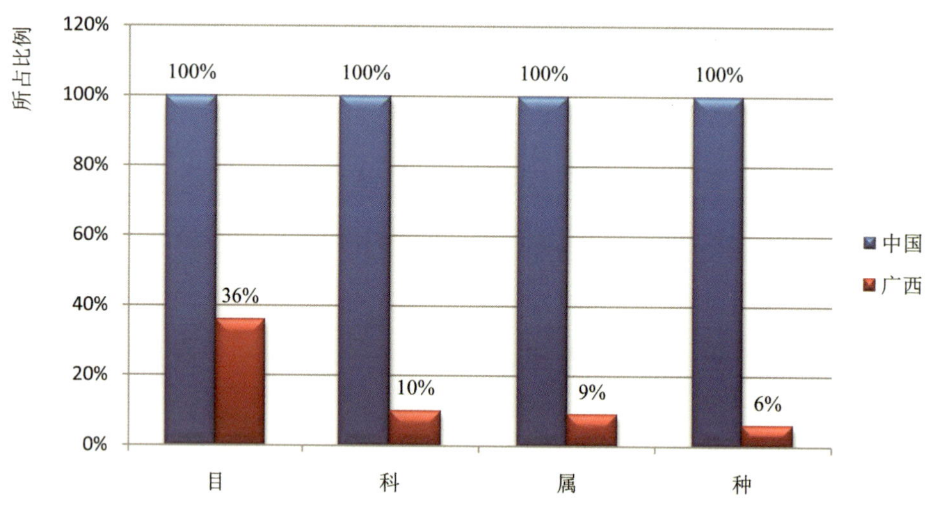

图3-5 广西淡水鱼类与全国淡水鱼类目、科、属、种数量的比较图

广西鱼类在不同水系中其物种数量有一定差异，由于环境因素和人为因素，使得各湿地的物种数量存在着不同。利用采集的标本进行统计，先换算出物种的比值(某湿地的物种数除以全区的物种数)，再计算出物种的密度，以此可制成广西鱼类物种密度分布图(图3-6)。

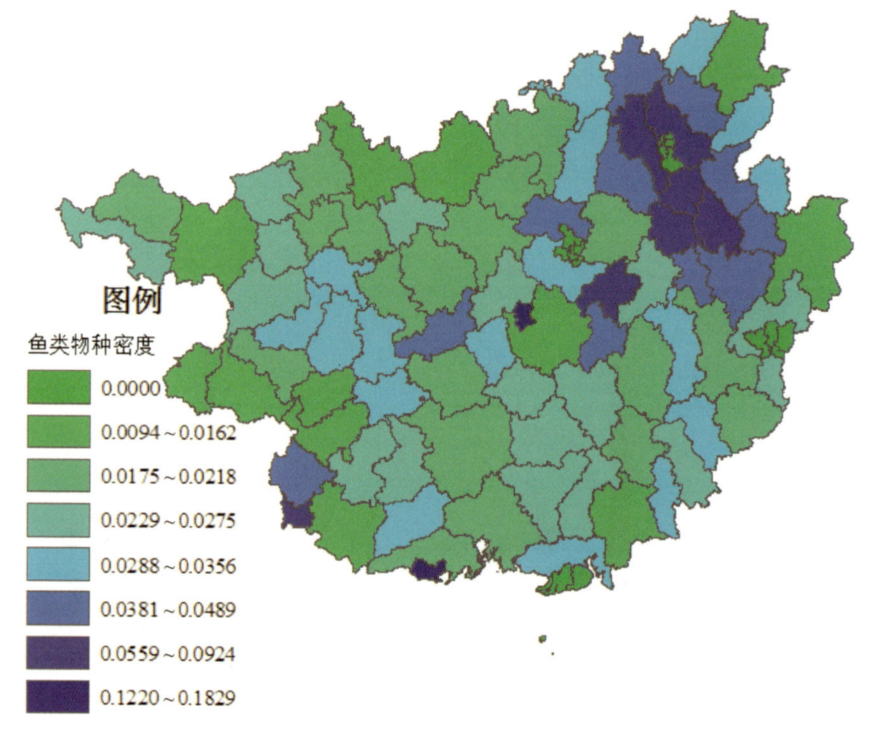

图3-6 广西鱼类物种密度分布图

从图3-6可以直观地了解到，广西各地鱼类密度的多少。由于各县(市、区)湿地的环境有所不同，通过这一分布图能够得知广西湿地鱼类在近海湿地、大中型河流湿地的优势现象。

2.2.2 区系分析

广西湿地的鱼类区系按所栖息的水体盐度可分为海洋鱼类区系和淡水鱼类区系。

2.2.2.1 海洋鱼类区系特点

广西湿地海洋鱼类共有229种，分属15目60科138属，占广西湿地鱼类总数的44.12%。广西海区位于北部湾的北部，北回归线以南，东南方有南海及与之相连的太平洋，西南方有孟加拉湾，形成边缘热带海洋气候，季风明显，海水温度季节性变化大。流入北部湾沿海的中小河流有120多条，广西海区主要受越南沿岸入海江河径流和广西沿岸的夏秋径流与海水混合而成的沿岸水影响。按鱼类的适温性划分，广西湿地海洋鱼类由暖水性种和暖温性种两种类型组成，暖水性种有202种，占海洋鱼类总数88.21%；暖温性种有27种，占海洋鱼类总数的11.79%。因此，广西湿地海洋鱼类以暖水性种为主，无冷温性种、冷水性种。

广西海区鱼类区系与南海北岸(海南岛以东)的鱼类区系基本相同，与台湾浅滩和东海的鱼类区系较为相似，且与日本、印度尼西亚和菲律宾的鱼类区系有较密切关系，是属于印度—西太平洋区的一部分，主要为亚热带性质，而且具有一定的热带性，属于亚热带过渡到热带的区系。

2.2.2.2 淡水鱼类区系特点

广西淡水鱼类总计290种(含移入种12种)，占广西湿地鱼类总数的55.88%。从生态类群来看，本区淡水鱼类由洄游性鱼类和纯淡水鱼类两大类群组成，纯淡水鱼类258种(6目20科119属)，占总数的92.81%，河口性和洄游性鱼类共有20种，占总数的7.19%。其中洄游性鱼类有中华鲟、鲥鱼、七丝鲚、香鱼、白肌银鱼、日本鳗鲡、花鳗鲡等，河口性的鱼类有花鰶、斑鰶、居氏银鱼、半棱华鱼芒、间下鱵、鲮鱼、花鲈、中华乌塘鳢、舌鰕虎鱼、斑纹舌鰕虎鱼、三线舌鳎、弓斑东方鲀等。

据《中国淡水鱼类的分布区划》(李思忠，1981)，中国淡水鱼分布区划为5区21亚区。广西淡水鱼类区系属于华南区的珠江亚区。按动物地理学上的鱼类区系的组成分，广西258种纯淡水鱼类由5个区系复合体组成。

(1)热带平原复合体：为起源于亚洲东南部热带沼泽，高温多草环境的鱼类。包括鲃亚科40种和野鲮亚科除盘鮈属、墨头鱼属外的18种，鲌亚科的细鳊属2种，鱼丹亚科6种，鳅科的沙鳅属2种、副沙鳅属5种、薄鳅属4种和平鳅属4种，鲶科14种，胡子鲇科1种，长臀鮠科1种，青鳉属1种，黄鳝属1种，沙塘鳢科2种，塘鳢科5种，鰕虎鱼科7种，斗鱼科2种，鳢科4种，攀鲈科1种，刺鳅科2种，共122种，占纯淡水鱼类的45.74%。

(2)中国平原复合体：为第三纪在我国长江、黄河流域为主的平原区形成的鱼类。包括鲤科雅罗鱼亚科7种，鲌亚科除细鳊属外20种，鲴亚科6种，鲢亚科2种，鮈亚科29种，鳅鮀亚科3种，鮨科的鳜属鱼类5种，共72种，占全部纯淡水鱼类的27.91%。

(3)中印山区复合体：起源于南方热带、亚热带山区，适宜于急流中生活，具有特殊适应能力的种类。包括鲤科野鲮亚科盘鮈属4种、墨头鱼属2种、盘口鲮属1种，鳅科异条鳅属1种、小条鳅属1种、间条鳅属2种、云南鳅属1种、南鳅属3种、高原鳅属3种，平鳍鳅科16种，鲱科和钝头鮠科各3种，共40种，占全部纯淡水鱼类的15.50%。

(4)上第三纪复合体：为第三纪早期在北半球温热带地区形成，并变冷后残留下来的鱼类。包括鲤科的鲤亚科7种，鳑亚科9种，鮈亚科的麦穗鱼属2种，鳅科的泥鳅属1种、副泥鳅属1种和鲇科5种，共25种，占纯淡水鱼类9.69%。

(5)北方平原复合体：原在北半球亚寒带平原地区形成的种类，只有鳅科的花鳅属2种、原花鳅属1种，共3种，占纯淡水鱼类的1.16%。

综上所述，广西湿地淡水鱼类主要是由江河平原区系复合体和热带平原复合体所组成(两者占73.65%)，如将中印山区鱼类区系复合体联系在一起，明显地显示出其热带性质。

5种区系复合体类型以及各自的物种数量和比例见表3-27。

表3-27　广西淡水鱼类区系类型及各区系类型的物种数量及所占比例

复合体类型	数量(个)	比例(%)
热带平原复合体	122	45.74
中国平原复合体	72	27.91
中印山区复合体	40	15.50
上第三纪复合体	25	9.69
北方平原复合体	3	1.16

将上表中的各区系因素提取出来，制成区系比例图(图3-7)，可以直观的了解广西淡水鱼类的区系成分。

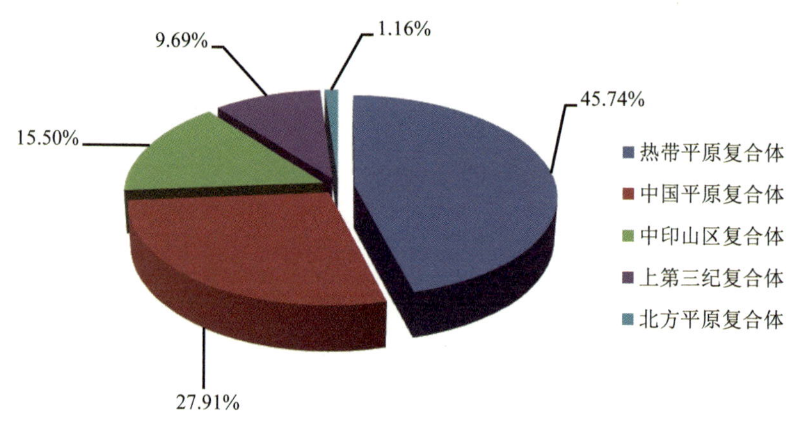

图3-7　广西淡水鱼类区系成分比例图

由图3-7可以看出，广西淡水鱼类的区系成分由热带平原复合体、中国平原复合体、中印山区复合体、上第三纪复合体和北方平原复合体等5个区系复合体的成分构成。其中以热带平原复合体占主要地位，比例为45.74%，中国平原复合体次之，比例为27.91%，其他3个区系复合体比例较低，中印山区复合体比例为15.50%、上第三纪复合体比例为9.69%，北方平原复合体仅占1.16%。

2.2.3 珍稀濒危及重点保护鱼种

广西湿地519种鱼类中，有国家Ⅰ级保护鱼类1种(中华鲟)，国家Ⅱ级保护鱼类1种(花鳗鲡)，广西地方重点保护物种1种(鲥鱼)。

广西鱼类中有43种是《中国物种红色名录》(IUCN)评价的濒危物种(汪松、解焱，2004)，其中淡水鱼类31种，海洋鱼类12种，其名录见表3-28。

表3-28　IUCN指定的濒危鱼类名录

分类阶元		物种名录	中国物种红色名录评定等级
鲼形目	魟科	赤魟	EN
鲟形目	鲟科	中华鲟	EN
鲱形目	鲱科	鲥	EN
		花鰶	VU
鳗鲡目	鳗鲡科	花鳗鲡	EN
	海鳝科	白斑裸胸鳝	VU
		豆点裸胸鳝	VU
	蛇鳗科	黑斑花蛇鳗	VU
鲑形目	香鱼科	香鱼	VU
鲤鱼目	鳅科	后鳍平鳅	VU
		无眼平鳅	VU
	鲤科	鯮	VU
		台细鳊	VU
		须鳊	VU
		小似鲴	VU
		长麦穗鱼	VU
		小眼金线鲃	VU
		鸭嘴金线鲃	VU
		单纹似鱤	VU
		小口白甲鱼	VU
		稀有白甲鱼	EN
		叶结鱼	VU
		唇鲮	VU
		暗色唇鲮	VU
		大眼卷口鱼	EN
		乌原鲤	VU

（续）

分类阶元		物种名录	中国物种红色名录评定等级
鲤鱼目	鲤科	龙州鲤	VU
	平鳍鳅科	厚唇原吸鳅	VU
鲇形目	长臀鮠科	长臀鮠	VU
灯笼鱼目	狗母鱼科	叉斑狗母鱼	VU
		长条蛇鲻	VU
颌针鱼目	鱵科	异鳞鱵	VU
	飞鱼科	短鳍拟飞鱼	VU
鲻形目	青鲻科	青鲻	VU
鲈形目	鮨科	长身鳜	VU
		波纹鳜	VU
		赤点石斑鱼	VU
	石首鱼科	红牙鰔	VU
	鰕虎鱼科	瑶山吻鰕虎鱼	EN
		小吻鰕虎鱼	EN
鲉形目	毒鲉科	中华鬼鲉	EN
鲽形目	鳎科	缨鳞条鳎	EN

广西淡水鱼类特有种数量较多，有45种（表3-29），特有种类的分布区域普遍较为狭窄，多独立分布在地下河、山区溪流或入海河口等较为特殊的小生境中，如洞穴水体中生活的无眼平鳅，该鱼身体呈半透明略带肉红色，内脏及脊柱红色，眼退化，各鳍无色。现知仅分布于武鸣县的起风山太极洞地下河中。另外，广西淡水鱼类中有140种属中国特有物种（表3-30），其数量占广西淡水鱼类总数的54.26%。

表3-29 广西特有鱼类名录及分布

分类阶元			物种名	分 布
鱼纲	鲤形目	鳅科	颊鳞异条鳅	左江
			透明间条鳅	红水河
			郑氏间条鳅	红水河
			丽纹云南鳅	红水河
			叉尾平鳅	红水河
			后鳍平鳅	红水河
			无眼平鳅	右江
			凌云南鳅	右江

（续）

分类阶元			物种名	分　布
鱼纲	鲤形目	鳅科	黄体高原鳅	红水河
			南丹高原鳅	红水河
			天峨高原鳅	红水河
			漓江副沙鳅	漓江
			小副沙鳅	南流江
			桂林薄鳅	漓江、柳江
			无眼原花鳅	红水河
		鲤科	瑶山鲤	漓江、柳江、红水河
			大眼黑线鳘	柳江
			须鳊	钦江
			小似鲚	浔江
			小似鲴	钦江
			棱似鲴	左江
			长麦穗鱼	漓江
			季氏金线鲃	漓江、贺江
			宜山金线鲃	柳江
			九圩金线鲃	红水河
			小眼金线鲃	红水河
			凌云金线鲃	红水河
			大眼金线鲃	红水河
			东兰金线鲃	红水河
			短身金线鲃	柳江
			广西金线鲃	红水河
			田林金线鲃	红水河
			鸭嘴金线鲃	红水河
			叉背金线鲃	红水河
			驯乐金线鲃	柳江
			柳城拟缨鱼	柳江
			大眼卷口鱼	郁江
			长须卷口鱼	红水河

（续）

分类阶元			物种名	分　布
鱼纲	鲤形目	平鳍鳅科	平头原缨口鳅	柳江
			巴马似原吸鳅	红水河
			圆体爬岩鳅	漓江、右江
	鲇形目	钝头鮠科	巨修仁鉠	红水河
	鲈形目	鰕虎鱼科	瑶山吻鰕虎鱼	柳江
			小吻鰕虎鱼	左江
		鳢科	黑月鳢	南流江

表 3-30　广西淡水鱼类中的中国特有物种名录

胭脂鱼、颊鳞异条鳅、透明间条鳅、郑氏间条鳅、丽纹云南鳅、叉尾平鳅、后鳍平鳅、无眼平鳅、横纹南鳅、凌云南鳅、黄体高原鳅、南丹高原鳅、天峨高原鳅、花斑副沙鳅、武昌副沙鳅、点面副沙鳅、漓江副沙鳅、小副沙鳅、后鳍薄鳅、大斑薄鳅、桂林薄鳅、斑纹薄鳅、无眼原花鳅、沙花鳅、瑶山鲤、拟细鲫、大眼黑线䱗、台细鳊、大眼华鳊、须鳊、小似鲚、团头鲂、小似鲴、棱似鲴、间䱻、大刺䱻、花棘䱻、长麦穗鱼、桂林似鮈、乐山小鳔鮈、洞庭小鳔鮈、似长体小鳔鮈、桂林鳅鮀、南方鳅鮀、海南鳅鮀、须鱊、广西副鱊、大鳞金线鲃、季氏金线鲃、宜山金线鲃、九圩金线鲃、小眼金线鲃、高肩金线鲃、凌云金线鲃、大眼金线鲃、多斑金线鲃、长须金线鲃、东兰金线鲃、短身金线鲃、广西金线鲃、田林金线鲃、鸭嘴金线鲃、叉背金线鲃、驯乐金线鲃、单纹似鳡、厚唇光唇鱼、带半刺光唇鱼、窄条光唇鱼、北江光唇鱼、云南光唇鱼、多耙光唇鱼、粗须白甲鱼、台湾白甲鱼、白甲鱼、小口白甲鱼、珠江卵形白甲鱼、稀有白甲鱼、叶结鱼、桂华鲮、伍氏华鲮、直口鲮、巴马拟缨鱼、柳城拟缨鱼、异华鲮、暗色唇鲮、泉水鱼、卷口鱼、大眼卷口鱼、长须卷口鱼、小口华缨鱼、云南盘鮈、宽头盘鮈、多线盘鮈、四须盘鮈、伍氏盘口鲮、乌原鲤、龙州鲤、尖鳍鲤、拟平鳅、琼中拟平鳅、线纹原缨口鳅、信宜原缨口鳅、平头原缨口鳅、厚唇原吸鳅、中华原吸鳅、长汀拟腹吸鳅、方氏品唇鳅、巴马似原吸鳅、秉氏爬岩鳅、贵州爬岩鳅、圆体爬岩鳅、伍氏华吸鳅、都安鲇、长臀鮠、中间黄颡鱼、粗唇鮠、叉尾鮠、纵带鮠、细体拟鲿、长脂拟鲿、白边拟鲿、长尾鮡、鳗尾鉠、修仁鉠、巨修仁鉠、青鳉、漓江鳜、柳州鳜、波纹鳜、斑鳜、大眼鳜、中华沙塘鳢、粘皮鲻鰕虎鱼、溪吻鰕虎鱼、丝鳍吻鰕虎鱼、李氏吻鰕虎鱼、瑶山吻鰕虎鱼、小吻鰕虎鱼、斑鳢、黑月鳢

广西湿地鱼类中有55种系农业部《国家重点保护经济水生动植物资源名录（第一批）》物种，其中淡水鱼类31种，海水鱼类24种，名录为鳗鲡、太湖新银鱼、青鱼、草鱼、赤眼鳟、翘嘴鲌、鳡、三角鲂、团头鲂、广东鲂、鳊、红鳍原鲌、蒙古鲌、鲢、鳙、细鳞斜颌鲴、银鲴、倒刺鲃、光倒刺鲃、白甲鱼、鲮、鲤、鲫、大口鲇、黄颡鱼、斑鳠、黄鳝、鳜、大眼鳜、斑鳢、花鲈、鳓、黄鲫、凤鲚、刀鲚、大头狗母鱼、鮻、鲻鱼、尖吻鲈、青石斑鱼、赤点石斑鱼、蓝圆鲹、竹荚鱼、棘头梅童鱼、白姑鱼、大黄鱼、红笛鲷、真鲷、二长棘鲷、黑鲷、金线鱼、带鱼、蓝点马鲛、银鲳、鲬。

2.2.4　物种成分及分布

鲼形目有1科3种。其中古氏魟和奈氏魟分布在广西近海；赤魟是国内仅有的内陆淡水水域中的软骨鱼类，主要分布于浔江、黔江、左江和柳江上游。自然种群资源已十分稀少，近10年来已很少见到标本。

鲟形目仅有1科1种，即中华鲟为洄游鱼类，分布于西江、浔江和黔江，近20年来仅在

1996年、1998年见到2条250公斤左右的成鱼，小型个体未见过。

海鲢目仅有1科1种，即海鲢，分布在广西近海。

鳗鲡目有4科17种。鳗鲡科的日本鳗鲡和花鳗鲡为洄游鱼类。早些年广泛分布于西江水系的大支流，近年来仅在浔江、郁江、红水河、柳江、桂江偶有发现。康吉鳗科、海鳝科和蛇鳗科的15种鱼类分布在广西近海。

鲱形目有3科30种。鲱科的鲥为洄游鱼类，分布于西江、浔江中，近10年来资源急剧下降，很少见到标本。花鰶和斑鰶为河口性鱼类，分布于南流江、钦江、大风江等入海河口。鳀科的七丝鲚为洄游鱼类，分布于西江、浔江和郁江，西津水库产量较多。其他种类为海洋鱼类，分布在近海。

鲤形目有4科203种。鲤形目鱼类构成广西淡水鱼类区系的主体。胭脂鱼科仅胭脂鱼1种，原产于长江水系，20世纪60年代引入广西养殖。鲤科是广西淡水鱼类的主要科，有155种，数量众多，分布面广，几乎遍布全区各地。其中广泛分布于西江、长江水系干流和大支流的物种有海南异鱲、宽鳍鱲、马口鱼、草鱼、赤眼鳟、鳤、鳡、细鳊、海南华鳊、大眼近红鲌、飘鱼、海南似鲚、鳘、南方拟鳘、海南鲌、鳊、银鲴、黄尾鲴、鳙、鲢、唇䱻、间䱻、花䱻、麦穗鱼、银鮈、蛇鮈、短须鱊、越南鱊、高体鳑鲏、条纹小鲃、光倒刺鲃、倒刺鲃、南方白甲鱼、鲮、纹唇鱼、卷口鱼、东方墨头鱼、四须盘鮈、三角鲤、鲤、鲫等。仅分布在一二条河流的鱼类有大眼黑线鳘、须鳊、小似鲚、达氏鲌、小似鲴、棱似鲴、细鳞鲴、长麦穗鱼、华鳈、江西鳈、胡鮈、桂林鳅鮀、方氏鳑鲏等。仅分布于红水河、漓江、贺江和柳江流域的地下河，营洞穴或洞穴周围生活的种类有大鳞金线鲃、季氏金线鲃、宜山金线鲃、九圩金线鲃、小眼金线鲃、高肩金线鲃、凌云金线鲃、大眼金线鲃、多斑金线鲃、长须金线鲃、东兰金线鲃、短身金线鲃、广西金线鲃、田林金线鲃、鸭嘴金线鲃、叉背金线鲃、驯乐金线鲃等。鳅科有31种，其中广泛分布于全区各地的有美丽小条鳅、横纹南鳅、壮体沙鳅、美丽沙鳅、花斑副沙鳅、沙花鳅、泥鳅。分布于红水河的有透明间条鳅、郑氏间条鳅、丽纹云南鳅、黄体高原鳅、南丹高原鳅、天峨高原鳅、无眼原花鳅。分布于右江流域洞穴中生活的有凌云南鳅、无眼平鳅。平鳍鳅科有16种，分布于漓江、桂江、柳江、红水河、左右江的有平舟原缨口鳅、广西华平鳅、伍氏华吸鳅；分布于漓江与柳江的有方氏品唇鳅、贵州爬岩鳅；分布于红水河的有信宜原缨口鳅、巴马似原吸鳅。

脂鲤目仅1科1种，为短盖巨脂鲤。原产于南美洲亚马孙河流域，20世纪90年代引入养殖，主要分布在桂东南地区池塘、山塘等人工养殖水域。

鲇形目有10科34种。鳗鲇科2种，为鳗鲇和线纹鳗鲇。海鲇科2种，为硬头海鲇和中华海鲇，分布于广西近海。鲇科5种，其中鲇广泛分布于广西各地河流、水库中，越南鲇、西江鲇分布于漓江、桂江、柳江、红水河及沿海入海江河。胡子鲇科2种，其中胡子鲇分布于广西各地河流、塘库中，革胡子鲇为引进物种，分布在桂北地区以外的水域。长臀鮠科的长臀鮠分布在西江水系的河流中。鱼芒科的半棱华鱼芒仅分布于沿海各入海江河。鲿科有14种：广泛分布于广西各地的有瓦氏黄颡鱼、黄颡鱼、粗唇鮠、斑鳠；叉尾鮠、长脂似鲿分布于漓江、湘江上游；越鳠、越南拟鲿分布于各入海江河。𩷰科有3种：福建纹胸𩷰分布于广西各地，巨𫚥分布于百都河，长尾𩷰分布于漓江、桂江、红水河。钝头鮠科3种：鳗尾鉠分布于柳江，巨修仁鉠分布于红水河，修仁鉠分布于漓江、柳江。鮰科1种，斑点叉尾鮰系引进物种，分布在人工养殖的塘库。

鲑形目有2科4种。香鱼科1种，香鱼，洄游鱼类，分布于北仑河。银鱼科3种，居氏银鱼主要分布于南流江、钦江、大风江等入海河口。白肌银鱼分布于西江、浔江和郁江。太湖新银鱼原分布在长江水系，后被移植到广西养殖，在许多水库有了分布。

灯笼鱼目有1科5种。叉斑狗母鱼、肩斑狗母鱼、大头狗母鱼、长条蛇鲻、多齿蛇鲻分布于广西近海。

月鱼目有2科2种。鳞烟管鱼和玻甲鱼，分布于广西近海。

鳕形目仅1科3种。多须鼬鳚、仙鼬鳚和棘鼬鳚，分布于广西近海。

鲻形目3科11种。魣科3种，鲻科7种，马鲅科1种，均为海洋鱼类，分布于广西近海；鲅分布于入海河流咸淡水区，鲻鱼常见。

银汉鱼目仅1科1种。白氏银汉鱼，分布于广西近海。

颌针鱼目3科16种。颌针鱼科6种，鱵科6种，飞鱼科4种，均为海洋鱼类，分布于广西近海，鱵科的间下鱵溯河洄游至浔江。

合鳃鱼目仅1科1种。黄鳝，广泛分布于广西各地。

鲈形目有36科148种。其中双边鱼科1种，即眶棘双边鱼，分布于广西近海。尖吻科1种，即尖吻鲈，分布于广西近海。鮨科有21种：双带黄鲈、鳃棘鲈、红九棘鲈、斑点九棘鲈、青石斑鱼、鲑点石斑鱼、宝石石斑鱼、蜂巢石斑鱼、棕点石斑鱼、橙点石斑鱼、赤点石斑鱼、点带石斑鱼分布于广西近海。鲈分布于各入海河流，洄游至浔江。中国少鳞鳜、大眼鳜分布于西江水系各水域。斑鳜分布于漓江、柳江、左江、右江、红水河、湘江上游。波纹鳜分布于漓江、柳江、湘江上游。长身鳜分布于漓江。柳州鳜分布于柳江。鳜原产于长江，近年引入养殖。天竺鲷科1种，即双带天竺鲷，分布于广西近海。鱚科2种，多鳞鱚、少鳞鱚，分布于广西近海。鲹科13种，卵形鲳鲹、蓝圆鲹、竹荚鱼在沿海常见。石首鱼科8种，勒氏枝鳔石首鱼、棘头梅童鱼、双棘黄姑鱼、大头白姑鱼、白姑鱼、杜氏叫姑鱼、红牙鰔、大黄鱼，分布于广西近海。蝠科10种，银鲈科5种，笛鲷科5种，裸颊鲷科1种，鲷科6种，真鲷、黄鳍鲷、二长棘鲷常见。金线鱼科2种，石鲈科1种，为断斑石鲈，分布于广西近海。鯻科3种，分布于广西近海。羊鱼科7种。鸡笼鲳科2种，金钱鱼科1种为金钱鱼，分布于广西近海。赤刀鱼科1种，隆头鱼科2种，分布于广西近海。拟鲈科1种为美拟鲈，分布于广西近海。篮子鱼科2种，为褐篮子鱼、黄斑篮子鱼，分布于广西近海。带鱼科3种，为带鱼、小带鱼、沙带鱼，分布于广西近海。鲅科2种，为蓝点马鲛、康氏马鲛，分布于广西近海。鲳科2种，为中国鲳、银鲳，分布于广西近海。弹涂鱼科3种，为弹涂鱼、青弹涂鱼、大弹涂鱼，分布于广西近海。鳗鰕虎鱼科4种，为红狼牙鰕虎鱼、孔鰕虎鱼、须鳗鰕虎鱼、鳗鰕虎鱼，分布于广西近海。沙塘鳢科2种：中华沙塘鳢、侧扁小黄黝鱼，分布于广西近海。攀鲈科1种，即攀鲈，分布于广西近海。塘鳢科有7种：中华乌塘鳢、黑体塘鳢分布在南流江、钦江等入海河流。嵴塘鳢、锯塘鳢、尖头塘鳢、海南细齿塘鳢广西各地均有分布。大鳞细齿塘鳢分布于柳江、红水河。鰕虎鱼科有17种：舌鰕虎鱼、斑纹舌鰕虎鱼分布于入海河流；云斑深鰕虎鱼、青斑细棘鰕虎鱼、绿斑细棘鰕虎鱼、短吻栉鰕虎鱼、裸顶栉鰕虎鱼、斑尾复鰕虎鱼、细点叉鰕虎鱼、巴布亚丝鰕虎鱼、粘皮鲻鰕虎鱼分布于广西近海；子陵吻鰕虎鱼广泛分布于广西各地；瑶山吻鰕虎鱼分布于柳江；小吻鰕虎鱼分布于左江。斗鱼科有2种，叉尾斗鱼分布于各河塘库汊的河湾中，圆尾斗鱼仅见于都安。鳢科有4种：月鳢和斑鳢广泛分布于广西各大水域；南鳢分布于郁江；黑月鳢分布于南流江。刺鳅科有 2 种：大刺鳅分布于广西各地水域；刺鳅分布于湘江、资水、漓江、桂江及南部入海河流的上游。攀鲈科有 1 种：攀鲈，分布于入海河流。棘臀鱼科 1 种为大口黑鲈，是引进物种，分布于人工养殖水域。丽鱼科 2 种：莫桑比克罗非鱼、尼罗罗非鱼，是引进物种，已广泛分布于浔江、郁江、红水河、左江、右江和库塘中。

鳉形目 2 科 2 种。青鳉科青鳉分布于郁江和红水河。胎鳉科食蚊鱼是引进物种，广泛分布广西各地淡水水域。

鲉形目 3 科 10 种。鲉科 3 种，棘鲉、翱翔蓑鲉、须蓑鲉，毒鲉科 3 种，粗虎鲉、中华鬼鲉、双指鬼鲉，鲬科 4 种，鲬、大眼鲬、日本瞳鲬、丝鳍鲬。均为海洋鱼类，分布于广西近海。

鲽形目 3 科 13 种。牙鲆科 4 种，鳎科 5 种，舌鳎科 4 种，均为海洋鱼类，分布于广西近海。三线舌鳎在西江、浔江有分布。

鲀形目有 4 科 13 种。鳞鲀科 2 种，革鲀科 3 种，箱鲀科 1 种，鲀科 7 种，均为海洋鱼类，分布于近海。弓斑东方鲀在西江、浔江、黔江、红水河下游有分布。

2.2.5 保护面临的困境

广西鱼类资源丰富，可是，随着经济建设的发展，鱼类保护越来越重要，需要引起人们的注意。广西鱼类面临的主要问题是水质污染、拦河筑坝和滥捕等问题，具体有以下原因。

(1)水质、水量有待改善：随着社会经济发展，广西的工业化进程加快，城镇化水平不断提高，工业污水、生活污水排放量逐年增加，局部水域水体污染有加重趋势，渔业生态环境遭到破坏。

(2)小水电改流殃及鱼类：小水电在广西各地发展迅速，各山地林区截流筑坝、开掘隧道、焊接水管，使原本流淌于山间的溪流被人为地改道或截取，赖以生存的山溪鱼类受到了极大的影响。

(3)拦河大坝妨碍洄游：随着大江大河拦河水坝的建成，截断了鱼类的洄游通道，阻碍了鱼类的自然迁徙繁衍进程，同时造成水流减缓，河流的物理化学因素发生改变。原有的产卵场、索饵场、越冬场遭到侵占或毁坏，洄游型鱼类数量减少，导致广西鱼类面临前所未有的考验。

(4)过度捕捞，渔业资源严重衰退：广西沿海渔民主要集中在北部湾沿海水域作业，广西内陆渔船数量增加，在高强度捕捞的压力下，渔获物低龄化、小型化、低值化。广西淡水、海洋渔业资源陷入衰退之中。

电鱼、毒鱼和炸鱼等捕鱼行为时有发生，特别是电捕鱼在广西各地较普遍存在，加之迷魂阵、密网等渔法的使用，使得鱼类种类和数量下降。

(5)外来物种入侵日趋严重：养殖鱼类逃逸是造成外来物种入侵的主要原因之一。不科学的增养殖，将一些原来没有自然分布的鱼类引入自然水体，使原有土著鱼类种群受到严重影响。罗非鱼等外来鱼类已成为广西淡水捕捞的主要渔获物之一。

(6)野生鱼类保护意识有待加强：广西淡水水生动物保护区建设起步晚，保护区数量少，覆盖面小，受保护的种类和范围有限，公众对野生鱼类保护的认识还处在朦胧阶段。要使每个人都意识到保护野生鱼类与保护鸟类和兽类一样重要，宣传教育工作还很艰巨，还要花较多的人力和财力。鱼类保护工作任重而道远。

2.2.6 经济鱼类的利用情况

广西地处珠江流域中游，南临北部湾，水域面积大，水环境多样，鱼类资源丰富，作为资源被开发和利用的种类较多。

(1)淡水鱼类：广西淡水鱼类的经济鱼类无论种类或资源量主要是鲤形目鱼类为主，主要有青鱼、草鱼、赤眼鳟、鳊、鲢、鳙、倒刺鲃、光倒刺鲃、鲮、卷口鱼、鲤、鲫和其他鱼类有鲇、黄颡鱼、斑鳠、大眼鳜、斑鳢等 20 多种，主要养殖鱼类有青鱼、草鱼、鲢、鳙、鲮、鲤、鲫、鲇、胡子鲇、黄颡鱼、尼罗罗非鱼等。据统计，2010 年，广西淡水鱼类养殖产量 109.37 万吨，自然水域捕捞产量 11.68 万吨。

(2)海水鱼类：广西沿海主要经济鱼类有鲹、鲻鱼、卵形鲳鲹、花鲈、蓝圆鲹、二长棘鲷、鳓、大头白姑鱼、红笛鲷、竹荚鱼、蓝点马鲛、银鲳、鲬、金色小沙丁鱼、鹿斑蝠、金线鱼、中华乌塘鳢等。主要养殖鱼类有花鲈、鲻鱼、卵形鲳鲹、中华乌塘鳢、石斑鱼和鲷科鱼类等。据统计，2010 年，广西海水鱼类养殖产量 2.77 万吨，海洋捕捞产量 38.98 万吨。

2.3 两栖类

2.3.1 种类和分布

广西湿地两栖动物共 105 种，分属蚓螈目、有尾目和无尾目，共 13 科，36 属。在这 105 种两栖动物中，蚓螈目仅 1 科 1 属 1 种，占所有种类的 1.0%；有尾目有 3 科 5 属 11 种，占两栖动物种数总数的 10.48%；其余的为无尾目种类，占湿地两栖动物种数的 88.57%。在 11 个科中，蛙科的种类最多，有 35 种，占湿地两栖动物种类总数的 33.33%。各科的物种数量如图 3-8。

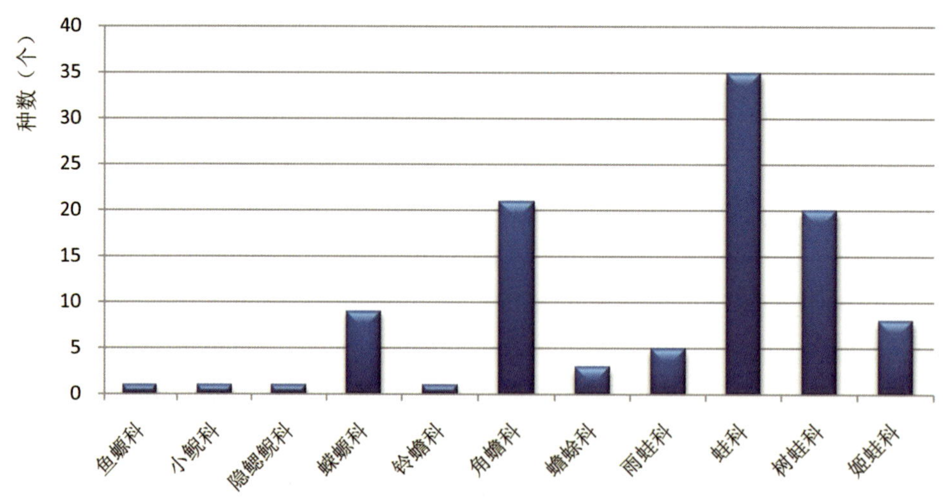

图 3-8 广西湿地两栖动物各科的种数

广西的两栖动物在全国具有一定地位，其发现的目数、科数、属数和种数都占据较高的比例，其比值见表 3-31。

表 3-31　广西两栖动物与全国两栖动物数量比较

项　目	目　数	科　数	物种数
两栖动物数量(个)	3	11	105
占中国两栖动物的比例(%)	100	100	25.9

广西的湿地两栖动物物种数在不同的重点调查湿地中种数差别较大。如金秀大瑶山、金秀老山和南岭山脉南端的湿地中两栖类种类比较多。这种差别很显然是受地形地貌和地理位置影响较大，如大瑶山是桂中最高的山，它是两栖类的避难所；其次，大瑶山是动物地理区划的过渡地带，它的种类比较多符合生态学的相关理论；第三，大瑶山及其所属的山脉一直是研究的重点，因此，很多新种或局部分布的种在这里被发现。这说明，在南岭山脉的南端和桂中的山脉，两栖类的研究还有待深入。

2.3.2　珍稀濒危及重点保护物种

广西的两栖动物中有国家Ⅱ级保护动物 3 种，分别是大鲵、细痣疣螈和虎纹蛙。其中大鲵还是 CITES 附录Ⅰ的保护物种，虎纹蛙是 CITES 附录Ⅱ的保护物种。

两栖类并没有完全摆脱水因子的制约，因此其分布区特有性高。在广西有 9 种两栖动物属广西特有，占广西两栖类种类的 8.5%，它们分别为猫儿山小鲵、瑶山肥螈、富钟瘰螈、红瘰疣螈、强婚刺铃蟾、昭平雨蛙、瑶山树蛙、金秀水树蛙、广西棱皮树蛙。广西的两栖动物中有 16 种被 IUCN 评价为受威胁动物(表 3-32)。

表 3-32　广西湿地两栖类受威胁物种

物　　种	IUCN 评定级别	国家保护级别
大鲵	CR	Ⅱ
广西瘰螈	EN	
富钟瘰螈	VU	
红瘰疣螈	NT	
细痣瑶螈	NT	Ⅱ
高山掌突蟾	EN	
隐耳蟾蜍	NT	
黑斑侧褶蛙	NT	
龙胜臭蛙	NT	
虎纹蛙		Ⅱ
小棘蛙	VU	
棘腹蛙	EN	
棘侧蛙	VU	
棘胸蛙	VU	

（续）

物　种	IUCN 评定级别	国家保护级别
双团棘胸蛙	EN	
金秀纤树蛙	VU	
红吸盘棱皮树蛙	NT	
瑶山树蛙	EN	
黑蹼树蛙	NT	

2.3.3 主要物种分布

广西目前发现的两栖动物有105种，隶属3目11科36属。其中蚓螈目1科1属1种，有尾目有3科5属11种，无尾目有7科30属93种，其物种和分布如下。

蚓螈目仅有1科1属1种，即版纳鱼螈，分布于桂东南和桂南的湿地中。但数量不多，玉林市的六万山自然保护区湿地是版纳鱼螈比较集中的分布区。

有尾目包括小鲵科、隐鳃鲵科和蝾螈科，其中小鲵科有1属1种：猫儿山小鲵仅分布于猫儿山自然保护区山顶的沼泽湿地中。隐鳃鲵科仅大鲵1属1种，该物种曾广泛分布于广西各地，由于过度的利用和栖息地的改变，现在仅限于一些保护较好的自然保护区河流湿地内。蝾螈科有4属9种：无斑瘰螈是分布最广的种类，在各重点调查湿地中均有分布。瑶山肥螈仅分布于金秀大瑶山和老山的湿地内。细痣瑶螈分布于融水、龙胜、富川和金秀等保护区河流湿地内石头基底的河流内，但数量不多。尾斑瘰螈分布范围比较窄，分布于融水、灌阳、富川等保护区湿地。富钟瘰螈为广西内的特有物种，仅分布于资源、贺州、钟山、富川。红瘰疣螈仅分布于桂林。其余种类的分布相对广泛。

无尾目有7科30属93种，其中铃蟾科1属1种为强婚刺铃蟾，分布范围狭窄，见于融水、资源、龙胜、金秀。角蟾科6属21种：宽头短腿蟾分布范围比较广泛；挂墩角蟾分布于兴安、资源范围内的重点调查湿地；小角蟾分布于兴安和龙胜；棘指角蟾分布于融水、灌阳、龙胜、金秀；崇安髭蟾分布于各重点调查湿地。

无尾目的蟾蜍科仅1属3种：中华蟾蜍和黑眶蟾蜍分布于广西各地，是分布最为广泛的种类。隐耳蟾蜍仅分布于融水、兴安、龙胜、资源的重点调查湿地。

无尾目的雨蛙科有1属5种：中国雨蛙分布于兴安、资源、龙胜、金秀等湿地；三港雨蛙分布范围比较广；华西雨蛙在广西有两个亚种，这两个亚种在兴安和资源都有分布。昭平雨蛙为昭平的特有种。华南雨蛙分布于桂南和桂西南的湿地中。

无尾目的蛙科有12属35种：黑斑侧褶蛙、泽陆蛙和沼蛙是最常见物种，在所有的重点调查湿地中均有分布；湍蛙类3种，它们分布于重点调查湿地中水流比较湍急且有岩石的溪流中；阔褶水蛙常见种，广泛分布于广西各地；弹琴蛙山地湿地常见种，广泛分布于广西各地；虎纹蛙常见种，广泛分布于广西各地，但由于大量捕捉，数量急剧下降，目前市场上经常可以见到有这种蛙出售，但多数属人工驯养繁殖蛙类；大绿臭蛙和绿臭蛙分布于各重点调查湿地的溪流中，如猫儿山、花坪等地非常常见；花臭蛙山林溪流常见种，广泛分布于广西各地；龙胜臭蛙目前仅发现分布于龙胜花坪自然保护区的河流湿地；竹叶蛙广泛分布于广西内的各重点调查湿地；棘蛙类为山林湿地物种，分布于兴安、资源、融水、灌阳、龙胜和金秀的山林溪沟。

无尾目的树蛙科有5属20种：金秀纤树蛙分布于兴安、灌阳、资源、龙胜和金秀的河流湿地；白斑水树蛙仅分布于金秀；锯腿水树蛙分布的范围比较广，在各重点调查湿地都有分布。斑腿泛树蛙常见种，广泛分布于广西各地；无声囊泛树蛙分布于兴安、资源、龙胜和金秀等范围内的各重点调查湿地；大树蛙常见种，广泛分布于广西各地；广西棱皮树蛙只分布在金秀大瑶山重点调查湿地。

无尾目的姬蛙科仅4属8种：花狭口蛙主要分布于广西的南部，在调查范围内只分布于金秀；粗皮姬蛙、小弧斑姬蛙、饰纹姬蛙和花姬蛙都是常见种，广泛分布于广西各重点调查湿地；德力小姬蛙仅在龙州范围内的湿地有分布；狭口蛙类分布于桂南和桂西南湿地。

2.3.4 经济种类的利用情况

据上年纪的受访问者介绍，以前杀虫方法主要使用石灰，蛙类的数量非常丰富。但最近几十年来，森林面积的减少和湿地规模的变化，加上杀虫剂的广泛使用和人为的过度捕捉，两栖动物的自然种群数量下降速度非常快。虽然无尾目种类多，但是数量少，利用的方式还没有办法形成规模利用。两栖动物主要有以下几方面的利用。

(1)生物防治：中华大蟾蜍、黑斑侧褶蛙、泽蛙和沼蛙等都是捕虫能手，一只黑斑侧褶蛙一年能消灭害虫一万多只，大蟾蜍捕虫量是黑斑蛙的2倍。因此，养蛙治虫是生物防治的一个重要方面，既不费工，又可减轻农药污染。

(2)药用：蟾蜍耳后腺和皮肤腺分泌的白浆干燥后谓之蟾酥，蟾酥有解毒、消肿、止痛功效。目前，在广西有少量的医药公司在使用蟾蜍的皮制药。甚至有的单位已经在开始人工饲养蟾蜍，使用它们的皮入药。

(3)食用：两栖类的虎纹蛙历来是群众喜爱的食用动物。但是野外数量的减少，人工驯养繁殖有很大的市场前景。目前，在广西已经有企业和个人驯养繁殖虎纹蛙供应市场，市场需求量很大。另外，一些养殖单位也开始以蛙类作为饲养其他特种动物的饲料来源。如一些养殖单位利用驯养繁殖的蛙类来作为蛇类的饲料来源，获得较高的经济效益。

2.4 爬行类

2.4.1 动物群落

广西湿地爬行动物共67种，分属龟鳖目和有鳞目，共10科，33属。其中龟鳖目5科14属27种，占广西湿地爬行动物种数的40.3%；有鳞目5科19属40种，占广西湿地爬行动物的57.1%。各科的物种数量对比如图3-9。

由图3-9可以看出，广西湿地爬行动物10科中以有鳞目的游蛇科数量最多，占了总种数的41.8%。其他7科的物种总数占60.0%，有很多的科的种类非常少，如平胸龟科、鳄蜥科等。爬行类的种类的优势程度非常明显。

湿地爬行动物在全区所有的爬行动物中占的比例较高，即使在全国也具有一定地位。目前所发现的目数、科数、属数和种数与广西爬行动物总数以及与全国的比总数比例见表3-33。

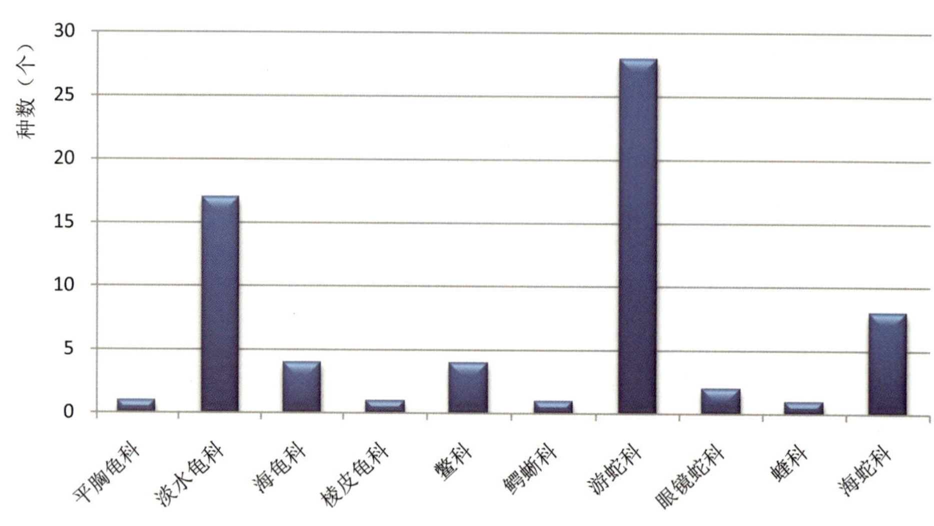

图 **3-9** 广西湿地爬行动物各科物种数对比

表 3-33 广西湿地爬行动物与全区和全国的爬行动物数量比较

项 目	目 数	科 数	属 数	物种数
湿地爬行动物	2	10	33	67
占广西爬行动物的比例(%)	100	47.6	41.2	37.6
占全国爬行动物的比例(%)	66.7	33.3	25	14.5

不同的重点调查湿地，其爬行动物的种类组成有差异，种数也有差异。如鳄蜥只分布在广西的贺州、昭平、金秀等；而尖吻蝮分布面积较大，但仅限于广西的东北部，即在广西内大部分湿地都有分布。

2.4.2 珍稀濒危及重点保护动物

广西的爬行动物中有国家Ⅰ级保护野生动物 2 种，鼋、鳄蜥，国家Ⅱ级保护野生动物有三线闭壳龟、云南闭壳龟、地龟、山瑞鳖等 9 种。

在 CITES 附录中，5 种被列入 CITES Ⅰ，禁止国际贸易，9 种是 CITES 附录Ⅱ的保护物种，7 种是附录Ⅲ的物种；在 IUCN 红色名录中，广西的湿地爬行类动物中有 22 种被 IUCN 评价为受威胁的动物，被列为极度濒危(CR)的种类有 7 种，被列为濒危的种类有 13 种(表 3-34)，因此，广西湿地爬行类受威胁的程度相当高。

如文前所述，广西湿地爬行动物中有 11 种属中国特有的物种，云南闭壳龟、小鳖、环纹华游蛇、赤链滑游蛇、锈链腹链蛇、坡普腹链蛇、颈棱蛇、广西后棱蛇、挂墩后棱蛇、山溪后棱蛇、福建后棱蛇，其数量占广西湿地爬行动物的 15.7%。

表 3-34 广西湿地爬行类受威胁物种

分类阶元		物种名	IUCN 评定级别	CITES	国家保护级别
龟鳖目	平胸龟科	平胸龟	EN	Ⅱ	
	淡水龟科	大头乌龟		Ⅲ	
		黑颈乌龟	EN	Ⅲ	
		中华花龟	EN	Ⅲ	
		黄喉拟水龟	EN	Ⅲ	
		马来闭壳龟	VU	Ⅱ	
		黄缘闭壳龟	EN	Ⅱ	
		黄额闭壳龟	CR	Ⅱ	
		百色闭壳龟	CR	Ⅱ	
		三线闭壳龟	CR	Ⅱ	Ⅱ
		云南闭壳龟	CR	Ⅱ	Ⅱ
		周氏闭壳龟	CR	Ⅱ	
		锯缘龟	EN		
		地龟	EN	Ⅲ	Ⅱ
		眼斑龟	EN	Ⅲ	
		四眼斑龟	EN	Ⅲ	
	陆龟科	缅甸陆龟	EN	Ⅲ	
		凹甲陆龟	VU	Ⅱ	Ⅱ
	海龟科	蠵龟	EN	Ⅰ	Ⅱ
		海龟	EN	Ⅰ	Ⅱ
		玳瑁	CR	Ⅰ	Ⅱ
		太平洋丽龟	VU	Ⅰ	Ⅱ
	棱皮龟科	棱皮龟	CR	Ⅰ	Ⅱ
	鳖科	山瑞鳖	EN		Ⅱ
		鼋	EN		Ⅰ
		中华鳖	VU		
有鳞目	鳄蜥科	鳄蜥		Ⅱ	Ⅰ

2.4.3 主要物种分布

广西湿地爬行动物共67种，它们的名称和分布如下。

龟鳖目有6科14属27种：平胸龟分布范围非常广泛，在各重点调查湿地中均有分布，目前市场价格非常高，数量锐减；黑颈乌龟仅分布于桂林；乌龟广泛分布于广西各地，但是近来野生数量急剧减少；三线闭壳龟分布于桂中以南，仅分布于柳州和鹿寨的湿地中，由于三线闭壳龟市场价格奇高，野外数量非常少；锯缘龟仅分布于柳州；眼斑龟和四眼斑龟分布比较广；地龟分布于鹿寨、融安、融水、永福、荔浦、临桂等重点调查湿地的河流湿地中。鼋分布于较大的湿地中，目前数量非常少。山瑞鳖和中华鳖分布于广西各地；小鳖仅分布于全州的湿地中，是这里的特有动物。海龟科和棱皮龟科的种类都在北部湾的滨海湿地中。

有鳞目有5科19属40种：鳄蜥分布于贺州范围内的部分重点调查湿地；赤链蛇、环纹华游蛇、乌华游蛇和黄链蛇广泛分布于广西各县；锈链腹链蛇、草腹链蛇和坡普腹链蛇等(腹链蛇属)的种类和渔游蛇广泛分布于各重点调查湿地；中国水蛇和铅色水蛇分布上于水边和水里的淤泥，广布于广西各县；尖吻蝮仅分布于桂东北，包括桂林、临桂、全州、兴安、灌阳、资源、龙胜、富川和贺州。

除以上物种外，广西还分布一些外来湿地爬行动物，其中有龟鳖目龟科彩龟属的红耳彩龟即巴西龟。该物种是世界自然保护联盟(IUCN)公布的全球最具威胁的100种外来物种之一，它们已经对本土物种构成了威胁。

2.4.4 经济种类的利用情况

爬行类作为生态系统的重要组成成分，它们在维持湿地生态系统的稳定中有着重要作用，是系统生态过程中不可缺少的环节，具有重要的生态价值。大多数湿地爬行动物对人类都有直接的经济利益，因而是人们对野生动物利用的重要组成部分。目前广西内湿地爬行动物的利用主要有以下几个方面。

2.4.4.1 经济品种的驯养繁殖

广西壮族自治区内，对不同的爬行动物利用的程度不一样。目前，区内利用比较多的是有重要经济价值和药用价值的种类。

龟鳖目中利用比较多的首先是山瑞鳖，山瑞鳖与中华鳖一样，以其丰富的营养价值和滋补作用而享有盛名。目前，需求量比较大，但在饲养规模和饲养成本方面需要不断地探索，使经济效益最大化。由于山瑞鳖养殖技术在一定程度上取得的成功，使人们开始利用野生资源向利用人工驯养繁殖的资源方向转变，这一转变既降低了消费者的开支，又缓解了野生资源的破坏，使野生甲鱼的保护得到了实质性的解决。

蛇类的利用历史悠久。广西蛇类资源的驯养繁殖主要集中在眼镜蛇、滑鼠蛇、灰鼠蛇、黑眉锦蛇等少数具有重要经济价值的种类。在广西区内，蛇类的驯养繁殖有国家级的示范点和自治区级的示范点两个层次。蛇类养殖业已经形成了地方特色的养殖业，它对带动地方经济的发展作用重大。

在蛇类的驯养繁殖上还存在不少问题：从野外收购、捕捉补充饲养源的做法普遍存在；饲养与取毒技术发展不平衡，多数养殖场实为暂养场；对部分市场需求量大的种类未能完成其驯养繁殖研究；不同的养殖户间缺少技术交流，技术保留的情况非常严重，技术优势得不到互补，导致广西蛇类驯养繁殖的整体实力难以更上一个层次，这不利于蛇类驯养繁殖业的壮大；蛇类的综合利用不够，其附加值低，这需要积极的引导。

2.4.4.2 蛇类产品综合利用

综合利用产品目前主要是蛤蚧和蛇类。蛤蚧有蛤蚧酒和蛤蚧定喘类，销路非常好。

蛇类产品有蛇酒、蛇干、蛇皮、蛇油、蛇胆干品等。蛇类的加工产品增加了很高的附加值，而且是人们的传统产品，销路好，价格高。

食用蛇类：蛇类的肉质鲜美，因此成为餐桌上的高档食品。目前食用的主要蛇类有眼镜蛇、眼镜王蛇、广蛇(黑眉锦蛇)、乌梢蛇、尖吻蝮、百花锦蛇、滑鼠蛇和灰鼠蛇等。蛇类经常和龟鳖类一起煮，价格昂贵。

保健品：近年来，蛇类保健品的种类逐渐增多，如蛇类药酒、用蛇肉制成的纯蛇，以及用蛇肉和其他中药材配合制成的各种保健蛇粉。

蛇类药材与蛇类药用产品的开发利用：蛇肉、蛇胆汁、蛇蜕、蛇毒等，在区内各饲养场或多或少的有产品供应市场。其中蛇胆是著名的止咳类药物不可缺少的成分，蛇毒可用于制造抗血清、提取各种有酶类，对肿瘤等疾病具有一定的治疗效果。

2.5 哺乳类

2.5.1 种类及分布

广西湿地哺乳动物种类不多，仅为 8 种，其中海栖种类 4 种，即江豚、中华白海豚、宽吻海豚、儒艮。

江豚分布于合浦儒艮国家级自然保护区湿地、广西茅尾海红树林自治区级自然保护区湿地、广西铁山港红树林湿地、钦州湾湿地、山口红树林国家级自然保护区湿地等 5 个滨海湿地；中华白海豚分布于合浦儒艮国家级自然保护区湿地、钦州湾湿地两处湿地；宽吻海豚分布于合浦儒艮国家级自然保护区湿地、广西北仑河口国家级自然保护区湿地两处湿地；儒艮分布于合浦儒艮国家级自然保护区湿地、山口红树林国家级自然保护区湿地两处湿地。从这些分布可知，合浦儒艮国家级自然保护区湿地有最多的海栖湿地哺乳类。

陆栖野生哺乳类有水獭、小爪水獭、红颊獴、食蟹獴等 4 种。

水獭为广泛分布的种，在 31 处重点调查湿地都有分布；小爪水獭分布范围较小，仅在广西崇左白头叶猴自治区级自然保护区、广西大明山国家级自然保护区、广西十万大山国家级自然保护区、广西岑王老山自然保护区、广西龙滩自治区级自然保护区、广西王子山雉类自治区级自然保护区、龙滩水库湿地等重点地有分布。

红颊獴分布于崇左白头叶猴自治区级自然保护区湿地、春秀—青龙山县级自然保护区湿地、广西百东河市级自然保护区湿地等 20 处重点调查湿地。

食蟹獴分布于春秀—青龙山县级自然保护区湿地、恩城自治区级自然保护区湿地、广西岑王老山自然保护区湿地等 20 处重点调查湿地中。

2.5.2 珍稀濒危及重点保护动物

广西的湿地哺乳动物中有国家Ⅰ级保护动物 2 种，即中华白海豚和儒艮；国家Ⅱ级保护动物有水獭、小爪水獭、江豚、宽吻海豚等 4 种。

湿地哺乳动物中还有一批列入 IUCN 和 CITES 附录的濒危物种，见表 3-35。

表 3-35 广西列入 IUCN 和 CITES 附录的哺乳动物

分类阶元		物种名	CITES	IUCN 评定级别
食肉目	鼬科	水獭	I	NT
		小爪水獭	Ⅱ	VU
	獴科	食蟹獴	Ⅲ	
鲸目	鼠海豚科	江豚	I	
	海豚科	中华白海豚	I	NT
		宽吻海豚	Ⅱ	LC
海牛目	儒艮科	儒艮	I	VU

2.5.3 经济种类的利用情况

(1)毛皮动物：皮毛是利用野生哺乳动物的重要方式，皮毛动物通常都有保暖效果较好的细软的毛。在广西的皮毛动物主要是水獭、小爪水獭、食蟹獴和红颊獴等。水獭皮毛细绒厚，光泽好，价值高，可以制成高级毛皮大衣。

(2)药用：据中药记载，很多哺乳动物的骨可以入药，湿地哺乳动物也有药用价值。如水獭等湿地哺乳类具有重要的药用价值，水獭肝可药用，有补肝止咳之功能，主治虚劳、盗汗、咳嗽和夜盲等症。另外，据当地群众反映，儒艮的肉对妇科病有疗效，但未被中医证实。

(3)肉用：许多的湿地哺乳类是重要的肉用动物，它们给人们提供了高质量的肉类产品。海产的湿地哺乳类曾经为人们提供了较好的海产品。

(4)观赏：广西湿地哺乳类有很重要的观赏价值。如中华白海豚是沿海的主要观赏动物。广西钦州是一个著名的旅游点，其主要的观赏动物就是这个物种。

(5)科研：哺乳类因与人类亲缘关系最近，因而是理想的科研和临床实验材料，湿地哺乳类也不乏其种类。海豚类动物作为智商较高的动物，它在研究物种的进化方面有重要的价值。

第四章
湿地资源利用

第一节
湿地资源利用方式及其利用现状

1 水资源及水能利用

广西水资源及水能的利用主要体现在工业用水、发电、饮水灌溉、养殖、科研监测等。2000年以来，广西的用水量在279亿~314亿立方米之间，耗水量为130亿~170亿立方米。全区水电总装机容量1582万千瓦，年发电量463.6亿千瓦·小时。

全区已建成各类水库4544座，水库总库容679亿立方米，其中大型水库57座，中型水库228座，小型水库4259座。全区设计灌溉面积万亩以上的灌区共358处，全区农田有效灌溉面积达158.637万公顷，占全区灌溉面积的96.2%。全区累计建成已配套机电井14828眼。全区各类水源工程综合供水能力约325亿立方米，年供水量308亿立方米，人均综合用水量653立方米。

2 水运资源的利用

2011年，广西港口共有生产性泊位663个，其中沿海泊位227个，内河泊位436个，沿海港口万吨级以上泊位56个。港口货物综合通过能力1.98亿吨，集装箱通过能力274万标准箱。全年完成港口货物吞吐量2.34亿吨。全区有内河航道里程6157公里，通航里程5591公里，其中等级航道3506公里，三级以上航道里程573公里。通过水运，1000吨级船舶和2000吨级船舶可分别从南宁和贵港直航粤港澳。

2011年，广西西江黄金水道项目建设取得新进展，新开工建设南宁至贵港2000级航道工程等6个项目，鱼梁航运枢纽船闸、桂平二线3000吨船闸主体工程实现试通航，柳江航道整治工程主体工程通过交工验收，西南水运出海通道红水河航道整治工程主体工程提前10个月完工，新增500吨级航道里程678米。沿江11个市的港口总体规划编制工作全部完成，部分市已获得自治区人民政府批复。

3 旅游资源的利用

广西具有生态与美学价值的湿地不少已成为风景名胜区和旅游胜地，如北海银滩、涠洲岛、北仑河口红树林、山口红树林、茅尾海红树林、大王滩水库、桂林漓江等，对当地的经济发展起到了重要促进作用。如漓江段全长164公里，沿江河床多为卵石，水质清澈，两岸多为岩溶地貌，景观优美，近年平均每年接待游客约3000万人次，为桂林的发展做出了重要贡献。北海银滩东西绵延约24公里，海滩宽度在30～3000米之间，陆地面积12平方公里，近年来，平均每年接待游客约1500万人次，有效促进了北海的经济社会发展。

4 水产品资源利用

湿地的独特环境使其具有丰富的陆生与水生动植物资源，是世界上生物多样性最丰富的地区之一，蕴藏极其丰富的生物资源。广西湿地生物资源丰富，可利用种类多、经济价值高。

广西湿地有高等植物共797种，其中，已经开发种植的食用植物除广泛种植的水稻外，植物产品还有很多，如食用产品莲、茭白、慈姑、豆瓣菜；药用产品蕺菜、积雪草、破铜钱、半边莲、菖蒲、灯心草；饲用产品空心莲子草、黑藻、李氏禾、水葫芦、大薸等。

广西水网密布，江河、溪流纵横交错，水库、池塘遍布，海域广阔，野生脊椎动物丰富，共有887种，已开发利用水产动物种类繁多。鱼类资源方面，主要淡水经济鱼类有青鱼、草鱼、鲢鱼、鳙鱼、鲤鱼、鲮鱼、鳊鱼、鲫鱼、鲇鱼、罗非鱼等，主要海水经济鱼类有石斑鱼、马鲛鱼、鲈鱼、带鱼、黄鱼、海鳗、海鲫、颌鱼、鱿鱼等；还有各种虾类、蟹类、螺类、贝类和头足类水产品。据统计，近年来，平均每年广西水产品总产量为300万吨左右，包括人工养殖淡水产品、自然水域捕捞淡水产品、人工养殖海水产品、天然生产海水产品等。

第二节 湿地资源可持续利用前景分析

1 湿地资源可持续利用的潜力

1.1 水资源

2000年以来，全区的年水资源总量1351亿～2415亿立方米，年际间变化幅度较大；供水量和用水量279亿～314亿立方米，变化幅度不大；耗水量在130亿～170亿立方米，总体上呈下降的趋势；废污水排放总量30亿～41.5亿吨，呈波浪状起伏变化，总体上有小幅增长趋势；主要水系水质状况不稳定，但总体良好。耗水量占水资源总量的10%左右，说明广西的水资源可利用潜力巨大。如果能通过改变农业灌溉方式、提高污水治理率等方式提高水资源的利用率，广西的可利用水资源量将无形中变得更多。

1.2　水运资源

近年来，相对于陆路交通和航空运输的迅速发展，广西水路交通的发展显得缓慢，甚至于已经落后于社会经济发展的要求。广西拥有着西江、黔江、郁江、红水河、左江、右江、柳江等多条大江河，水运资源丰富，加上梯级电站的建设，使得各江河的通航能力大大增强。广西在当前公路运输已趋于拥挤的形势下，如能从节省土地资源、保护环境的角度考虑，采取措施，挖掘开发水运资源，提高水运的运力，让水运承担更多的运量，将能大大减轻公路的负担。可采取的措施有：①增加水运基础设施投资，加强航道整治，提高通航能力；②鼓励老、旧船舶改造，促进船舶大型化发展，有效地提高内河航道的通过能力，降低运输成本；③免征内河航运燃油税；④发展水陆联运的网络；⑤采用经济和行政手段，促使公路货运向水运和铁路分流。

1.3　旅游资源

素有“八山一水一分田一片海”之称的广西，内陆河网密布，山水组合度高，风景秀丽，风光旖旎，目前依托湿地打造的知名旅游景区有桂林漓江、北海银滩、涠洲岛、澄碧河水库等，虽然景点丰富，涉及了近海与海岸湿地、河流湿地、人工湿地等多种湿地类型，但是精品不多，可以深入打造的湿地景点还很多，如茅尾海七十二泾、山口红树林、布柳河、下枧河等。可以打造开发的湿地也不少，河流类型的有红水河流域及其支流、柳江、融江、洛清江、贺江、左江、右江、明江等；人工湿地的有各大中型水库，包括龙滩水库、岩滩水库、百色水利枢纽水库、乐滩水库、老口水库等。广西的湿地旅游资源丰富，如能充分、深入开发，将能极大丰富广西的旅游产品。

1.4　水产品资源

广西较为知名的湿地植物产品主要有薏米、东兰墨米、环江香梗、靖西香糯、荔浦芋、桂林马蹄等；湿地动物中的淡水产品主要有鳖、草鱼、鲫鱼、白鲢、花鲢、白条鱼、甲鱼、鲇鱼、福寿鱼、鲢鱼、黑鱼、斑鳠、鲥鱼、月鳢、塘角鱼、斑点叉尾鮰等，海产品主要有对虾、大蚝、青蟹、珍珠贝、文蛤、鱿鱼、墨鱼等。广西的湿地动植物产品丰富，但真正形成大产业、大品牌的产品并不多。广西有着得天独厚的湿地资源优势，如能利用优势，大力发展以特有的湿地动植物为主的特色湿地作物种植和湿地动物养殖，扩大养殖规模，探索生态养殖模式，开发深加工，形成产业链，打造成国内国际知名品牌，前景将十分广阔。

2　湿地可持续利用的优势

2.1　区位优势

广西具有沿海、沿江和沿边的区位优势，同时处在中国大陆东、中、西三个地带的交汇点，是中国华南经济圈、西南经济圈与东盟经济圈的结合部，已成为中国西南乃至西北地区最便捷的出海通道。同时，广西作为泛珠三角区域合作成员之一，随着中国—东盟自由贸易区的建设和泛珠三角区域合作的不断加强，将成为泛珠三角区域与东盟各国之间、粤港澳与西南各省市之间交流和合作的桥梁和平台。

沿海优势：广西海岸线曲折，天然港湾众多，具有良好的港口条件，均可建成万吨级以上码头泊位，2011 年沿海港口万吨级以上泊位 56 个，港口货物通过能力 1.37 亿吨、集装箱通过能力 220 万标准箱。地理优越的北部湾是中国大西南和大陆南端的最佳出海处。

沿边优势：广西有 8 个县(区、市)与越南接壤，现有边境口岸 12 个，其中东兴、凭祥、友谊关、水口等4 个口岸为国家一类口岸，另外还有 25 个边境贸易点，各边境口岸和边境贸易点都有公路相通。

沿江优势：广西位于中国珠江水系中上游，西江水道干流和支流横贯广西的梧州、贵港、南宁、柳州、百色、河池等地，西通云南、贵州，东经广州出海与香港、澳门相通，是广西一条重要的“黄金水道”。西江在广西境内有年吞吐万吨以上的内河港口 77 个。其中主要的内河港贵港港口年吞吐能力已超过 1040 万吨。

2.2 资源优势

广西湿地类型多样、资源丰富，不仅蕴含有丰富的水资源、水运资源、旅游资源，还产出种类繁多、产量巨大、品质和价值都很高的湿地水产品。丰富而优质水资源不仅能满足全区人民的生产生活用水，还能有效地供给下游的珠三角地区。内陆和沿海的水运可通达粤、港、澳地区以及世界各地。湿地旅游景点每年接待数以亿计的国内外游客。湿地水产品不仅丰富了广西人民的菜篮子，很多水产品还远销国内及海外市场。

第五章 湿地资源评价

第一节 湿地生态状况

1 水环境质量评价

1.1 全区水环境质量评价

对广西2000~2011年的废污水排放量以及主要水系水质的动态变化进行分析，结果表明：

(1)废污水排放量呈波浪状起伏变化，但总体上有小幅增长趋势。废污水排放总量在2001~2003年间呈下降趋势，2004~2011年呈逐渐增大之势，2011年达到41.5亿吨。其中，工业废水排放量在21.1亿~25.5亿吨之间波动，呈波浪状起伏变化；生活污水排放量呈逐渐增大趋势，其中，2000~2002年较为稳定，2003~2011年则呈增长趋势，见表5-1。

表5-1 广西2000~2011年废污水排放量表(亿吨)

排放量	2000年	2001年	2002年	2003年	2004年	2005年	2006年	2007年	2008年	2009年	2010年	2011年
合　计	33.1	34.1	33.5	30.1	31.0	33.7	37.1	39.1	40.4	40.5	41.0	41.5
工业废水	25.1	24.8	25.0	24.6	21.2	21.1	23.0	23.7	24.4	24.6	25.3	25.5
生活污水	8.0	9.3	8.5	5.5	9.8	12.6	14.1	15.4	16.0	15.9	15.7	16.0

(2)主要水系水质状况不稳定，但总体良好。2000~2010年期间Ⅰ、Ⅱ类水质所占的比例总体上呈下降趋势，2011年其比重则呈上升趋势，说明广西主要水系水质在经历一个时期的恶化之后开始有好转，见表5-2。

表 5-2 广西主要水系 2000~2013 年水质状况表(%)

各类水比例	2000年	2001年	2002年	2003年	2004年	2005年	2006年	2007年	2008年	2009年	2010年	2011年	2012年	2013年
Ⅰ类水	0	3.5	0.8	3.3	1.0	1.0	0.9	0	0	0	0	0.6	9.2	9.0
Ⅱ类水	34.1	18.2	36.2	25.6	29.4	30.0	16.3	20.1	20.4	24.7	16.4	22.0	76.6	74.6
Ⅲ类水	33.8	43.8	30.8	47.3	44.7	37.0	57.7	49.7	47.8	40.3	48.1	52.1	6.8	12.0
Ⅳ类及超Ⅳ类水	32.1	34.5	32.2	23.8	24.9	32.0	25.1	30.2	31.8	35.0	35.5	25.2	7.4	4.4
合　计	100	100	100	100	100	100	100	100	100	100	100	100	100	100

1.2 重点调查湿地

对全区 75 处重点调查湿地的水环境质量监测结果显示，地表水总体状况良好，达到Ⅰ类水质标准的有 24 处，占 32%，Ⅱ类水质标准的有 28 处，占 37.3%，Ⅲ类水质标准的有 19 处，占 25.3%，Ⅳ类水质标准的有 3 处，占 4%，Ⅴ类水质标准的仅 1 处，占 1.3%，劣质水比例不到 5%，主要受生活污水、网箱养殖、工业废水等影响。

1.3 水环境质量变化原因分析

(1)自然因素：水资源污染的程度与水量关系密切。枯水期污径比大，水体本身稀释自净能力差，污染严重；而在丰水期，污染程度则有所减轻。

(2)人口增长，城市化发展：人口数量及其变化会影响用水量，也会影响水质，因为人口增加、迁移和改变时，人类会危及水质。城市化发展会使用水量增大，因其需求集中于小块地域而使水资源不堪重负。广西的人口总数在不断增长，2001 年年末总人口为 4788 万人，2011 年为 5199 万人，10 年间增加了 411 万人口。另外，城市化的发展，城市规模在扩大，城镇人口数量也在不断增加。这两个变化直接导致全区污水排放量的增大，给水资源及水环境带来了一定的影响。

(3)污水处理率低，排放量大：长期以来，粗放式的经济增长方式使企业生产经营缺乏节能降耗的动力，水消耗量大、水重复利用率低，污水排放量大。同时，城乡生活污水、城市污水和垃圾处理滞后的局面没有根本扭转，处理率一直较低，大量生活污水未经处理就排入水环境。

(4)农业面源污染严重：现代农业中为了提高农作物的产量，农民一味使用化肥和农药，在进行施放时，除了部分被生物吸收、挥发分解一部分外，大部分残留在土壤和水分中，然后经农田排水和地表径流排入自然水体，造成面源污染。

2 湿地生物多样性评价

调查评估结果，广西湿地生物多样性总体较丰富，具有一定的典型性和稀有性。调查发现广西有湿地植物 797 种，隶属于 145 科 358 属。其中有中华水韭、水松、水蕨、樟、金荞麦等国家重点保护野生植物 10 种；铁杉、角果木、银叶树等自治区级重点保护植物 3 种。湿地脊椎动物 887 种，隶属于 5 纲 41 目 144 科 446 属。其中鱼类 21 目 87 科 274 属 519 种；两栖纲 3 目 11 科 36

属105种；爬行纲2目10科33属67种；鸟纲12目30科94属185种；哺乳纲3目5科7属8种。其中国家重点保护的种类48种，国家Ⅰ级保护动物7种，包括中华鲟、中华秋沙鸭、黑鹳、鳄蜥、鼋、儒艮、中华白海豚，国家Ⅱ级保护动物有41种。

在广西75处重点调查湿地中，有21处生物多样性为一般水平，其余生物多样性均较差。

在广西75处重点调查湿地中，有28处生态系统健康状况为“好”，占37.3%；43处生态系统健康状况为“中”，占57.3%；4处生态系统健康状况为“差”。

2.1　湿地生物多样性评价

2.1.1　评价指标体系与计算方法

在湿地生态评价方法的基础上，结合国内在生物多样性评价方面的理论研究与实践(张铮等，2002)，从科学性、可操作性、有代表性和实用性多方面考虑，选择物种多样性和生态系统多样性作为一级指标，物种多度、物种相对丰度、物种稀有性、物种地区分布、生境类型和人类威胁作为二级指标，湿地维管束植物、湿地鸟类、生境稀有性、生境多样性、直接威胁和间接威胁作为三级指标建立广西重点调查湿地的生物多样性评价体系(表5-3)。

表5-3　广西重点调查湿地生物多样性评价指标体系与赋值

一级指标(赋值)	二级指标(赋值)	三级指标(赋值)
A 物种多样性(50)	A1 物种多度(20)	A11 湿地维管束植物(10) A12 湿地鸟类(10)
	A2 物种相对丰度(20)	A21 湿地维管束植物(10) A22 湿地鸟类(10)
	A3 物种稀有性(10)	A31 湿地维管束植物(5) A32 湿地鸟类(5)
B 生态系统多样性(50)	B1 物种地区分布(20)	B11 湿地维管束植物(10) B12 湿地鸟类(10)
	B2 生境类型(20)	B21 生境稀有性(8) B22 生境多样性(12)
	B3 人类威胁(10)	B31 直接威胁(5) B32 间接威胁(5)

2.1.2　评价指标的赋值标准

根据某一重点调查湿地生物多样性调查结果，对评价体系的三级指标进行逐项打分，得到相应二级指标的分值，二级指标汇总后的总分值即为该重点调查湿地生物多样性的评价分值，具体计算方法为：

$$R = \sum_{i=1}^{3} A_i + \sum_{j=1}^{3} B_j$$

式中：R为总得分；A_i为物种多样性第i个二级指标分值；B_j为生态系统多样性第j个二级指标分值。具体赋值标准见表5-4。

表 5-4 广西重点调查湿地生物多样性评价指标体系的赋值标准

二级指标	三级指标	赋值标准
A1 物种多度	A11 湿地维管束植物(10) A12 湿地鸟类(10)	≥500 种(10)；200~499 种(7.5)；101~199 种(5)；≤100 种(2.5) ≥200 种(10)；70~199 种(7.5)；30~69 种(5)；≤30 种(2.5)
A2 物种相对丰度	A21 湿地维管束植物(10) A22 湿地鸟类(10)	数量占所在生物地理区的比例≥30%（10）；20%~29%（7.5）；10%~19.9%(5)；<10%(2.5) 数量占所在生物地理区的比例≥70%（10）；50%~69.9%（7.5）；20%~49.9%(5)；<20%(2.5)
A3 物种稀有性	A31 湿地维管束植物(5) A32 湿地鸟类(5)	有全球性珍稀濒危植物(5)；有国家Ⅰ级保护鸟类(4)；有国家Ⅱ级保护鸟类(3)，有区域性重点保护植物(2) 有全球性珍稀濒危鸟类(5)；有国家Ⅰ级、Ⅱ级保护植物(4)；有国家Ⅲ级保护植物(3)，有区域性重点保护鸟类(2)
B1 物种地区分布	B11 湿地维管束植物(10) B12 湿地鸟类(10)	50%以上属仅有极少产地的地方性物种(10)；50%以上属广布的地方性物种(7)；50%以上属广布种(4) 50%以上属仅有极少产地的地方性物种(10)；50%以上属广布的地方性物种(7)；50%以上属广布种(4)
B2 生境类型	B21 生境稀有性(8) B22 生境多样性(12)	世界范围内唯一或极重要湿地(8)；国家或生物地理区范围内唯一或极重要湿地(6)；地区范围内稀有或重要湿地(4)；常见湿地类型(2) 生态系统结构复杂、有多种类型(12)；组成成分与结构复杂，类型较多(9)；组成结构简单，类型较少(6)；结构简单，类型单一(3)
B3 人类威胁	B31 直接威胁(5) B32 间接威胁(5)	很少有人类侵扰，对资源保护不构成威胁(5)；有人类侵扰活动存在，资源的有效保护受到一定的威胁(3)；人类侵扰活动较为严重，资源的有效保护受到较大的威胁(1) 与未开发生境毗邻(5)；周边尚有未开发生境(3)；已被开发的区域环绕(1)

2.1.3 多样性评价标准

根据 R 值的大小，将各重点调查湿地生物多样性划分为 5 个等级。具体为：

R =86~100 分，表示生物多样性很好；

R =71~85 分，表示生物多样性较好；

R =51~70 分，表示生物多样性一般；

R =36~50 分，表示生物多样性较差；

$R \leqslant 35$ 分，表示生物多样性差。

2.1.4 评价结果

根据已建评价指标体系和赋值标准，结合调查数据，对广西 75 处重点调查湿地生物多样性评价，见表 5-5。结果显示，广西 75 处重点调查湿地有 21 处生物多样性为一般水平，其余生物多样性均较差。

表 5-5 广西 75 处重点调查湿地生物多样性评价得分表

重点调查湿地名称	物种多样性得分	生态系统多样性得分	评价总分	评价等级
广西北仑河口国家级自然保护区	26.5	32	58.5	一般
广西山口国家级红树林生态自然保护区	23	32	55	一般
党江红树林湿地	23	32	55	一般
广西茅尾海红树林自治区级自然保护区	23	32	55	一般
广西九万山国家级自然保护区	28	26	54	一般
漓江湿地	28	26	54	一般
临桂会仙湿地	25	29	54	一般
西津水库湿地	25	29	54	一般
澄碧河水库湿地(含澄碧河自然保护区)	30	23	53	一般
北海滨海湿地公园	20.5	32	52.5	一般
广西龙滩自治区级自然保护区	28	24	52	一般
广西泗水河自治区级自然保护区	25.5	26	51.5	一般
广西涠洲岛自治区级自然保护区	21.5	30	51.5	一般
铁山港红树林湿地	19.5	32	51.5	一般
合浦儒艮国家级自然保护区	19	32	51	一般
钦州湾湿地	23	28	51	一般
资源十万古田沼泽湿地	22	29	51	一般
北部湾北部浅海水域湿地	20.5	30	50.5	一般
大王滩水库湿地	26.5	24	50.5	一般
广西猫儿山国家级自然保护区	24.5	26	50.5	一般
广西大明山国家级自然保护区	25	25	50	一般
广西大瑶山国家级自然保护区	25.5	24	49.5	较差
广西架桥岭自治区级自然保护区	24.5	25	49.5	较差
广西青狮潭自治区级自然保护区	24.5	25	49.5	较差
防城港东西湾红树林湿地	17	32	49	较差
龙滩水库湿地	23	26	49	较差
浔江—西江湿地	20	29	49	较差
五福宝顶自治区级自然保护区	24.5	24	48.5	较差
涠洲岛—斜阳岛浅海珊瑚礁湿地	13	34	47	较差
百色水利枢纽库区湿地	22.5	24	46.5	较差
广西黄连山—兴旺自治区级自然保护区	25.5	21	46.5	较差

（续）

重点调查湿地名称	物种多样性得分	生态系统多样性得分	评价总分	评价等级
广西金钟山黑颈长尾雉国家级自然保护区	25.5	21	46.5	较差
广西那佐苏铁自治区级自然保护区	27.5	19	46.5	较差
广西寿城自治区级自然保护区	24.5	22	46.5	较差
广西下雷自治区级自然保护区	22.5	24	46.5	较差
广西雅长兰科植物国家级自然保护区	25.5	21	46.5	较差
凤亭河水库湿地	25	21	46	较差
广西金秀老山自治区级自然保护区	25	21	46	较差
广西西大明山自治区级自然保护区	22	24	46	较差
广西花坪国家级自然保护区	24.5	21	45.5	较差
广西建新自治区级自然保护区	24.5	21	45.5	较差
广西百东河市级自然保护区	23	22	45	较差
广西大容山自治区级自然保护区	20.5	24	44.5	较差
广西大王岭自治区级自然保护区	20.5	24	44.5	较差
广西姑婆山自治区级自然保护区	25.5	19	44.5	较差
广西古修自治区级自然保护区	20.5	24	44.5	较差
广西滑水冲自治区级自然保护区	25.5	19	44.5	较差
广西龙山自治区级自然保护区	20.5	24	44.5	较差
广西王子山雉类自治区级自然保护区	20.5	24	44.5	较差
广西岑王老山国家级自然保护区	23	21	44	较差
广西达洪江县级自然保护区	23	21	44	较差
广西海洋山自治区级自然保护区	22	22	44	较差
广西老虎跳自治区级自然保护区	23	21	44	较差
广西木论国家级自然保护区	23	21	44	较差
广西十万大山国家级自然保护区	22	22	44	较差
广西春秀—青龙山县级自然保护区	19.5	24	43.5	较差
广西防城金花茶国家级自然保护区	19.5	24	43.5	较差
广西拉沟自治区级自然保护区	22.5	21	43.5	较差
广西龙虎山自治区级自然保护区	22.5	21	43.5	较差
广西泗涧山大鲵自治区级自然保护区	20.5	23	43.5	较差
星岛湖湿地	20.5	23	43.5	较差
广西古龙山县级自然保护区	20.5	22	42.5	较差
广西那林自治区级自然保护区	20.5	22	42.5	较差

（续）

重点调查湿地名称	物种多样性得分	生态系统多样性得分	评价总分	评价等级
龟石水库湿地	19.5	23	42.5	较差
天生桥水库湿地	20.5	22	42.5	较差
广西邦亮长臂猿国家级自然保护区	23	19	42	较差
广西七冲国家级自然保护区	23	19	42	较差
广西西岭山自治区级自然保护区	19.5	22	41.5	较差
广西恩城国家级自然保护区	19.5	21	40.5	较差
广西三锁县级自然保护区	19.5	21	40.5	较差
广西左江佛耳丽蚌自治区级自然保护区	17	23	40	较差
广西崇左白头叶猴国家级自然保护区	19.5	19	38.5	较差
广西千家洞国家级自然保护区	23	15	38	较差
广西红水河来宾段珍稀鱼类自治区级自然保护区	17	20	37	较差
广西银殿山自治区级自然保护区	22	15	37	较差

2.2　湿地生态系统健康与服务功能评价

2.2.1　湿地生态系统健康评价

2.2.1.1　评价指标体系

湿地生态状况直接反映湿地生态系统的健康水平，也是评价湿地生态功能是否正常发挥和满足人类需要的重要依据。由于湿地生态状况涉及的指标较多，结合国内外研究现状，按照系统性、科学性、可行性和客观性的原则，根据第二次广西湿地资源调查数据，选择能够较好反映时代生态状况的自然湿地面积、生物多样性、水环境，及湿地利用和受威胁状况等 13 个指标构建三级评价指标体系（表 5-6），综合评价广西重点调查湿地生态系统健康状况。

表 5-6　广西重点调查湿地生态系统健康状况评价指标体系

一　级	二　级	三　级	方　法
自然指标	景观指标	自然湿地率	自然湿地面积/湿地总面积
		湿地密度	平均斑块面积/湿地总面积
		湿地斑块密度	湿地斑块数/湿地总面积
	生物多样性指标	单位面积物种多度	物种数量/湿地面积
		植物覆盖度	植被面积/湿地面积
		外来物种入侵	有、无
	水环境指标	污染物	有、无
		富营养	贫、中、富 3 级
		水质级别	Ⅰ、Ⅱ、Ⅲ、Ⅳ、Ⅴ 5 级

（续）

一 级	二 级	三 级	方 法
人为干扰指标	社会指标	人口密度	人口数量/重点调查面积
		利用情况	工(旅游)、农、水、未4级
	威胁指标	威胁因子数量	数量
		威胁程度	安全、轻、重3级

2.2.1.2 指标体系的权重与赋值

采用层次分析方法(AHP)和德尔菲法，对评价指标进行分级和赋值，确定指标权重(表5-7)。

表5-7 广西重点调查湿地生态系统健康状况评价指标体系权重表

一 级	权 重	二 级	权 重	三 级	权 重
自然指标	0.6	景观指标	0.10	自然湿地率	0.030
				湿地密度	0.012
				湿地斑块密度	0.018
		生物多样性指标	0.45	单位面积物种多度	0.108
				植物覆盖度	0.108
				外来物种入侵	0.054
		水环境指标	0.45	污染物	0.054
				富营养	0.081
				水质级别	0.135
人为干扰指标	0.4	社会指标	0.4	人口密度	0.064
				利用情况	0.096
		威胁指标	0.6	威胁因子数量	0.084
				威胁程度	0.156

各指标标准值计算方法如下：

(1)自然湿地率、湿地密度、湿地斑块密度、单位面积物种多度、植物覆盖度、人口密度6个指标根据大小分为五级，分别赋值1、3、5、7、9，指标值越高反映的生态状况越好；

(2)外来物种入侵、污染物两个指标，分两个等级，“有”赋值2，“无”赋值8；

(3)营养状况分三级，贫营养赋值8，中营养赋值5，富营养赋值2；

(4)水质级别分五级，分别赋值9、7、5、3、1；

(5)利用情况分四级，工业(旅游)赋值3，农业(种植、牧业、林业)赋值5，水源地赋值7，未利用赋值9；

(6)威胁因子数量，分为十级，采用“10-数量”来赋值；

(7)威胁程度分为三级，安全赋值8，轻度赋值5，重度赋值2。

2.2.1.3　湿地生态状况评价标准

根据统计学累计求和公式，计算每处重点调查湿地生态状况综合得分。

$$综合得分 = \sum（指标值 \times 指标权重）$$

根据综合得分，对重点调查湿地的生态状况进行综合评定，再利用统计学的自然断点法(natural breaks)对重点调查湿地的生态状况综合得分进行划分，分为好、中、差3个等级。

2.2.1.4　评价结果

根据已建评价指标体系和赋值标准，结合调查数据，对广西75处重点调查湿地生态系统健康状况进行评价，见表5-8。

表5-8　广西75处重点调查湿地生态系统健康状况评价结果

重点调查湿地名称	综合指数	生态状况
广西大瑶山国家级自然保护区	7.38	好
广西木论国家级自然保护区	7.225	好
广西雅长兰科植物国家级自然保护区	7.191	好
广西建新自治区级自然保护区	7.14	好
广西金秀老山自治区级自然保护区	7.14	好
广西黄连山—兴旺自治区级自然保护区	7.073	好
广西花坪国家级自然保护区	7.02	好
广西王子山雉类自治区级自然保护区	6.901	好
广西老虎跳自治区级自然保护区	6.805	好
广西岑王老山国家级自然保护区	6.804	好
广西防城金花茶国家级自然保护区	6.779	好
广西猫儿山国家级自然保护区	6.66	好
资源十万古田沼泽湿地	6.622	好
广西大王岭自治区级自然保护区	6.604	好
广西九万山国家级自然保护区	6.352	好
广西拉沟县级自然保护区	6.332	好
广西达洪江县级自然保护区	6.302	好
广西泗涧山大鲵自治区级自然保护区	6.28	好
广西金钟山黑颈长尾雉国家级自然保护区	6.256	好
广西龙山自治区级自然保护区	6.237	好
广西三锁县级自然保护区	6.232	好
广西泗水河自治区级自然保护区	6.215	好
广西涠洲岛自治区级自然保护区	6.202	好

（续）

重点调查湿地名称	综合指数	生态状况
广西大明山国家级自然保护区	6.192	好
广西寿城自治区级自然保护区	6.184	好
广西下雷自治区级自然保护区	6.173	好
广西七冲国家级自然保护区	6.165	好
广西龙虎山自治区级自然保护区	6.143	好
广西邦亮长臂猿国家级自然保护区	6.053	中
广西古修自治区级自然保护区	5.964	中
广西十万大山国家级自然保护区	5.932	中
广西那佐苏铁自治区级自然保护区	5.928	中
涠洲岛—斜阳岛浅海珊瑚礁湿地	5.923	中
广西海洋山自治区级自然保护区	5.864	中
广西春秀—青龙山县级自然保护区	5.798	中
百色水利枢纽库区湿地	5.79	中
广西千家洞国家级自然保护区	5.784	中
广西西大明山自治区级自然保护区	5.753	中
广西姑婆山自治区级自然保护区	5.745	中
广西大容山自治区级自然保护区	5.718	中
广西龙滩自治区级自然保护区	5.706	中
广西五福宝顶自治区级自然保护区	5.594	中
广西恩城国家级自然保护区	5.585	中
广西西岭山自治区级自然保护区	5.577	中
漓江湿地	5.526	中
龙滩水库湿地	5.514	中
广西滑水冲自治区级自然保护区	5.506	中
广西崇左白头叶猴国家级自然保护区	5.501	中
防城港东西湾红树林湿地	5.484	中
北海滨海湿地公园	5.443	中
党江红树林湿地	5.377	中
广西架桥岭自治区级自然保护区	5.354	中

（续）

重点调查湿地名称	综合指数	生态状况
广西左江佛耳丽蚌自治区级自然保护区	5.352	中
凤亭河水库湿地	5.344	中
广西银殿山自治区级自然保护区	5.186	中
天生桥水库湿地	5.170	中
广西那林自治区级自然保护区	5.154	中
广西北仑河口国家级自然保护区	5.132	中
广西山口国家级红树林生态自然保护区	5.119	中
铁山港红树林湿地	5.092	中
广西古龙山县级自然保护区	5.084	中
浔江—西江湿地	5.080	中
澄碧河水库湿地（含澄碧河自然保护区）	5.022	中
广西青狮潭自治区级自然保护区	5.014	中
广西百东河市级自然保护区	4.969	中
广西合浦儒艮国家级自然保护区	4.687	中
龟石水库湿地	4.458	中
北部湾北部浅海水域湿地	4.417	中
临桂会仙湿地	4.337	中
星岛湖湿地	4.256	中
大王滩水库湿地	4.115	中
广西茅尾海红树林自治区级自然保护区	3.907	差
广西红水河来宾段珍稀鱼类自治区级自然保护区	3.705	差
西津水库湿地	3.457	差
钦州湾湿地	2.749	差

结果显示：① 28 处生态系统健康状况为“好”，占 37.3%。这些湿地均在保护区范围内，且受到的人为干扰较少。② 43 处生态系统健康状况为“中”，占 57.3%。这些湿地涵盖自然保护区、国际和国家重要湿地、西江重要水系、大的水库以及重要的红树林区，由于管理部门的重视，这些湿地生态系统的健康状况得以维持，但由于这些湿地所在范围涉及人口密度较大，人为干扰随之加大，要想提升到一个“好”的健康状况，还需要管理部门多方努力。③ 4 处生态系统健康状况为“差”，占 5.3%。这些湿地共同的特点为周边人为干扰很严重，受范围内及周边水产养殖、工

业废水排放以及航运等影响，水环境指标较差，最终导致生态系统健康状况较差。由于这四处湿地，除了两处保护区，还涉及钦州湾国家重要湿地和西津国家湿地公园，如此健康状况对于全区的生态保护示范是极为不利的。近年来，由于西津国家湿地公园的建设，范围内的水产养殖已经全部清理，周边群众的湿地保护意识增强，水环境指标提升，生态健康状况得到了很大的改善，对于钦州湾沿海一带的湿地保护，应引起管理部门的进一步重视。

2.2.2 湿地生态系统服务功能评价

湿地是具有多种功能的独特生态系统，是重要的自然资源和人类生存环境资本，在支撑人类社会和谐发展和自然系统有序循环等方面有着举足轻重的作用。根据千年生态系统评估(The Millennium Ecosystem Assessment)框架，将湿地生态系统服务功能分为供给服务、调节服务、文化服务和支持服务等4个方面。

2.2.2.1 供给服务

供给服务是指由生态系统产生的或提供的服务。广西湿地生态系统的供给服务功能主要体现在供水、物质生产、水运、保持特有遗传物质等方面。

(1)供水功能：统计显示，广西多年平均用水总量为310.10亿立方米，其中，农业灌溉用水185.35亿立方米，工业用水51.37亿立方米，居民生活用水29.22亿立方米。其他包括农村牲畜、建筑业、服务业、城镇环境等用水44.16亿立方米。这些用水，均通过湿地完成。除地表水外，湿地可作为集水区内地势较低的另一块湿地的水源，或者在作为社区、农业、工业水源或为保持重要生态景观提供水源的情况下，一块湿地为另一块湿地提供水源的过程与能力是很重要的。例如，2011年广西旱情严重，多数河流、水库干涸的状况下，为保证正常的生产、生活用水，从一块湿地转移水资源到另一块湿地的状况时有发生。

(2)物质生产：广西湿地的物质生产主要有动物产品和植物产品两大类。广西鱼类、贝类、虾类、蟹类等湿地水产品十分丰富，特别是鱼类，广西有湿地鱼类519种，其中纯淡水鱼类258种，洄游鱼类8种，河口鱼类12种，海洋鱼类229种，引进种12种。主要经济鱼类有青、草、鲢、鳙、鲤、鲮、鳊、倒刺鲃、光倒刺鲃、刺眼鳟、岩鲮、南方白甲鱼、卷口鱼、黄颡等。此外，广西湿地植物产品除了内陆些许经济植物，如食用植物莲藕、慈姑、荸荠等常见的栽培水生经济植物，饲用价值较高的喜旱莲子草、黑藻、李氏禾、菰、凤眼莲、大薸、浮萍、水竹叶等饲用植物外，主要的湿地植物产品仍是水稻，也是广西主要的粮食来源。再则，沿海大面积的红树林资源，在红树林生态系统的植物中，除了提供主角红树植物外，还生活着大量的底栖硅藻、浮游植物和大型藻类等低等植物。为人们的日常生产、生活提供了丰富的物质来源。

(3)水运：广西南濒海洋，海岸线曲折，港湾众多，海岸线长，其水运作用的发挥在中国乃至世界航运上都十分关键。沿海港口万吨级以上泊位56个，这些港口都具有水深、避风、浪小、岸线顺直、纳潮量大、回淤少等优良的自然条件，是中国大西南和大陆最南端的最佳出海处，距港澳地区和东南亚诸国的港口都很近，通过水运，1000吨级船舶和2000吨级船舶可分别从南宁和贵港直航粤港澳。经马六甲海峡，北航可通南亚，西航经科伦坡可达波斯湾地区及东非，东航至关岛，南航经菲律宾的三宝颜、印尼的万鸦老后达悉尼。

(4)保护遗传资源：广西湿地脊椎动物有887种，湿地高等植物797种。其中国家重点保护野生植物10种，如珍稀濒危植物野生稻是我国Ⅱ级保护野生植物，也是具有重要潜在开发利用价值的种质基因库资源，由于其生境范围越来越窄，个体数量日趋减少，处于濒危状态。中华水韭属国家Ⅰ级保护野生植物，它是经过第四纪冰川后残存下来的孑遗植物，在系统演化上具有很高的研究价值。此外，广西特有植物如贵港水蓑衣、广西隐棒花、橙花水竹叶、靖西海菜花、出水海菜花、合苞挖耳草等在中国乃至世界物质基因库的维持上都发挥着重要的作用。

2.2.2.2 调节服务

调节服务是指由生态系统过程的调节功能所得到的益慧。广西湿地生态系统的调节服务功能主要包括如下几个方面。

(1)调节气候：广西湿地气候调节表现最为明显的是自然保护区和森林公园，在第二次广西湿地资源调查的75个重点调查湿地中，属于保护区的有57个，其中大多为保护水源涵养林或森林资源类型。此外，广西还有30多个国家或省级森林公园，这些保护区对当地的小气候有着明显的调节作用。如大瑶山国家级自然保护区所处的大瑶山，被誉为“华南地区最大的天然森林氧吧”，其年均降水量1824.0毫米，年均蒸发量为1203.0毫米，年均气温17℃，变化范围在13.8~21.7℃，亚热带山区气候特点显著，冬暖夏凉，阴雨天多，日照少，湿度大，气候的垂直变化和水平变化明显。另外，在附近有沼泽湿地的区域如资源十万古田，周围经常会产生的晨雾，可减少土壤水分的丧失，对增加局部地区空气湿度、削弱风速、缩小昼夜温差、降低大气含尘量等气候调节方面都具有明显的作用。调查的数据显示该地年均降水量1736.2毫米，年均蒸发量1312.0毫米，平均气温17.2℃，气温变化范围在16.9~17.4℃，数据正好印证了该沼泽湿地的调节作用。

(2)净化水体：湿地具有很强的过滤功能，是指湿地通过其独特的吸附、降解和排除水中污染物、悬浮物、营养物，使潜在的污染物转化为资源的过程。湿地强大的过滤功能对净化水体起着极其显著的作用，从这次对75个广西重点调查湿地的水环境调查结果来看，大都反映出地下水水质优于或等于地表水水质，水质级别多现出Ⅰ级或Ⅱ级；透明度下游大于上游，尤其在泥沙淤积的河段。

(3)抵御自然灾害：广西湿地抵御自然灾害的功能主要表现在控制洪水、防止盐水入侵和防风护堤等方面。这些抵御自然灾害的能力在广西沿海表现尤为明显，大片的红树林发达的根系在防风固堤方面发挥着巨大的作用。每当台风从广西东部一带登陆时，红树林都为周边渔民提供了天然的避风港。资料显示，2008年广西遭遇台风袭击，红树林以外停泊的船只几乎全部被毁，而进入红树林内避风的80%的船只得到有力保护。

2.2.2.3 文化服务

文化服务是指由生态系统获取的非物质受益。广西湿地生态系统的文化服务功能主要体现在生态旅游价值和科普教育价值上。

(1)生态旅游价值：随着人们生活水平的提高，人们要求亲近自然、回归自然的要求也越来越高，而湿地恰能为人们的这种需求提供一个理想的归宿。目前湿地旅游已成为旅游业的新热点，广西的旅游资源以江河、湖泊水库、海岛滩涂、温泉瀑布、石山洞穴、名胜古迹和民族风情为主。临桂会仙湿地自古以来就吸引着无数的游人纷至沓来，桂林的漓江风光举世闻名，全国最大的北海十里银滩旅客不断。湿地旅游越来越成为湿地效益的重要体现者。

(2)科普教育价值：湿地生态系统、丰富的水生动植物及其遗传基因为教育和科学研究提供了宝贵的实验基地。湿地保护区、湿地公园等都是宣传湿地知识，开展湿地科普教育的重要地点，例如临桂会仙湿地、大瑶山国家级自然保护区、沿海红树林湿地等都是人们认识湿地、体验湿地，进行湿地生态研究的重要场所。

2.2.2.4 支持服务

支持服务是指生态系统为提供其他服务(如供给服务、调节服务和文化服务)而必需的一种服务功能。广西湿地生态系统的支持服务功能主要包括如下几个方面。

(1)生产生物量：主要包括提供水资源、提供食物与原料的环境有机质支持、保护遗传资源以及水运通航等。

(2)水循环：地球上的水在太阳辐射和重力作用下，以蒸发、降水和径流等方式进行的周而复始的运动过程成为水循环。各种类型的湿地是地球水循环过程中径流的主要表现方式，也是海陆间大循环和陆地—大气小循环的主要场所。

(3)提供栖息地：湿地能够为某些物种提供完成其全部或部分生命循环所需的全部因子。自然湿地内物种丰富，有高等湿地植物 797 种，湿地脊椎动物 887 种。

(4)形成和保持土壤：湿地经常位于深水系统和高低系统之间的边缘，并且受深水系统和陆地系统的共同影响，陆地系统物质在水文过程中进入湿地系统，常常促进湿地下游独特土壤条件的形成。湿地土壤既是湿地化学转换发生的中介，也是大多植物可获得的化学物质最初的储存场所。

(5)生物地球化学循环：在地球表层生物圈中，生物有机体经由生命活动，从其生存环境的介质中吸取元素及其化合物(常称矿物质)，通过生物化学作用转化为生命物质，同时排泄部分物质返回环境，并在其死亡之后又被分解成为元素或化合物(亦称矿物质)返回环境介质中。湿地生态系统作为全球三大生态系统之一，具有很高的生物多样性和生产力，是生物地球化学循环发生的最为重要的场所。

第二节 湿地受威胁状况

1 自然湿地面积不断萎缩

随着西部大开发的扩进，广西经济的高速发展、人口的急剧增长，人们对土地资源需求不断增加，各类工农业用地、城市建设等占用湿地，使湿地面积不断减小。如临桂会仙湿地，在 20 世纪 70 年代末期，面积约 120 平方公里，由于人们围湖开垦成农田、鱼塘、果园等，目前自然湿地面积不足 10 平方公里，不及原有湿地面积的 10% 。大约在 150 年前，广西沿海的红树林面积高达 2.4 万公顷，到新中国成立前后只保存 1.6 万公顷，而目前已不足 1 万公顷，其中绝大部分红树林都是因围垦而丧失。另外，海岸侵蚀在广西滨海湿地区也是较普遍的问题，据统计，广西有 230 公里以上的海岸线受到较严重的侵蚀，占广西海岸线总长度的 15.5% 。主要原因是人类活动导致，包括沿岸采砂、红树林砍伐、海岸工程等。

2　湿地生物资源不断减少

湿地类型的多样性和湿地分布区域景观的复杂性，为生物创造了多样的生境，湿地也经常被称为生态交错带，即陆地系统和深水系统之间的过渡带。这种交错带的位置，常常导致湿地中高度生物多样性。然而，当前生物资源过度利用是导致湿地生物多样性受损的重要原因。由于过度捕捞，许多地区经济鱼类年捕获量逐渐下降，且种类日趋单一，种群结构低龄化，个体小型化，许多鱼类已濒临绝迹，导致了重要的天然经济鱼类资源受到很大程度的破坏，严重影响湿地的生态平衡，威胁着其他水生生物的安全。广西沿海红树林的大面积消失，使许多生物失去栖息场所和繁殖地，也使防护海岸的生态功能严重下降。珊瑚礁也是广西最富特色的景观和自然资源之一，但多年来由于无度、无序的开发，已使珊瑚礁受到严重破坏。

3　湿地生态功能减弱

建造水库、大坝以及在沿海建筑防堤等，是人类对湿地最多最频繁的干扰活动之一，这些活动很容易改变湿地的水文结构，减弱水循环，减少氧溶量；对生物资源产生很大的干扰，包括鱼类和植物，容易引起外来物种入侵。广西近年来修建水利枢纽、水库等水利工程较多，一些大江大河上游水源涵养区的森林遭到过度砍伐，导致水土流失加剧，河流中的泥沙含量增多，造成河床抬高、水库淤积，湿地面积不断缩小，不仅影响整个生态系统的丰富度、多样性和生产力，而且改变或削减了湿地相应的生态功能。

4　外来物种入侵日趋严重

生物入侵是某种生物从外地自然侵入或被人为引进，成为野生状态，并对本地生态系统造成一定危害的现象。对于广西湿地生态系统，入侵物种种类和危害程度正逐步加重。第二次广西湿地资源调查发现的主要入侵植物物种有土荆芥、喜旱莲子草、藿香蓟、凤眼莲和互花米草 5 种。广西于 1979 年开始引种互花米草，分别在合浦县山口镇山角村和党江镇沙冲船厂的海岸滩涂上种植了约 0.67 公顷和 0.27 公顷，其自然扩散面积目前已达到 206.7 公顷，并已侵入到邻近的红树林区，占领了红树林的边缘地带或林间空隙地，形成了与红树林争夺生存空间的严峻形势，在局部区域由于过度生长而直接影响到红树植物的生长或扩展。

第三节
湿地资源变化及其原因分析

历史上，广西在全区范围内开展湿地资源调查仅有两次，第一次于 2000 年完成，最小调查面积为 100 公顷，以材料收集为主；第二次为 2011 年完成，最小调查面积为 8 公顷，采用卫星影像解译为基础开展实地核实的调查方法。由于两次调查标准不一，调查技术、手段和方法差异大，因此前后期数据可比性不强。本次按 100 公顷为最小调查面积对后期数据调整后，尽管进行前后期湿地总体面积对比分析结果不尽准确，但其变化规律仍能较好地反映客观实际，可以作为湿地保护管理决策的参考。

除以上两次全区范围的湿地资源系统调查外，针对一些重要区域、重要湿地类型，相关部门和单位以不同调查目的，在不同时期也进行过一些调查、监测和研究。为弥补两次湿地系统调查内容和数据的不足，在一些重要的湿地变化分析中，我们吸纳了包括2011年后的其他调查、监测和研究的成果。

1　湿地资源总体变化

1.1　湿地面积变化

全区100公顷以上的湿地总面积由2000年的65.61万公顷，减少到2011年的58.61万公顷，11年间净减7.00万公顷，减少了13.5%。

自然湿地明显减少：由于近海与海岸湿地遭受围垦等原因导致自然湿地由2000年的56.75万公顷，减少到2011年的43.97万公顷，11年间净减12.78万公顷，减少了22.5%。

人工湿地大幅度增加：由于围海、围垦、拦河、筑坝等原因导致人工湿地由2000年的8.86万公顷，增加到2011年的14.64万公顷，11年间净增5.78万公顷，增加65.2%。

1.2　湿地物种资源变化

随着湿地资源的开发利用，对湿地野生动植物乱捕滥采，不少湿地物种资源遭受破坏，甚至濒临灭绝。主要物种资源变化情况如下。

野生稻从20世纪80年代初期的1313个分布点锐减至目前的296个分布点，另新发现分布点29个。76%的分布点消失，不少分布点的居群数量减少一半以上；1981年至今，已有19个县(区、市)105个乡镇300个村的原野生稻分布点消失。

合浦县作为海草床的主要分布区，1980年海草床面积2970公顷，到2001年急剧减少98.4%；2001~2008年海草面积有所增加，但1980~2008年总体上海草床的年均退化率为2.6%。

这种下降的趋势也发生在过去40年漓江鱼类的种类变化，从1974~1976年采集到的标本数119种下降到2006年的62种，种数减少了47.1%。

涠洲岛海域鹿角珊瑚在1994~2002年年初基本保持完整，覆盖度在90%左右，是广西珊瑚礁的优势种。2002年的上半年发生珊瑚的大面积死亡，特别是鹿角珊瑚遭到毁灭性死亡，在公山等海域几乎绝迹，在竹蔗寮等海域，珊瑚优势种也由2002年之前的鹿角珊瑚变成了滨珊瑚，珊瑚礁退化严重，到2008年鹿角珊瑚的平均覆盖度约为4%。

盐沼植被曾广泛分布于广西海岸带，以钦州湾的茅尾海和南流江口一带面积最大，密集连片。目前，广西的滨海盐沼已大量被围垦用作虾塘、耕地和盐田、工业区和居住区。此外，沿海地区海鸭的过量放养也造成了相当一部分盐沼的退化甚至消失。目前广西的盐沼湿地仅余400公顷，连片面积小。

1.3　湿地生态系统格局变化

由于进行河流拦截、滩涂开挖等不合理利用和自然淤积等原因，湿地破碎化严重，湿地生态系统功能下降。其中，红树林生态系统格局呈现明显的破碎化趋势：1960～2010年，红树林斑块数由1020个增加到1712个，斑块平均面积由8.9公顷减少到4.0公顷，面积大于200公顷的斑块由7个减少到仅剩1个。

1.4　水产品资源变化

1981～2010年的30年间，广西的水产品总产量经历了从逐渐增加到下降的过程，1981～2005年呈不断增长趋势，2005～2010年则不断减少。其中，天然海水产品产量近10年来下降幅度最大，由2001年的425万吨下降到2010年的306万吨，下降了119万吨，几乎占据了天然水产品减产量的全部。

2　典型区域湿地资源动态

由于历史资料缺乏，无法全面研究广西湿地资源动态。为了解广西主要湿地资源的历史变化，本次根据广西湿地资源分布的特点和规律，考虑区位与流域、人口密度与经济状况、湿地类型与开发利用方式等因素，选择北部湾湿地区、桂林会仙湿地区、漓江及青狮潭水库区、南宁市城市范围及周边主要库区、浔江—西江干流区、龙滩水库库区、百色水利枢纽及澄碧河水库区域等7个具有代表性的区域，开展湿地动态研究。

在各典型区域分析中，湿地斑块分布是从1960年、1961年、1962年、1980年的1∶50000比例尺地形图提取，由于只能按常水位提取，与湿地实际分布面积存在一定的误差。另外，从1977年、2008年的航空照片、2009年和2010年的中巴卫星影像提取湿地斑块，由于影像取得渠道不同、时间跨度大，影像时相无法统一对应，造成对比分析存在误差。但是，从大尺度的宏观分析而言，湿地资源的动态趋势不受上述误差影响。

2.1　北部湾滨海湿地区

该区域位于我国南疆，西南毗邻越南，是中国—东盟合作与发展的桥头堡，同时是我国大西南出海通道的窗口，是对外开放与开发北部湾海洋资源、维护祖国南海海洋主权利益的战略前哨，在国土与生态安全中占有极重要的位置。

2.1.1　海岸线及湿地面积变化

通过对2010年的卫星影像提取以及2011年的现地核实，对照1958年和1980年的历史资料，选取1958年的1828公里海岸线进行分析，结果到1980年和2011年该段海岸线分别减少到1666公里和1464公里，岸线长度明显缩短。同时，自1958年以来的53年间，约一半的海岸线往外海推移或被改变，最大移动距离10公里，造成超过3万公顷滨海湿地分别转为建设用地、养殖塘等。其中：1958～1980年的22年间，在1828公里的分析海岸段中有28.4%的岸线向外海推移或被改变，影响湿地面积1.37万公顷；1980～2011年的31年间，在1666公里的分析海岸段中有23%的岸线向外海推移或被改变，影响湿地面积2.14万公顷。海岸线的改变造成许多曲折的岸线被拉直，降低了岸线的曲直比，导致海岸对风浪的缓减能力降低及一系列生态功能下降。其中，廉州湾段海岸变化如图5-1。

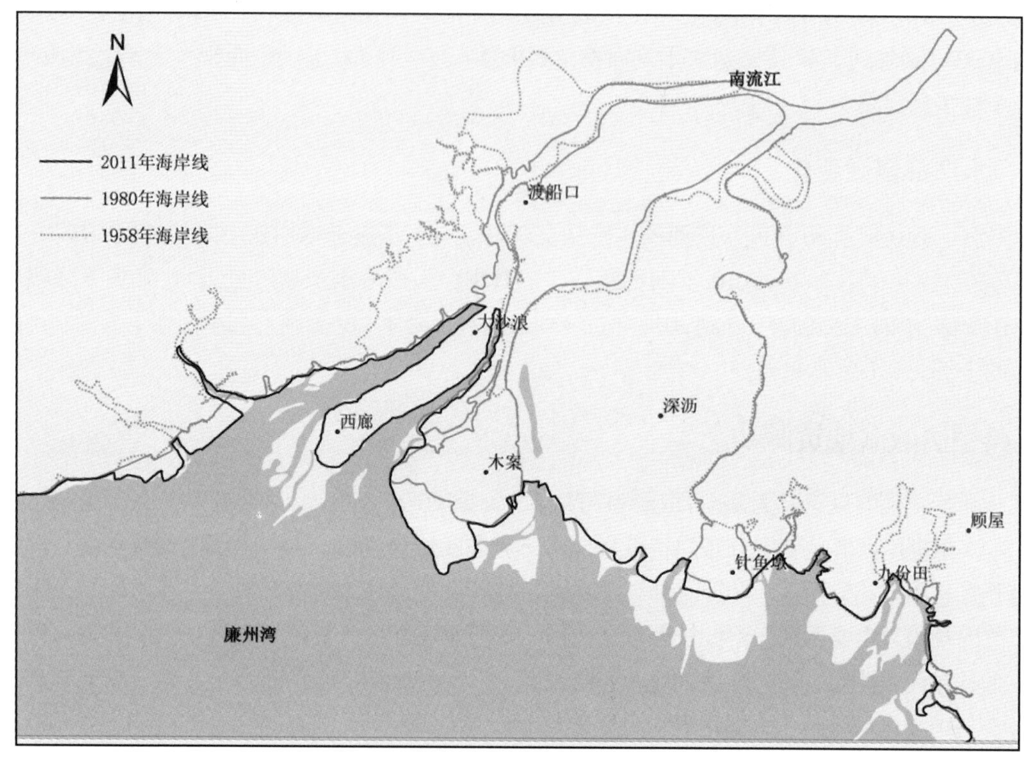

图 5-1 廉州湾段海岸线变迁图

2.1.2 湿地类型变化

1980~2011 年，广西滨海不同湿地类型面积变化情况见表 5-9。变化结果表明，广西的滨海自然湿地除了淤泥质海滩、三角洲/沙洲/沙岛等湿地型面积略为增加外，其余的均呈减少趋势。面积减少最大的湿地型为浅海水域和沙石海滩，其次为红树林，第三为河口水域。

滨海人工湿地则均呈大面积增大之势，其中水产养殖场的面积由 1980 年的 4000 公顷增加至 2011 年的 3.11 万公顷，面积增长了近 8 倍；盐田的面积由 1000 公顷增加至 2500 公顷。分析结果表明，近 30 年以来，大量的自然湿地被侵占成为人工湿地，人工湿地还有逐渐地向海岸线内陆扩展的趋势。

表 5-9 广西滨海湿地类型及面积变化情况表(万公顷)

年 度	浅海水域	潮下水生层	岩石海岸	沙石海滩	淤泥质海滩	潮间盐水沼泽	红树林	河口水域	三角洲/沙洲/沙岛	水产养殖场	盐 田	合 计
1980 年	17.44	—	0.05	5.19	0.59	0.07	1.2	1.76	0.56	0.4	0.01	27.27
2011 年	16.91	0.05	0.03	4.66	0.7	0.04	0.88	1.51	0.79	3.11	0.25	28.93
变化情况	-0.53	0.05	-0.02	-0.53	0.11	-0.03	-0.32	-0.25	0.23	2.71	0.24	1.66

另外，滨海人工湿地还呈现虾(鱼)塘化趋势。研究结果显示，1986 年广西盐田面积为 45.92 平方公里，2008 年仅剩 27.0 平方公里，减少了 41.2 %，减少的盐田基本转化为虾(鱼)塘；1986

年广西滨海稻田面积为66.01平方公里，2008年为29.8平方公里，减少了54.9%，减少的水田绝大部分转化为虾(鱼)塘；与此同时虾(鱼)塘面积增加了18.7倍，年增加85%，相当于广西陆岸海岸线被平均宽度209.5米的虾(鱼)塘包围，不仅使海陆物种交流廊道受到极大的隔离，对滨海湿地生态环境构成严重危害。

2.1.3　生物资源动态

滨海生物出现了资源下降的趋势，儒艮、文昌鱼、中华乌塘鳢、鲻鱼、长毛对虾、墨吉对虾、马氏珠母贝、近江牡蛎、裸体方格星虫、可口革囊星虫、江篱、鹿角珊瑚、中华鲎等是北部湾的重要或常见海洋动物物种。调查和评估结果表明，在2009年以前的30多年间，这些海洋生物天然种群出现了全面衰退。其中年均下降超过5%的有鹿角珊瑚、马氏珠母贝、中华乌塘鳢和中华鲎。儒艮疑似灭绝，野生马氏珠母贝濒临灭绝，珍珠养殖产量大幅减少。

2.1.4　生态环境变化

2.1.4.1　物种濒危程度增加

以海洋植物为例，由于破坏与过度利用，至2009年，广西滨海已有4种植物列入《中国珍稀濒危保护植物名录》(表5-10)。

表5-10　广西滨海已列入《中国珍稀濒危保护植物名录》的植物

物　种	濒危等级	历史资源	资源现状
膝柄木	稀有	曾广布于广西海岸带的平原台地	国家Ⅰ级保护野生植物；记录9株老树
格木	渐危	曾广布于东岸段山口、沙田、白沙一带，20年前400平方米样地记录10株老树，样地外及村庄内散生大小格木15株，未见幼苗幼树	国家Ⅱ级保护野生植物；同地块同面积样方内，记录7株老树，样方外未见
箣毒木	稀有	20年前，多见于东岸段，一个600平方米的样地内记录5株老树和124株幼苗幼树	广西重点保护野生植物；共记录8株老树，未见幼苗幼树。与20年前同地同面积，记录3株老树，未见任何幼苗幼树
紫荆木	渐危	常见于各岸段	为国家Ⅱ级保护野生植物；记录3株老树和1株成树，偶见幼苗

2.1.4.2　外来入侵种面积扩大

以互花米草为例，该物种引入于1979年，2011年遥感监测显示，其分布面积已达5358亩，都散布在北海市区以东长达149公里的沿海滩涂区域，东起英罗港，西至西村港，约占北海市海岸线总长度的25%。2009～2011年，北海市沿海互花米草分布面积新增858亩，面积扩展了19.07%。

2.1.4.3　污染物入海量增大

通过对大风江、南流江、钦江、防城江和茅岭江5条主要河流入海的污染物(包括石油类、化学需氧量、氨氮、硝酸盐氮、亚硝酸盐氮、总磷、重金属、砷等)总量进行长期监测结果表明，广西每年污染物入海量呈上升趋势，已由2005年的16.16万吨上升至2013年的60.78万吨，增加了44.62万吨，增长了将近3倍。

2.1.4.4　近岸海域水质总体状况良好

对北部湾近岸海域5694平方公里范围内的海水水质长期监测表明，2004～2013年，近岸海域水质总体状况良好，见表5-11。另据其他监测数据表明，广西管辖内的海水环境质量状况总体较好，大部分海域符合Ⅰ类、Ⅱ类海水水质标准，但局部海湾水质不稳定，监测因子整体上呈上升趋势。

表5-11 广西2004~2013年近岸海域海水水质变化情况表(平方公里)

<table>
<tr><th>水质类别</th><th>2004年</th><th>2005年</th><th>2006年</th><th>2007年</th><th>2009年</th><th>2010年</th><th>2011年</th><th>2012年</th><th>2013年</th></tr>
<tr><td>Ⅰ类</td><td>3144</td><td>4460</td><td>3314</td><td>4814</td><td>5254</td><td>2559</td><td>4562</td><td>3074</td><td>3013</td></tr>
<tr><td>Ⅱ类</td><td>1600</td><td rowspan="3">1230</td><td rowspan="3">2380</td><td>820</td><td rowspan="3">440</td><td>133</td><td>345</td><td>470</td><td>1209</td></tr>
<tr><td>Ⅲ类</td><td>950</td><td>60</td><td>2601</td><td>581</td><td>1530</td><td>526</td></tr>
<tr><td>Ⅳ类及劣于Ⅳ类</td><td>0</td><td>0</td><td>401</td><td>206</td><td>620</td><td>946</td></tr>
<tr><td>合 计</td><td>5694</td><td>5690</td><td>5694</td><td>5694</td><td>5694</td><td>5694</td><td>5694</td><td>5694</td><td>5694</td></tr>
</table>

注：2008年没有监测数据。

2.1.4.5 红树林虫害强度加大

2004年5月广西山口国家级红树林保护区发生了历史上从无记载的严重的广州小斑螟虫灾，一周之内40公顷海榄雌迅速变黄变枯并扩大至106公顷。据统计，广西沿海受害海榄雌林面积累计达到700公顷，其中北海市200公顷，钦州市300公顷，防城港市200公顷。2008年年初广西沿海经历了百年罕见的持续低温，部分海榄雌出现了冻害。广州小斑螟不仅度过了低温而且再次大爆发，害虫几乎波及广西所有的海榄雌分布区。与2004年首次出现的广西小斑螟虫灾相比，2008年的虫灾具有发生时间早、蔓延速度快的特点，部分海榄雌群落当年无一结果。

2006年钦州市沿海一带的红树林，特别是茅尾海红树林自然保护区的无瓣海桑遭受白囊袋蛾危害，危害平均密度超过100条/株，当地林业部门组织人工采摘的袋蛾达206公斤。

2010年9月中下旬以来，山口保护区突然爆发了较大面积的红树林虫灾。至2010年10月12日，虫灾面积超过46.7公顷，其中白沙镇那潭林区海榄雌受灾13.3公顷，沙田到永安林区海榄雌受灾26.7公顷。

2.1.5 湿地动态原因分析

2.1.5.1 工业及养殖业的发展和城市化的影响

临海工业园区电力、石化、造纸、冶金、建材等重污染产业的发展，势必导致陆源污染物排放入海总量的增加。随着近海渔业资源的大幅度衰退，缺少可替代生计，于是海水养殖成为了沿海居民增加收入的最佳途径，大量的红树林与近海滩涂被围垦为虾塘，部分区域池塘养殖密度过大，没有养殖污水处理设施，养殖污水的直接排放对近海环境造成了污染。

近年来，由于城市、港口及海堤等建设需要，填海造陆已成为威胁滨海湿地资源的又一个重要因素。北海市、钦州市和防城港市近年来挖掘、疏浚航道和港池的工程不断。这些工程不可避免地摧毁工程所在海域海洋生物的海底栖息地，施工中泥沙的扩散还会影响到周边海域生物活动的环境。海底栖息地扰动影响最大的是海区贝类养殖和底栖海洋生物的生存空间。

2.1.5.2 资源与环境过度利用

在红树林区与海草床采取高强度的挖捕经济动物，底拖网、电鱼、炸鱼等捕鱼方式，以及在珊瑚礁区的网箱养殖等使广西北部湾的重要代表性海洋经济物种资源量以年均 4.79% 的速度下降。

2.1.5.3　灾害天气的影响

该区域自然灾害多，常见的有风、旱、涝、潮、寒等灾害。2013 年，沿海出现 4 次风暴潮灾过程，灾害性海浪（≥3 米）天数 43 天，异常大潮 5 次，导致水产养殖受灾面积 662.9 公顷，损坏海堤护岸 7.64 公里。

2.2　桂林会仙湿地区

在该区域，以睦洞湖、冯家湖以及分水塘一带形成的会仙湿地，属古桂柳运河的中段，地处于全球三大岩溶集中分布区之一的东亚岩溶区域西南喀斯特中心峰林平原地区，是全球岩溶天然湿地的典型代表。会仙湿地是“桂林之肾”。

据史料记载，在宋朝以前，会仙湿地区域范围渺无人烟，沼泽地范围广阔，水草丰茂，林木参差，湿地面积约 65 平方公里。到了 20 世纪 50 年代，湿地面积尚有约 25 平方公里。新中国成立 60 多年来，随着湿地周边人口的急剧增加，人类活动的不断加剧，人们逐渐对湿地进行蚕食围垦、开荒造田、围湖造塘、挤占河道，加上缺乏有效的管理和保护，湿地面积在不断萎缩，湿地生态系统遭到了严重的破坏。

根据 1977 年、2008 年的航空照片分析研究结果，1977~2008 年期间，会仙湿地睦洞湖、冯家湖以及分水塘一带湿地集中区域，自然湿地面积呈减少趋势，取而代之的是库塘、水产养殖场、水稻田等人工湿地，湿地总面积从 9 平方公里减少到 7 平方公里，2 平方公里的自然湿地完全消失。

另外，10 年前，会仙湿地河道畅通，河水清澈，而目前凤眼莲和福寿螺等外来物种已入侵成灾。凤眼莲繁殖力非常强，不仅阻碍了其他水生植物的生长，而且阻塞了河道，影响了船只的通行，引起水质恶化，破坏了生态环境。福寿螺极易破坏当地的湿地生态系统和农业生态系统，因其食量极大，可啃食粗糙的植物，还能刮食藻类，其排泄物污染水体，此外，威胁到会仙本土的水生贝类、水生植物，同时福寿螺也是卷棘口吸虫 *Echinostoma revdutum*、广州管圆线虫 *Angiostrongylus cantonensis* 的中间宿主。目前对外来入侵物种的根除非常困难，湿地生态系统遭到了严重的破坏。

2.3　漓江及青狮潭水库区

该区域以喀斯特地貌为主，湿地景观独特、丰富。青狮潭水库是一个以灌溉为主，结合供水、发电、防洪、航运、养鱼、旅游等综合利用的大型水库，总库容 6 亿立方米，是桂北最大的水库，是桂林市沿江人民生产、生活的主要水资源，也是漓江补水的重要水源之一。

根据 1961 年 1:50000 地形图提取的信息分析，从 20 世纪 60 年代至 2011 年的 50 年以来，区域的湿地总面积呈扩大趋势，由 4300 公顷扩大为 7800 公顷，增加了 3500 公顷，主要是人工湿地（主要为青狮潭水库）面积的增加。其中自然湿地面积由 4000 公顷变为 4700 公顷，增加了 700 公顷；人工湿地面积则由 300 公顷变为 3100 公顷，扩大了 2800 公顷。

自然湿地的扩大主要是源于漓江河床的自然变化，人工湿地的变化则是由于青狮潭水库的修建及漓江两岸兴建起的小型水库引起。

2.4 南宁市城市范围及周边主要库区

该区域地处广西的首府城市，处于中国—东盟合作与建设的前沿、我国南方对外的大门、北部湾发展和西江黄金水道建设的中心，城市建设发展的速度和人口增长速度都很快，城市及周边范围的湿地也在快速变化中。

根据1960年1:50000地形图提取的信息分析，该区域湿地面积总体增加，但增加部分均为人工湿地，自然湿地的面积却在减少。从1960~2011年期间，南宁市城区及周边范围内，自然湿地由7900公顷减少到6200公顷，减少了1700公顷；人工湿地则由800公顷增加为21300公顷，增加了20500公顷，人工湿地增加率高达25.62倍。

由于城市的快速发展，城区范围内只幸存一些作为城市排水系统功能的自然湿地，如南湖公园、相思湖湿地公园、心圩江湿地公园、竹排冲等(图5-2)。而城市周边受城市发展的牵动，使南宁周边的人工湿地(主要是水库，如大王滩、西津、凤亭河水库等)面积在不断扩大，主要作为城市及周边居民日常生活及工农业生产的水源地或备用水源地，湿地保护压力加大。

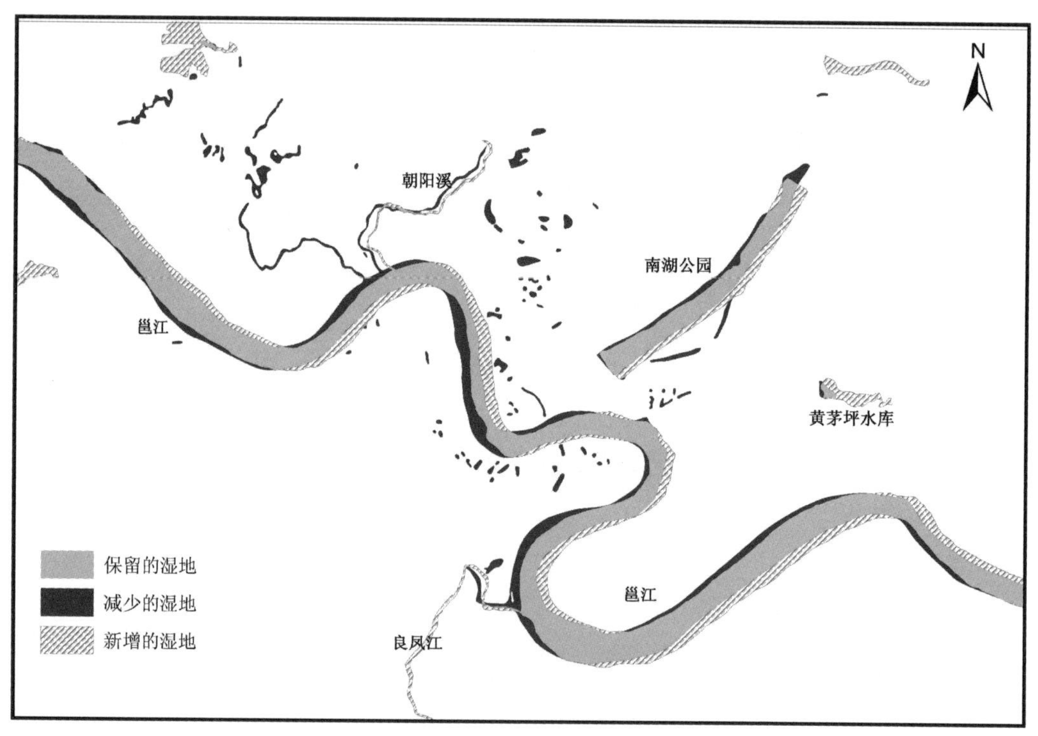

图5-2 南宁市城区湿地变化图

2.5 浔江—西江干流区

该流域位于广西的东部，为珠江流域的中游，是西江黄金水道的主要干线，两岸为浔江平原，人口密度大，自古以来是广西的水稻主产区之一，农业生产发达，经济水平高。

根据 1960 年 1:50000 地形图提取的信息分析，区域内自然湿地以永久性河流湿地为主，人工湿地以库塘为主，从 20 世纪 60 年代至 2011 年，湿地总面积呈增长之势。自然湿地的面积由 1800 公顷扩大为 3000 公顷，增加了 1200 公顷；人工湿地由 2.26 万公顷扩大为 2.30 万公顷，增加了 400 公顷。

自然湿地面积的扩大主要是由于区域内的长洲水利枢纽建成并投入使用，使得部分河段的水位上升，水面面积扩大。人工湿地面积的增加主要是由水库的兴建引起。

2.6 龙滩水库库区

该区域与贵州省相邻，属云贵高原的斜坡地带，以喀斯特地貌为主，山高谷深，水能资源丰富。龙滩水库是南盘江红水河水电基地 10 级开发方案的第四级，是红水河开发的控制性水库。

根据 1962 年 1:50000 地形图提取的信息分析，区域内由于龙滩水库的兴建，人工湿地面积陡然扩大，致使自然湿地面积减少。龙滩水库建成之前，该区域的湿地类型均为自然湿地，总面积为 5700 公顷；龙滩水库建成后，自然湿地面积变为 3800 公顷，减少了 1900 公顷，人工湿地则从无到面积为 1.08 万公顷之多。

对于湿地资源稀少的山区，龙滩大型水库的建设明显增加了湿地的面积，但给一些自然湿地特别是下游的河流湿地造成减少的影响，甚至导致一些河流断流和干涸，对湿地生态系统造成破坏。

2.7 百色水利枢纽及澄碧河水库区域

该区域位于广西西部，右江的上游，包括了百色市城区。区域内分布有百色水利枢纽和澄碧河两座大型水库。

根据 1961 年的 1:50000 地形图提取的信息分析，从 20 世纪 60 年代至 2011 年，区域内的自然湿地面积由 1800 公顷缩减为 1100 公顷，减少了 700 公顷；与此对比的是，人工湿地则由 3300 公顷扩大为 1.18 万公顷，增加了 8500 公顷。这个区域也是广西由于水利工程建设引起湿地面积扩大的典型区域之一，湿地的显著增加亦源于人工湿地的扩大。但水库的建设也会引起河流等自然湿地的面积减少，其中造成从永乐村至濑浩村之间长 6.8 公里的河流湿地消失(图 5-3)，其负面影响也是很明显的。

2.8 典型区域湿地总体动态

上述 7 个主要区域的湿地动态整体呈现出自然湿地的减少和人工湿地的增加，这与全区湿地资源的动态变化是一致的。就全区而言，近海与海岸湿地、河流等自然湿地的降低已出现了湿地生物种群数量降低或消失、生物链断裂、湿地生态系统结构被破坏、质量下降等重大生态问题，严重影响到渔业、航运、旅游业等的发展，并且会引发灾害天气，如台风、旱涝等，对社会带来巨大损失，不利于广西经济社会的持续发展。

虽然近半个世纪以来，广西人工湿地出现较大的增加，但是目前其生态功能相对单一，基本是水源储备等。由于形成时间短，人工湿地在物种丰富度、生态系统完整性、综合的生态、社会和经济效益方面还无法达到自然湿地自我调节和稳定健康的发展，就湿地整体生态功能和社会经

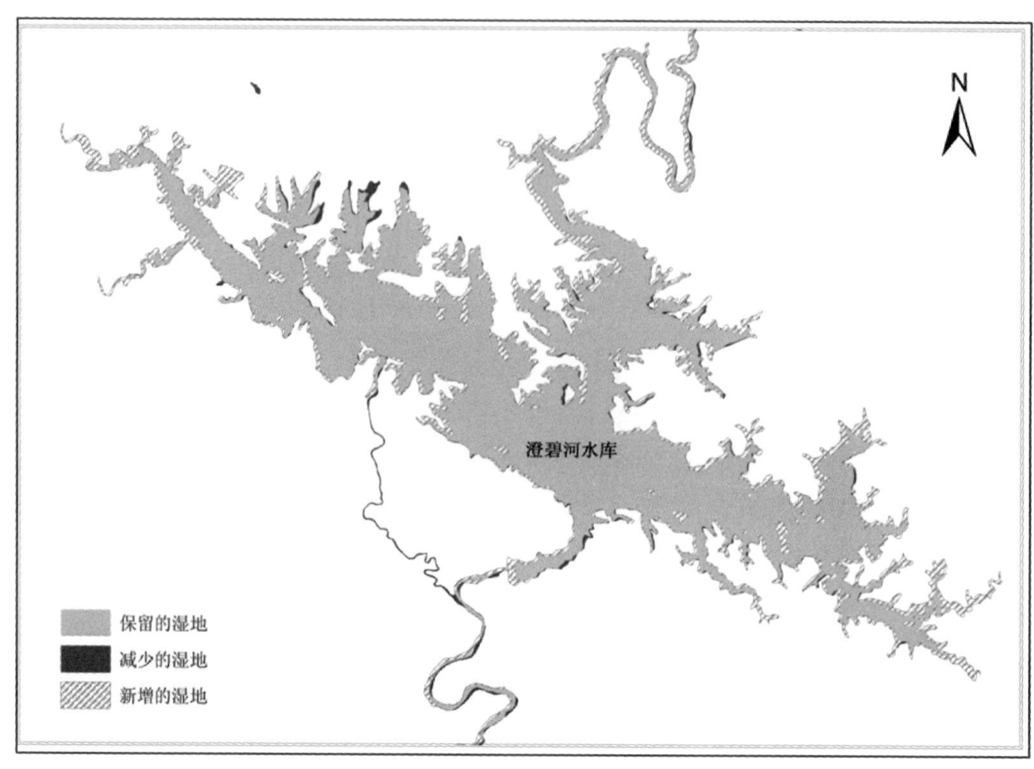

图 **5-3** 澄碧河水库库区湿地变化图

济作用方面是无法替代自然湿地的。

3 几类湿地资源动态

3.1 红树林资源动态

根据《红树林遥感信息提取与空间演变机理研究》(李春干，2013)，1960~2010 年期间广西红树林面积总共减少 2009 公顷，平均每年减少 40 公顷。

根据不同时期的变化进行分析结果表明，广西的红树林面积呈持续减少后略为增加的趋势，1960 年(部分数据采取 1976 年资料补充)、1990s 年*、2001 年、2007 年和 2010 年的红树林面积分别为 9063 公顷、7430 公顷、7015 公顷、6743 公顷和 7054 公顷，总体上减少了 22.16%，年均减少率为 0.53%。1960~1990s 年、1990~2001 年、2001~2007 年 3 个时期红树林面积减少的平均速率基本接近，分别为 -0.74%、-0.52%、-0.66%，2007~2010 年红树林面积年均增加率为 1.50%。

研究结果也表明，1960~2010 年，红树林斑块数由 1020 个增加到 1712 个，红树林斑块数量呈增加趋势。红树林斑块面积变化有两个特征。

---

* 由于 1990 年的数据没有，1989 年的图像数据不全，以 1991 年和 1995 年的数据作补充。为便于动态分析，采用各年度红树林面积加权平均计算得到的平均年度为 1989.6 年，故 1989~1995 年的数据可视为 1990 年的数据，用“1990s 年”表示。

(1)斑块平均面积呈大幅度减少的趋势：2010年斑块平均面积为4.1公顷，不足1960年(8.9公顷)的一半，50年间斑块平均面积减少了55.1%。

(2)大面积斑块的数量明显减少：1960年有7个斑块的面积大于200公顷，而2010年仅有1个斑块达到这个面积。1960年、1990s年、2001年、2007年和2010年5个年度面积大于50公顷的红树林斑块数量分别为37个、30个、25个、22个和26个(表5-12、表5-13)。

表5-12 广西不同时期红树林面积和斑块数量变化情况表

因　子	1960年	1990s年	2001年	2007年	2010年
面积(公顷)	9063	7430	7015	6743	7054
斑块数量(个)	1020	829	1094	1718	1712

表5-13 广西不同时期红树林斑块面积特征表(公顷)

年　度	斑块平均面积	最大斑块面积	面积大于或等于下列数值的斑块个数							
			200	100	50	20	10	5	2	1
1960	8.9	392	7	13	37	93	161	286	467	649
1990s	9.0	245	2	13	30	83	149	252	433	579
2001	6.4	193	—	8	25	69	150	266	492	697
2007	3.9	206	1	5	22	74	142	243	493	752
2010	4.1	210	1	6	26	75	148	255	491	735

3.2 野生稻资源动态

3.2.1 资源动态

广西野生稻资源丰富，但由于各种原因，其分布面积和居群数量都在呈减少的趋势。调查和监测结果显示，广西野生稻分布点已由20世纪80年代初期的1313个锐减至目前的296个(不含另外发现新分布点29个)，减少了77.5%，不少分布点的居群数量减少一半以上；1981年至今，已有19个县(区、市)105个乡镇300个村的原野生稻分布点野生稻种群灭绝，不复存在。专家调查得出的结论是：广西野生稻野外处境处于极危级别，保护野生稻种质资源十分紧迫。

3.2.2 原因分析

导致野生稻资源锐减的原因主要有以下方面。

(1)项目建设用地侵占野生稻栖息地：例如，桂平市木乐镇经济开发区、百色市右江区利元商业街、百色市田阳县百育镇示范园区等，都是侵占野生稻栖息地进行建设；贵港市港南区原有一片全国连片分布面积最大的野生稻栖息地，共计419.4亩，已全部被占用建设经济开发区。

(2)环境污染：部分野生稻栖息地由于受到工业废水污染导致野生稻死亡而消失。例如，合浦县公馆镇有一处小河沟由于长期受到工业废水严重污染，生长于小河沟中分布长度达4公里的野生稻全部死亡。

(3)过度放牧：部分野生稻分布点由于受到附近村民放牧或家禽活动的影响，野生稻资源不断减少。例如，宾阳县甘棠镇南桥村委的九冬浪曾分布有100多亩的野生稻，但由于附近村民饲养的鸭子长期啃食和踩踏，野生稻损失严重，居群数量在不断减少。

(4)外来入侵物种：在许多分布有野生稻生长的水域，由于受到水葫芦等外来入侵物种的侵占和挤压，野生稻的栖息地在不断缩小和恶化，给野生稻的生存带来了很大的影响。例如，北流市民安镇兴上村委曾分布有一片面积2亩多的野生稻，由于受到水葫芦的侵占，野生稻全部灭绝。

3.3 水产资源动态

3.3.1 水产品产量动态

对广西1981~2010年每5年水产品产量的变化进行统计，结果表明，广西的水产品总产量经历了从逐渐增加到下降的过程。其中，1981~2005年期间呈不断增长趋势，而2001~2010年期间则不断减少。淡水和海水水产品产量、自然水域捕捞和人工养殖的淡水以及海水水产品产量、水产品等的变化趋势，与水产品总产量的变化一致，均呈现增长后下降的趋势。其中，天然海水产品产量近2006~2010年来下降幅度最大，由424.98万吨下降至305.81万吨，下降了119.17万吨，几乎占据了天然水产品减产量的全部(表5-14)。

表5-14 广西1981~2010年水产品产量变化情况(万吨)

时　期	水产品合计	天然水产品合计	养殖水产品合计	天然淡水类水产品	养殖淡水类水产品	天然海水类水产品	养殖海水类水产品
1981~1985年	79.23	55.45	23.78	1.82	23.48	53.63	0.30
1986~1990年	131.4	85.49	45.91	3.92	44.83	81.57	1.08
1991~1995年	317.42	181.05	136.37	13.05	105.98	168.00	30.39
1996~2000年	1037.61	447.49	590.12	42.80	301.63	404.69	288.49
2001~2005年	1320.95	478.28	842.67	53.30	428.56	424.98	414.11
2006~2010年	1156.13	358.95	797.18	53.14	399.10	305.81	398.08

3.3.2 原因分析

导致广西水产品产量变化有以下主要原因。

(1)捕捞和养殖技术提高：新材料、新技术的应用，捕捞工具的更新进步，提高了渔业生产效率，加上渔船、渔具数量的不断增多，促使捕捞总产量迅速增长。凭借优越的环境条件，养殖规模的扩大，养殖品种的逐渐增多，养殖水产品产量也在一定时期内呈快速增长趋势。渔具渔法方面包括拖网、围网、刺网、张网的使用，鱼群侦察及声、光、电捕鱼技术的应用，大吨位渔船及先进的捕捞机械的使用，人工鱼礁、网箱养殖技术的应用发展等。

(2)人工养殖面积大幅增加：1981~2013年，广西水产养殖面积从2.43万公顷增加至9.94万公顷。人工养殖塘面积的增加主要来自围湖(海)造塘，从而造成自然湿地资源的不断萎缩。同时，围湖(海)造塘会使自然水生生物丧失了栖息空间，湿地生物多样性减少，渔业生产、湿地经济植物的种植失去了发展场所，导致渔业资源量的减少。

(3)污染加剧：大量的污染物直接进入湿地，远远超出了湿地生态系统的自净能力，由此产生了严重的生态后果。工业废水和生活污水排放，以及农业面源污染导致广西许多湿地水质恶化，加速湿地水体富营养化和寄生虫的流行，使湿地生物多样性受到严重危害，渔业资源也受到了相应的影响。

(4)过度利用：主要体现在不考虑湿地资源的可持续发展，过度的掠取湿地动植物资源，包括电鱼、酷鱼、毒鱼、炸鱼等极端的资源获取方式，超负荷的生产，对渔业资源造成了严重的破坏，导致某些物种濒临灭绝或最终灭绝。这些过度利用湿地资源的做法不仅使重要的天然经济鱼类资源受到很大的破坏，而且也严重影响着湿地的生态平衡，威胁着其他水生物种的安全。近年来，广西的江河、水库及海洋经济鱼类年捕获量明显下降，有渔获的种类单一化、种群结构低龄化、个体小型化发展趋势。

(5)水利工程建设影响：建造水库、大坝以及修建防洪堤等，是人类对湿地最多最频繁的干扰活动之一，这些活动很容易改变湿地的水文结构，减弱水循环，减少氧溶量，对生物资源产生很大的干扰，包括水生动物和植物。广西近年来修建水利枢纽、水库等水利工程较频繁，一些大江大河上游及源头水源涵养区的森林遭到过度砍伐，导致水土流失加剧，河流中的泥沙含量增多，造成河床抬高、水库淤积，自然湿地面积不断缩小，不仅影响整个生态系统的丰富性、多样性和生产力，而且改变或削减了湿地相应的生态功能。

(6)政策影响：改革开放以来，我国渔业发展举世瞩目，自 1989 年起，产量已跃居世界首位。作为大农业的一个重要产业，渔业的发展对促进农村经济繁荣、丰富城乡“菜篮子”、增加农民收入做出了重要贡献。然而由于渔船数量的激增，导致捕捞能力的迅速膨胀，多年来的酷捕滥捞，使我国海洋渔业资源严重衰退。20 世纪 70 年代后期，我国的海洋渔业资源开始下降，黄海、渤海首先告急，东海紧随其后，带鱼、黄鱼、鲳鱼等传统经济鱼类数量锐减，有的已处于衰竭状态，南海渔业资源也不能尽如人意，而捕捞产量却年年增长。渔业资源的严重衰退与捕捞强度的盲目增长形成了我国海洋渔业长期面临的一个尖锐矛盾。在 1998 年年末召开的全国农业工作会议上，农业部提出 1999 年海洋捕捞计划产量实行“零增长”的目标。首先是严格控制近海和内陆水域捕捞强度。其次是继续加强和完善伏季休渔管理，抓紧制定南海区的休渔制度。第三是减少渔船数量，转产转业渔民。2000 ~ 2013 年，广西完成减船 571 艘、29990 千瓦，转产转业渔民 3141 人。

(7)外来物种入侵：外来物种经过繁殖和扩散，影响当地生态环境，破坏原有的生态系统，危害当地生物多样性。外来入侵物种对于广西湿地的危害程度正逐步加重，从内陆湿地到滨海湿地，除了较为偏僻的保护区部分区域外，或多或少都能找到入侵物种，入侵物种种类增多和对湿地生态系统危害程度正逐步加重。经调查，广西湿地入侵动物物种主要有福寿螺、克氏原螯虾、牛蛙、尼罗非鲫鱼、食蚊鱼、南美白对虾、沙筛贝等。

4　湿地资源动态评价

根据以上 7 个典型区域和主要湿地资源动态研究结果表明：不同的区域有不同的湿地动态规律，但总体上湿地总面积呈减少趋势，其中自然湿地减少与人工湿地增加的幅度均较大，与广西全区湿地资源动态和趋势是相符的，其中还表现出一些动态规律。

(1)滨海自然湿地减少趋势明显，生态问题突出：滨海湿地以围垦和围(填)海造塘(地)为主要驱动的自然湿地减少趋势明显，湿地生态系统受威胁情况尤为突出。首先，海岸线缩短和拉直，一些港湾已经被平直的岸线取代，抵御风浪能力降低；其次，防城港东湾及西湾、钦州港、合浦党江一带以及铁山港湿地消失和改变面积较大，滨海红树林消失严重以及斑块破碎化，红树林生态功能退化。同时，天然水产品种类和产量的减少趋势等产生的后果都足以提醒人类的关注，在北部湾大开发形势下滨海湿地的有效保护既是地区可持续发展的问题，也是国家生态安全问题，还是国家政治形象问题。

(2)大型水库建造对经济社会贡献巨大，但造成的生态威胁不可忽视：在桂西、桂北山区，山高坡陡，雨水相对偏少，库塘湿地与河流湿地相互作用，因此水库的建造对内陆湿地的影响非常明显，一方面人工湿地(库塘)大幅度增加，另一方面自然湿地减少，特别是河流断流、干涸，水气循环改变等，这一动态变化对自然生态的负面影响和对经济社会的正面贡献都极其明显。

(3)城市自然湿地稀少，难以满足城市居民对湿地多种功能的需求：城市发展造成自然湿地减少是事实，人类对湿地利用的认识由纯粹的饮用水上升为游憩、观赏、文化与教育等更高的精神需求，由此掀起城市水城化建设的浪潮。但湿地扩大的成本巨大，而且增加的人工湿地生态功能远远低于自然湿地，仍难以满足人类对湿地的更高追求，这就提醒我们在城市发展过程中应该注重保护自然湿地。

(4)城市周边受城市发展的影响深刻，湿地保护压力加大：城市周边受城市发展的牵动，湿地保护压力大，因此从大区域湿地保护考虑、实施保护的大策略尤其重要。就本次对南宁周边区域的湿地动态研究看，周边湿地(主要是水库)在扩大，但以扩大人工湿地来满足城市发展的需求仍是被动之举，城市周边与自然湿地生态系统相关的自然资源的保护应当纳入城市发展乃至区域经济社会发展规划和决策。

(5)喀斯特湿地生态功能独特，保护形势严峻：喀斯特湿地是广西湿地的特色资源，但喀斯特区域植被缺乏、环境干燥、地表保水能力差，湿地保护和恢复任务非常艰巨。从桂林会仙喀斯特湖泊湿地的动态看，由于运河开挖、耕地开垦等原因，湿地面积由早期的65平方公里，缩小到目前的7平方公里，生态功能显著退化，生态问题突出。因此，对于独特的、脆弱的喀斯特生态系统，如何保住宝贵的水资源、维持脆弱的生态环境，有效保护喀斯特湿地，桂林会仙喀斯特湖泊湿地的动态就是一个警示。

第六章 湿地保护与管理

第一节 湿地保护管理现状

1 湿地保护管理体系

1.1 相关法律法规

近年来，广西在已有相关湿地保护管理法规的基础上，先后出台和实施了若干与湿地资源保护相关的法规和政策，如:《广西壮族自治区海洋水产资源繁殖保护实施细则暂行规定》(1980年)、《广西壮族自治区淡水水产资源繁殖保护暂行规定》(1983年)、《广西壮族自治区农田水利管理试行办法》(1982年)、《广西壮族自治区渔业管理实施办法》(1989年)、《广西壮族自治区水生野生动物保护管理规定》(1994年)、《广西壮族自治区河道管理规定》(2000年)、《广西壮族自治区水功能区管理办法》(2004年)、《广西壮族自治区环境保护条例》(2005年)、《南宁市水资源管理条例》(1995年)、《百色市澄碧河水库渔业管理实施办法》(1996年)、《北海市水资源管理办法》(2006年)等。此外，2009年开始针对《广西壮族自治区湿地保护条例》开展立法调研。

另外，针对山口红树林和北仑河口两个重要的湿地类型自然保护区，1994年出台了《广西壮族自治区山口红树林生态自然保护区管理办法》和《广西壮族自治区北仑河口海洋自然保护区管理办法》。

1.2 管理机构

1.2.1 行政管理

1986年林业行政主管部门组建了广西野生动植物保护和自然保护区管理站，开始主要负责野生动植物保护和自然保护区管理工作，2008年开始把湿地的管理和保护工作作为其重要职能之一。农业部门组建了广西农业环境保护站。2002年年底，在国家海洋局、南海分局和自治区人民政府的支持下，同意共建中国海监广西壮族自治区总队，并将驻北海的中国海监第九支队作为广西壮族自治区总队直属支队。2003年2月，“中国海监广西壮族自治区总队”正式挂牌，现有人员共28名。广西壮族自治区渔政执法始于20世纪70年代末80年代初，各级渔政机构承担着渔业资源保护管理的职责，经过近30年的发展，已基本形成了覆盖自治区、市、县的三级渔政执法管理网络，全区现有县级以上渔政执法机构107个、编制870名。

1.2.2 业务管理

目前，广西壮族自治区共有12处湿地类型的自然保护区，其中3处国家级、4处自治区级和1处市级自然保护区有专门的管理机构，4处自然保护区还没有专门的管理机构，由所在地林业局或农业局代管。现有的1处国家级湿地公园有专门的管理机构，落实了人员编制。此外，共建立起596个水库管理所，涉及大、中、小型水库，部分水库管理所同时管几个大、中、小型水库。

1.2.3 科技服务

在科研和监测方面，有广西科学院、广西大学、广西师范大学、广西海洋研究院、广西红树林研究中心、广西壮族自治区海洋监测预报中心、广西水文水资源局、广西水环境监测中心、广西水资源管理服务中心、广西林业勘测设计院、广西水利电力勘测设计研究院、广西水利科学研究院、广西环境监测中心站及广西北海海洋环境监测中心站等多家单位组成的相关科研、监测队伍。

此外，各部门建立了各自的监测站，对湿地进行长期监测，这些监测包括：水利部门建有各类水文测站4200处，其中水文站305个，雨量站3345个、水质监测站260个；环保部门在14个地级市均设有二级环境监测站，已建89个县级环境监测站、37个水质自动监测站；海洋部门建立海水水质监测站位111个，海洋生物多样性站位59个，海洋沉积物站位21个。

1.3 管理体制

湿地是多功能的国土自然资源，按其自然属性和生产功能不同，分属不同管理部门管理。从政府管理职能划分上，林业部门对湿地管理是“组织、协调、监督、指导”，负责协调农业、水利、环境保护、住房和城乡建设、交通运输、海洋、水产畜牧等部门管理湿地。根据全国第二次湿地资源调查，从广西的调查结果统计，按管理部门管辖湿地范围面积占比是：水利部门53.16%，海洋部门29.74%，林业部门8.50%，水产畜牧部门5.47%，环境保护部门3.12%，农业部门0.01%。水利部门管辖的湿地最多，占全区的一半以上；其次为海洋部门，占全区的不足三分之一。

从湿地管理部门的管理职能上，各职能部门依据管理职能和功能需要，制定了本部门的管理规章和发展规划，但对湿地生态保护和科学利用上仍不能有效协调，有的为了经济功能甚至对湿地产生危害。如滨海湿地的占用、滨海养殖场的过载养殖和排污甚至对红树林的生存产生了威胁。

2 保护形式

(1)重要湿地：广西共有国际重要湿地2处，国家重要湿地3处。其中，广西山口红树林国家级自然保护区、广西北仑河口海洋国家级自然保护区先后于2002年和2008年分别被确认列入国际重要湿地名录；2011年开展山口红树林区湿地、北仑河口湿地、澄碧河水库湿地调查评估，申请列入中国重要湿地。

(2)湿地自然保护区：目前，广西已建立各级湿地自然保护区 12 处，包括山口红树林、北仑河口、合浦儒艮等 3 处国家级自然保护区，茅尾海红树林、红水河来宾段珍稀鱼类、涠洲岛、左江佛耳丽蚌、泗涧山大鲵、凌云洞穴鱼类等 6 处自治区级自然保护区，和澄碧河、那兰鹭鸟、防城万鹤山鸟类等 3 处市(县)级自然保护区，保护总面积为 6.38 万公顷。

(3)湿地公园：2011 年批准建立北海滨海国家湿地公园，面积为 2022 公顷。

(4)其他保护形式：除了重要湿地、湿地自然保护区和湿地公园等保护形式之外，广西还采取了保护小区、国家海洋公园等保护形式。截至目前，广西已经建立湿地野生稻保护小区 10 个，茅尾海国家海洋公园 1 处，保护面积约 4000 公顷。

(5)湿地保护率：目前，在广西 75.43 万公顷湿地面积中，受各种形式保护的湿地面积为 9.99 万公顷，占湿地总面积的 13.24%，其中自然湿地受保护面积 7.21 万公顷，自然湿地保护率 13.44%，人工湿地受保护面积 2.78 万公顷。未受保护的湿地 65.44 万公顷，占湿地总面积的 86.76%。

3 湿地监测与数字化管理

3.1 湿地监测建设

广西已经形成以湿地类型自然保护区、重要湿地、湿地公园、自然保护小区为依托的湿地监测体系，在重要湿地和广西重要调查湿地开展定期监测，各自然保护区和湿地公园根据自身的能力或监测需要，各自组建监测队伍，制定监测制度，不断完善监测设施设备。

3.2 湿地信息化管理平台建设

根据第二次广西湿地资源调查，建立了广西湿地资源数据库，包括面积大于 8 公顷或平均宽度大于 10 米、长度大于 15 公里的河流等湿地的类型、面积、资源分布特点以及 75 个重点调查湿地的水文、水质、受威胁状况、保护管理现状等数据信息。

广西在建立湿地资源数据库的同时，及时筹备湿地信息化管理平台的建设。目前已经完成信息化管理平台的二期建设工作，可以满足管理者对湿地分布、相关信息的查询，为长期动态监测奠定了基础。

第二节 湿地保护管理建议

面对当前湿地保护管理存在的问题，广西湿地保护要牢固树立保护生态环境就是保护生产力、改善生态环境就是发展生产力的理念，把湿地保护工作列入政府重要议事日程，从法规制度、科学规划、政策措施、资金投入、管理体系等方面采取有力措施，严格保护自然湿地，科学修复退化湿地，积极推进合理利用，全面加强能力建设，努力提升湿地保护的治理能力和水平。

1 管理体系建设

1.1 法律法规建设

完善的法律法规体系是有效保护湿地和实现湿地资源可持续利用的基础。一是依法依规严格保护湿地。争取尽快出台《广西壮族自治区湿地保护条例》，对湿地资源进行严格管理，严格执法，依法对破坏湿地的违法行为进行处罚。二是按照生态文明制度建设的总体要求，有计划地、逐步地建立包括自然湿地保护制度、退化湿地恢复制度、湿地生态效应补偿制度、湿地生态系统评价制度、湿地生态系统功能动态监测和预警制度等一系列重要制度，使湿地保护形成较为完整的制度框架。三是建立湿地利用规划、湿地开发许可、湿地环境影响评价等制度，解决湿地生态效益补偿、湿地生态补水等政策和湿地征占用管理等制度。四是修订与湿地有关的地方法规，按照"一区一法"的要求，针对广西湿地分布特点与不同湿地类型，加强对各湿地保护区制定条例的协调指导和推进工作，建立完备的湿地保护法规体系。五是加强和提高执法力度，严格执法，健全问责机制，确保湿地保护措施落到实处。

1.2 协调管理机制建设

目前，各相关部门均未形成自治区、市、县、乡各级保护管理体系，基层保护管理机构严重不足，机构能力也远远不能满足湿地保护的客观需要。一些部门甚至尚未建立保护管理机构，致使部分湿地资源处于无人监管状态。

基于目前的机构能力状况，建议各级各部门相互支持与密切配合，着力消除制约湿地保护管理的体制机制障碍，逐步建立自上而下的"三级管护"湿地保护管理体系，形成以政府为主导，统一指挥，分工明确，协调配合，监督有力，运行高效，具有较强的适应性和可操作性的湿地保护管理体制。一是自治区层面建立自治区人民政府湿地保护工作联席会议制度，作为湿地保护的协调和决策机构。二是全面梳理和清晰界定各有关部门的湿地保护相关职责，确保边界清晰、权责统一，不重叠、不交叉。三是建立跨区域跨流域湿地保护合作机制，对于一些跨区域、跨流域的湿地，或是不同的湿地在生态上有相似特征和受威胁的共性，制定相应的区域或流域性的湿地保护、恢复措施，建立跨区域或跨流域的湿地保护协调和合作机制，通过区域或流域之间各部门之间的相互协调和合作，实现统一管理和保护。

2 政策措施建议

2.1 建立稳定增长的湿地保护投入机制

(1)加大财政投入力度：湿地保护是公益性事业，各级政府在湿地建设中应起着主导作用，各级地方政府要把湿地保护资金列入地方财政预算。同时，各级政府设立"湿地保护发展专项基金"，整合林业、国土、海洋、水利、农业、水产、畜牧、环保、扶贫、城建、科技等用于湿地保护和治理的专项资金，提高资金使用效益。

(2)建立湿地生态补偿制度：探索多样化的补偿方式，逐步构建政府补偿与市场化补偿相结合的补偿体系。完善和提高财政补助的标准，加快构建湿地资源受益地政府对产出地政府的生态补偿横向转移资金，理顺区、市、县三级补偿机制，加大受益地的财政支出力度，减轻湿地保护地地方财政负担，确保湿地生态补偿足额到位。对重要湿地保护区域探索以奖代补、以租代补、以征代补等多种模式；市场化补偿方面，积极探索湿地资源使(取)用权交易等市场化的补偿模式，引导鼓励湿地保护者和受益者之间通过自愿协商实现合理的生态补偿。积极开展生态效益补偿、退耕还湿和湿地保护奖励试点，参照生态公益林的补偿方法，研究制定切实可行的补偿标准，对湿地的权利人进行补偿。参照国家森林植被恢复费征收办法，针对湿地开发项目征收湿地占用费，用于湿地资源保护和恢复。

(3)拓宽湿地保护融资渠道：多方筹措资金，争取国际合作项目，吸引社会力量参与湿地保护建设。在有利于保护、不破坏资源与环境的前提下，适当开发以保护湿地生态系统、合理利用湿地资源、开展湿地宣传教育和科学研究、开展生态旅游等活动，多渠道筹集资金。

2.2　建立湿地保护规划体系

完善湿地保护空间规划，编制全区湿地资源保护和开发的总体规划和各保护区的详细规划，实行湿地分级分类分区管控，严格保护湿地资源。确定广西重要湿地，对符合国家重要湿地标准的湿地，积极争取列入国家重要湿地名录。制定好重点湿地保护工程项目计划，争取列入国家湿地保护计划。

2.3　大力实施湿地恢复工程

要着眼湿地生态系统功能的提升，实施湿地生态修复工程。对那些功能退化的滨海、河流、湖泊湿地等，通过采取植被恢复、鸟类栖息地恢复、生态补水、污染防治等系列手段，进行综合治理，恢复和提升湿地生态系统的整体功能。要在重点生态功能区、饮用水源地、鸟类迁飞路线等区域，规划实施一批新的湿地恢复工程，退耕退塘还湿，扩大湿地面积，修复湿地生态功能。要把湿地作为新型城镇化的重要基础设施，巩固并扩大城市湿地率。在工程建设中，要注意保护湿地原生状态，防止湿地人工化。

2.4　加强湿地资源调查监测体系建设

建立由自治区湿地资源监测中心和重点湿地监测点组成的两级湿地监测体系。自治区湿地监测中心主要负责全区湿地资源调查与监测组织、信息库建立、定期向国家呈报调查与监测信息、发布信息等工作任务。重点湿地监测点主要负责全区重点湿地自然环境、生物多样性、湿地开发利用情况等信息的收集与监测工作。同时，积极整合林业、海洋、环保、水产、畜牧、农业等有关部门的资金、技术、设备和管理资源，建立综合的湿地资源动态监测体系，实现数据共享，提高湿地监测效率。

2.5　强化湿地保护科技支撑

强化现有科研机构的能力，整合现有的科技力量，建立跨学科、跨部门的联合攻关机制，逐步建立健全湿地保护的科技支撑体系。加强湿地资源保护与合理利用基础和应用技术的科学研究，进行重点攻关，包括保护技术、湿地恢复重建模型、持续利用技术及管理技术研究、湿地效益评价指标体系和湿地与水旱灾害关系等的研究。创造条件积极促进科研成果的转化，有重点选择一些有典型性的退化湿地和可重建湿地，开展恢复和重建示范研究，为湿地保护、修复和合理利用提供科技支撑。加强湿地保护技术推广，抓好人才培养和人员培训，培养一批高素质湿地保护和科研人才，提高湿地保护管理科技支撑能力。

2.6 营造全社会参与湿地保护的良好氛围

加强湿地保护宣传教育，多形式、多方位、多层面宣传湿地的功能、作用和地位，宣传湿地保护知识、政策和法律法规，增强社会公众湿地保护意识，引导人们科学认识湿地、文明对待湿地。健全公众参与机制，建立发动社会力量参与湿地保护的激励机制，鼓励公众举报湿地违法行为，营造全社会关心、支持、参与湿地保护的良好氛围。

2.7 建立科学的湿地保护绩效考评机制

推动建立湿地保护绩效考核机制，切实把湿地保护纳入地方各级政府的重要议事日程，纳入地方各级政府领导干部的政绩考核范围，把湿地保护纳入各地经济社会发展评价体系，建立湿地保护目标体系、考核办法、奖惩机制。建立湿地保护信息平台，公开评估考核结果和湿地保护情况，接受社会监督。强化湿地保护责任追究机制，对因决策失误、未正确履行职责、监管不到位等行为造成湿地环境受到破坏的责任人员，加大问责力度，保障绩效考核落到实处。

3 资源利用管理建议

3.1 加强保护自然湿地资源，严格控制人工湿地的开发

调查结果显示，广西人工湿地面积达21.77万公顷，占全区湿地总面积的28.86%，其中库塘湿地和水产养殖场湿地面积分别为17.35万公顷和3.95万公顷，远远超过湖泊湿地面积0.63万公顷。这与无节制的水利工程建设和水产养殖业的不合理开发密不可分，尤其是沿海的虾池、鱼塘，已经大大超过的自然环境的承载量，污染物的排放也严重超出其生态系统的自净能力。因此，必须采取必要的措施，严格控制人工湿地的开发，对养殖场同时控制养殖密度，从而保证湿地功能得到有效恢复。

3.2 科学保护特色湿地资源，促进湿地资源的合理利用

喀斯特湿地是中国重要的、广西特色的湿地类型，在广西分布面积大，但由于喀斯特湿地特殊的漏斗结构，以及长期以来对湿地以及其生态服务功能和价值的认识不足，在对湿地资源的不合理开发利用下，使得这些湿地资源从类型、面积、结构和功能都发生了巨大的改变。我们要以建立桂林会仙喀斯特国家湿地公园为起点和契机，加快喀斯特类型湿地公园建设，在主要的典型区域如靖西龙潭、都安澄江、大新黑水河、凌云浩坤湖等建立湿地公园，开展湿地生态旅游，展示湿地自然景观和独特的生物多样性、湿地文化，发挥湿地公园湿地休闲、湿地科普教育等方面的作用，为喀斯特湿地的科学保护和合理利用提供示范，有效地保护和恢复广西这类珍贵的湿地

资源。

滨海湿地是广西的又一类珍贵湿地资源，其中以红树林湿地为核心，建立了山口红树林国家级自然保护区、北仑河口国家级自然保护区和茅尾海自治区级自然保护区，其中山口红树林和北仑河口湿地分别加入国际重要湿地，多形式强化和协调保护、管理和利用。但是，对于非保护区内的红树林资源，存在较大的破坏威胁，生态功能在持续的减退。各级政府应引起足够重视，通过科学发展生态旅游、林下养殖等，带动当地居民脱贫致富的同时，有效保护和恢复红树林资源。

3.3 因地制宜，科学实施退养还湿、退耕还湖工程

制定科学的湿地土地资源利用政策，综合评估生态安全、防洪抗旱、经济可持续发展等多方面客观需求等，坚决杜绝随意侵占湿地和扭转湿地属性的行为发生，严格禁止围垦、采挖、堤岸工程、景点建设、餐饮宾馆建设侵占湿地。对已经大面积围垦的沿海、江河、湖泊等湿地，特别是对会仙湿地、漓江湿地、沿海红树林湿地等重要湿地区实施退田还湖、退耕还湿工程。

3.4 加强湿地价值的科学评估，开展湿地资源的可持续利用

发展迅速的内陆、沿海水产养殖业为社会提供了丰富的水产品，水能资源开发保障电力供给，为社会经济的发展做出了积极的贡献。但规模超过水环境生态承载力的养殖业发展和水电利用，加剧了水体的恶化、导致水体富营养化的负面效应、水生态系统的破坏及其功能下降等问题已经突出。建议科学评估单个水体的生态承载力，控制围网养殖的规模或者采用科学的技术控制高密度围网养殖产生的污染，确保河流生态系统安全及水生生物正常繁衍，促进湿地资源的可持续利用。

附录1 广西湿地调查区域植物名录

序号	科	属	种	
			中文名	拉丁名
一、苔藓植物				
1	角苔科	角苔属	角苔	*Anthoceros punctatus*
2			东亚大角苔	*Megaceros flagellaris*
3	短角苔科	短角苔属	短角苔	*Notothylas orbicularis*
4	溪苔科	溪苔属	溪苔	*Pellia epiphylla*
5	护蒴苔科	护蒴苔属	沼生护蒴苔	*Calypogeia sphagnicola*
6	叶苔科	叶苔属	黑绿叶苔	*Jungermannia atrobrunnea*
7			深绿叶苔	*Jungermannia atrovirens*
8			直立叶苔	*Jungermannia erectum*
9			延叶叶苔	*Jungermannia fauriana*
10			湿生叶苔	*Jungermannia ohbae*
11	合叶苔科	合叶苔属	舌叶合叶苔斯氏亚种	*Scapania ligulata* subsp. *stephanii*
12	齿萼苔科	裂萼苔属	裂萼苔	*Chiloscyphus polyanthus*
13	羽苔科	羽苔属	尖齿羽苔	*Plagiochila pseudorenitens*
14	绿片苔科	绿片苔属	绿片苔	*Aneura pinguis*
15		片叶苔属	片叶苔	*Riccardia multifida*
16	苞叶苔科	苞叶苔属	苞叶苔	*Calycularia crispula*
17	地钱科	毛地钱属	毛地钱	*Dumortiera hirsuta*
18		地钱属	东亚地钱	*Marchantia emarginata* subsp. *tosana*
19			遛鳞地钱粗鳞变种	*Marchantia papillata* subsp. *grossibarba*
20			地钱	*Marchantia polymorpha*
21			拳卷地钱	*Marchantia subintegra*
22	钱苔科	钱苔属	叉钱苔	*Riccia fluitans*
23			稀枝钱苔	*Riccia huebeneriana*
24		浮苔属	浮苔	*Ricciocarpus natans*

（续）

序号	科	属	种	
			中文名	拉丁名
25	泥炭藓科	泥炭藓属	长叶泥炭藓	*Sphagnum falcatulum*
26			暖地泥炭藓拟柔叶亚种	*Sphagnum junghuhnianum* subsp. *pseudomolle*
27			舌叶泥炭藓	*Sphagnum obtusum*
28			卵叶泥炭藓	*Sphagnum ovatum*
29	凤尾藓科	凤尾藓属	裸萼凤尾藓	*Fissidens gymnogynus*
30			爪哇凤尾藓	*Fissidens javanicus*
31			羽叶凤尾藓	*Fissidens plagiochloides*
32			尖叶凤尾藓	*Fissidens taxifolius*
33	丛藓科	净口藓属	净口藓	*Gymnostomum calcareum*
34			钩喙净口藓	*Gymnostomum recurvirostre*
35		毛口藓属	皱叶毛口藓	*Trichostomum crispulum*
36		湿地藓属	卷叶湿地藓	*Hyophila involuta*
37			匙叶湿地藓	*Hyophila spathulata*
38		扭口藓属	灰土扭口藓	*Barbula tenii*
39		石灰藓属	南亚石灰藓	*Hydrogonium consanguineum*
40			狄氏石灰藓	*Hydrogonium dixonianum*
41			疣叶石灰藓	*Hydrogonium gangeticum*
42			细叶石灰藓	*Hydrogonium gracilentum*
43			爪哇石灰藓	*Hydrogonium javanicum*
44			大叶石灰藓	*Hydrogonium majusculum*
45			暗色石灰藓	*Hydrogonium sordidum*
46			钝叶石灰藓	*Hydrogonium williamsii*
47	葫芦藓科	葫芦藓属	葫芦藓	*Funaria hygrometrica*
48	真藓科	真藓属	韩氏真藓	*Bryum blandum* subsp. *handelii*
49			卵蒴真藓	*Bryum blindii*
50			圆叶真藓	*Bryum cyclophyllum*
51			黄色真藓	*Bryum pallescens*
52			四川真藓	*Bryum cellulare*
53	提灯藓科	匐灯藓属	全缘匐灯藓	*Plagiomnium integrum*
54			侧枝匐灯藓	*Plagiomnium plagiomnium*
55			大叶匐灯藓	*Plagiomnium succulentum*
56	珠藓科	泽藓属	毛尖泽藓	*Philonotis capiformis*
57			偏叶泽藓	*Philonotis falcata*

（续）

序号	科	属	种	
			中文名	拉丁名
58	珠藓科	泽藓属	毛叶泽藓	*Philonotis lancifolia*
59			柔叶泽藓	*Philonotis mollis*
60			细叶泽藓	*Philonotis thwaitesii*
61			东亚泽藓	*Philonotis turneriana*
62	羽藓科	羽藓属	灰羽藓	*Thuidium pristocalyx*
63	柳叶藓科	牛角藓属	长叶牛角藓偏叶变种	*Cratoneuron commutatum* var. *falcatum*
64			牛角藓	*Cratoneuron filicinum*
65		镰刀藓属	镰刀藓直叶变种	*Drepanocladus aduncus* var. *kneiffii*
66			钩枝镰刀藓	*Drepanocladus uncinatus*
67		大湿原藓属	大湿原藓	*Calliergonella cuspidata*
68		水灰藓属	扭叶水灰藓	*Hygrohypnum eugyrium*
69		蝎尾藓属	蝎尾藓	*Scorpidium scorpioides*
70	青藓科	长喙藓属	斜枝长喙藓	*Rhynchostegium inclinatum*
71			卵叶长喙藓	*Rhynchostegium ovalifolium*
72			水生长喙藓	*Rhynchostegium riparioides*
73	金发藓科	小金发藓属	小金发藓	*Pogonatum aloides*
74		金发藓属	金发藓	*Polytrichum commune*
二、维管束植物				
（一）蕨类植物				
1	石松科	垂穗石松属	垂穗石松	*Palhinhaea cernua*
2	水韭科	水韭属	中华水韭	*Isoetes sinensis*
3	木贼科	木贼属	披散木贼	*Equisetum diffusum*
4			节节草	*Equisetum ramosissimum*
5			笔管草	*Equisetum ramosissimum* subsp. *debile*
6	瓶尔小草科	瓶尔小草属	心叶瓶尔小草	*Ophioglossum reticulatum*
7			狭叶瓶尔小草	*Ophioglossum thermale*
8			瓶尔小草	*Ophioglossum vulgatum*
9	莲座蕨科	观音坐莲属	福建莲座蕨	*Angiopteris fokiensis*
10	紫萁科	紫萁属	分株紫萁	*Osmunda cinnamomea*
11			紫萁	*Osmunda japonica*
12			华南紫萁	*Osmunda vachellii*
13	卤蕨科	卤蕨属	卤蕨	*Acrostichum aureum*
14	水蕨科	水蕨属	水蕨	*Ceratopteris thalictroidel*

（续）

序号	科	属	种	
			中文名	拉丁名
15	蹄盖蕨科	蹄盖蕨属	湿生蹄盖蕨	*Athyrium devolii*
16		菜蕨属	菜蕨	*Callipteris esculenta*
17	金星蕨科	星毛蕨属	星毛蕨	*Cyclosorus prolifera*
18		毛蕨属	毛蕨	*Cyclosorus interruptus*
19			华南毛蕨	*Cyclosrus parasiticus*
20			截裂毛蕨	*Cyclosorus truncatus*
21	乌毛蕨科	乌毛蕨属	乌毛蕨	*Blechnum orientale*
22	条蕨科	条蕨属	波边条蕨	*Oleandra undulata*
23	苹科	苹属	苹	*Marsilea quadrifolia*
24	槐叶苹科	槐叶苹属	槐叶苹	*Salvinia natans*
25	满江红科	满江红属	满江红	*Azolla imbricata*
26			常绿满江红	*Azolla imbricate* var. *sempervirens*
（二）裸子植物				
1	松科	铁杉属	铁杉	*Tsuga chinensis*
2	杉科	水松属	水松	*Glyptostrobus pensilis*
3		水杉属	水杉▲	*Metasequoia glyptostroboides*
4		落羽杉属	池杉▲	*Taxodium distichum* var. *imbricatum*
5			落羽杉▲	*Taxodium distichum*
（三）被子植物				
1	樟科	樟属	樟	*Cinnamomum camphora*
2		木姜子属	剑叶木姜子	*Litsea lancifolia*
3		润楠属	建润楠	*Machilus oreophila*
4			柳叶润楠	*Machilus salicina*
5	毛茛科	银莲花属	卵叶银莲花	*Anemone begoniifolia*
6			拟卵叶银莲花	*Anemone howellii*
7			草玉梅	*Anemone rivularis*
8			野棉花	*Anemone vitifolia*
9		水毛茛属	水毛茛	*Batrachium bungei*
10		毛茛属	禺毛茛	*Ranunculus cantoniensis*
11			茴茴蒜	*Ranunculus chinensis*
12			西南毛茛	*Ranunculus ficariifolius*
13			毛茛	*Ranunculus japonicus*
14			石龙芮	*Ranunculus sceleratus*

（续）

序号	科	属	种	
			中文名	拉丁名
15	毛茛科	毛茛属	扬子毛茛	*Ranunculus sieboldii*
16			猫爪草	*Ranunculus ternatus*
17		天葵属	天葵	*Semiaquilegia adoxoides*
18	金鱼藻科	金鱼藻属	金鱼藻	*Ceratophyllum demersum*
19			五刺金鱼藻	*Ceratophyllum platyacanthum* subsp. *oryzetorum*
20	睡莲科	芡属	芡实	*Euryale ferox*
21		莲属	莲▲	*Nelumbo nucifera*
22		萍蓬草属	萍蓬草	*Nuphar pumilum*
23			中华萍蓬草	*Nuphar sinensis*
24		睡莲属	睡莲▲	*Nymphaea tetragona*
25			柔毛齿叶睡莲▲	*Nymphaea lotus* var. *pubescens*
26			黄睡莲▲	*Nymphaea mexicana*
27		王莲属	王莲▲	*Victoria amazonica*
28	猪笼草科	猪笼草属	猪笼草	*Nepenthes mirabilis*
29	三白草科	裸蒴属	裸蒴	*Gymnotheca chinensis*
30		蕺菜属	蕺菜	*Houttuynia cordata*
31		三白草属	三白草	*Saururus chinensis*
32	罂粟科	血水草属	血水草	*Eomecon chionantha*
33	十字花科	碎米荠属	弯曲碎米荠	*Cardamine flexuosa*
34			碎米荠	*Cardamine hirsuta*
35			湿生碎米荠	*Cardamine hygrophila*
36			弹裂碎米荠	*Cardamine impatiens*
37			水田碎米荠	*Cardamine lyrata*
38		豆瓣菜属	豆瓣菜	*Nasturtium officinale*
39		蔊菜属	广州蔊菜	*Rorippa cantoniensis*
40			风花菜	*Rorippa globosa*
41			蔊菜	*Rorippa indica*
42	堇菜科	堇菜属	鸡腿堇菜	*Viola acuminata*
43			戟叶堇菜	*Viola betonicifolia*
44			光叶堇菜	*Viola hossei*
45			长萼堇菜	*Viola inconspicua*
46			紫花地丁	*Viola philippica*
47	远志科	远志属	黄花倒水莲	*Polygala fallax*

（续）

序号	科	属	种	
			中文名	拉丁名
48	虎耳草科	落新妇属	落新妇	*Astilbe chinensis*
49		金腰属	肾萼金腰	*Chrysosplenium delavayi*
50		梅花草属	鸡心梅花草	*Parnassia crassifolia*
51			鸡眼梅花草	*Parnassia wightiana*
52		扯根菜属	扯根菜	*Penthorum chinense*
53		虎耳草属	虎耳草	*Saxifraga stolonifera*
54	茅膏菜科	茅膏菜属	锦地罗	*Drosera burmannii*
55			长叶茅膏菜	*Drosera indica*
56			长柱茅膏菜	*Drosera oblanceolata*
57			茅膏菜	*Drosera pelata*
58			圆叶茅膏菜	*Drosera rotundifolia*
59			匙叶茅膏菜	*Drosera spathulata*
60	沟繁缕科	田繁缕属	田繁缕	*Bergia ammannioides*
61	石竹科	无心菜属	无心菜	*Arenaria serpyllifolia*
62		荷莲豆草属	荷莲豆草	*Drymaria cordata*
63		鹅肠菜属	鹅肠菜	*Myosoton aquaticum*
64		多荚草属	多荚草	*Polycarpon prostratum*
65		漆姑草属	漆姑草	*Sagina japonica*
66		繁缕属	雀舌草	*Stellaria alsine*
67			繁缕	*Stellaria media*
68			箐姑草	*Stellaria vestita*
69	粟米草科	粟米草属	粟米草	*Mollugo stricta*
70	番杏科	海马齿属	海马齿	*Sesuvium portulacastrum*
71	蓼科	金线草属	金线草	*Antenoron filiforme*
72		荞麦属	金荞麦	*Fagopyrum dibotrys*
73		蓼属	阿萨姆蓼	*Polygonum assamicum*
74			萹蓄	*Polygonum aviculare*
75			毛蓼	*Polygonum barbatum*
76			头花蓼	*Polygonum capitatum*
77			火炭母	*Polygonum chinense*
78			蓼子草	*Polygonum cripolitanum*
79			大箭叶蓼	*Polygonum darrisii*

（续）

序号	科	属	种	
			中文名	拉丁名
80	蓼科	蓼属	二歧蓼	*Polygonum dichotomum*
81			光蓼	*Polygonum glabrum*
82			长箭叶蓼	*Polygonum hastato-sagittatum*
83			水蓼	*Polygonum hydropiper*
84			蚕茧草	*Polygonum japonicum*
85			愉悦蓼	*Polygonum jucundum*
86			柔茎蓼	*Polygonum kawagoeanum*
87			酸模叶蓼	*Polygonum lapathifolium*
88			密毛酸模叶蓼	*Polygonum lapathifolium* var. *lanatum*
89			污泥蓼	*Polygonum limicola*
90			长鬃蓼	*Polygonum longisetum*
91			长戟叶蓼	*Polygonum maackianum*
92			小蓼花	*Polygonum muricatum*
93			尼泊尔蓼	*Polygonum nepalense*
94			红蓼	*Polygonum orientale*
95			掌叶蓼	*Polygonum palmatum*
96			春蓼	*Polygonum persicaria*
97			习见蓼	*Polygonum plebeium*
98			丛枝蓼	*Polygonum posumbu*
99			疏蓼	*Polygonum praetermissum*
100			伏毛蓼	*Polygonum pulchrum*
101			丽蓼	*Polygonum pulchrum*
102			赤胫散	*Polygonum runcinatum*
103			刺蓼	*Polygonum senticosum*
104			糙毛蓼	*Polygonum strigosum*
105			戟叶蓼	*Polygonum thunbergii*
106			香蓼	*Polygonum viscosum*
107		酸模属	皱叶酸模	*Rumex crispus*
108			羊蹄	*Rumex japonicus*
109			刺酸模	*Rumex maritimus*
110			小果酸模	*Rumex microcarpus*
111			尼泊尔酸模	*Rumex nepalensis*

（续）

序号	科	属	种	
			中文名	拉丁名
112	藜科	滨藜属	匍匐滨藜	*Atriplex repens*
113		刺藜属	土荆芥	*Dysphania ambrosioides*
114		盐角草属	盐角草	*Salicornia europaea*
115		碱蓬属	南方碱蓬	*Suaeda australis*
116			碱蓬	*Suaeda glauca*
117	苋科	莲子草属	喜旱莲子草	*Alternanthera philoxeroides*
118			莲子草	*Alternanthera sessillis*
119		青葙属	青葙	*Celosia argentea*
120	牻牛儿苗科	老鹳草属	尼泊尔老鹳草	*Geranium nepalense*
121			鼠掌老鹳草	*Geranium sibiricum*
122	酢浆草科	酢浆草属	酢浆草	*Oxalis corniculata*
123			红花酢浆草	*Oxalis corymbosa*
124	凤仙花科	凤仙花属	水凤仙	*Impatiens aquatilis*
125			华凤仙	*Impatiens chinensis*
126			绿萼凤仙花	*Impatiens chlorosepala*
127			鸭跖草状凤仙花	*Impatiens commelinoides*
128			毛凤仙花	*Impatiens lasiophyton*
129			细柄凤仙花	*Impatiens leptocaulon*
130			黄金凤	*Impatiens siculifer*
131	千屈菜科	水苋菜属	耳叶水苋菜	*Ammannia auriculata*
132			水苋菜	*Ammannia baccifera*
133			多花水苋菜	*Ammannia multiflora*
134		千屈菜属	千屈菜	*Lythrum salicaria*
135		节节菜属	异叶节节菜	*Rotala diversifolia*
136			节节菜	*Rotala indica*
137			五蕊节节菜	*Rotala rosea*
138			圆叶节节菜	*Rotala rotundifolia*
139	海桑科	海桑属	无瓣海桑▲	*Sonneratia apetala*
140	柳叶菜科	柳叶菜属	毛脉柳叶菜	*Epilobium amurense*
141			光滑柳叶菜	*Epilobium amurense* subsp. *cephalostigma*
142			柳叶菜	*Epilobium hirsutum*
143			长籽柳叶菜	*Epilobium pyrricholophum*

（续）

序号	科	属	种	
			中文名	拉丁名
144	柳叶菜科	丁香蓼属	台湾水龙	*Ludwigia × taiwanensis*
145			水龙	*Ludwigia adscendens*
146			草龙	*Ludwigia hyssopifolia*
147			毛草龙	*Ludwigia octovalvis*
148			卵叶丁香蓼	*Ludwigia ovalis*
149			细花丁香蓼	*Ludwigia perennis*
150			丁香蓼	*Ludwigia prostrata*
151	菱科	菱属	四角刻叶菱	*Trapa incisa*
152			丘角菱	*Trapa japonnica*
153	小二仙草科	狐尾藻属	粉绿狐尾藻	*Myriophyllum aquaticum*
154			短喙狐尾藻★	*Myriophyllum exasperatum*
155			穗状狐尾藻	*Myriophyllum ussuriense*
156			乌苏里狐尾藻	*Myriophyllum ussuriense*
157			狐尾藻	*Myriophyllum verticillatum*
158	杉叶藻科	杉叶藻属	杉叶藻	*Hippuris vulgaris*
159	水马齿科	水马齿属	沼生水马齿	*Callitriche palustris*
160	桃金娘科	水翁属	水翁	*Cleistocalyx operculatus*
161		蒲桃属	水竹蒲桃	*Syzygium fluviatile*
162			蒲桃▲	*Syzygium jambos*
163	野牡丹科	野牡丹属	野牡丹	*Melastoma candidum*
164			地菍	*Melastoma dodecandrum*
165	使君子科	榄李属	榄李	*Lumnitzera racemosa*
166	红树科	木榄属	木榄	*Bruguiera gymnorrhiza*
167		角果木属	角果木	*Ceriops tagal*
168		秋茄树属	秋茄树	*Kandelia candel*
169		红树属	红海榄	*Rhizophora stylosa*
170	金丝桃科	金丝桃属	地耳草	*Hypericum japonicum*
171	梧桐科	银叶树属	银叶树	*Heritiera littoralis*
172	锦葵科	木槿属	黄槿	*Hibiscus tiliaceus*
173		桐棉属	杨叶肖槿	*Thespesia populnea*
174	大戟科	海漆属	海漆	*Excoecaria agallocha*
175		算盘子属	厚叶算盘子	*Glochidion hirsutum*

（续）

序号	科	属	种	
			中文名	拉丁名
176	大戟科	水柳属	水柳	*Homonoia riparia*
177	蔷薇科	地榆属	地榆	*Sanguisorba officinalis*
178	蝶形花科	合萌属	合萌	*Aeschynomene indica*
179		黄芪属	紫云英▲	*Astragalus sinicus*
180		鱼藤属	鱼藤	*Derris trifoliata*
181		大豆属	野大豆	*Glycine soja* var. *soja*
182		水黄皮属	水黄皮	*Pongamia pinnata*
183		田菁属	田菁▲	*Sesbania cannabina*
184	杨柳科	柳属	垂柳▲	*Salix babylonica*
185			云南柳▲	*Salix cavaleriei*
186			腺柳	*Salix chaenomeloides*
187			长梗柳	*Salix dunnii*
188			巴柳	*Salix etosia*
189			南川柳	*Salix rosthornii*
190			四子柳	*Salix tetrasperma*
191			秋华柳	*Salix variegata*
192	壳斗科	青冈属	褐叶青冈	*Cyclobalanopsis stewardiana*
193	木麻黄科	木麻黄属	木麻黄▲	*Casuarina equisetifolia*
194	桑科	榕属	石榕树	*Ficus abelii*
195			台湾榕	*Ficus formosana*
196			对叶榕	*Ficus hispida*
197			壶托榕	*Ficus ischnopoda*
198			梨果榕	*Ficus pyriformis*
199			竹叶榕	*Ficus stenophylla*
200	荨麻科	苎麻属	序叶苎麻	*Boehmeria clidemicides* var. *diffusa*
201			大叶苎麻	*Boehmeria longispica*
202			水苎麻	*Boehmeria macrophylla*
203			糙叶苎麻	*Boehmeria macrophylla* var. *scabrella*
204		水麻属	长叶水麻	*Debregeasia longifolia*
205			水麻	*Debregeasia orientalis*
206			鳞片水麻	*Debregeasia squamata*
207		楼梯草属	疏毛楼梯草	*Elatostema albopilosum*

（续）

序号	科	属	种	
			中文名	拉丁名
208	荨麻科	楼梯草属	华南楼梯草	*Elatostema balansae*
209			梨序楼梯草	*Elatostema ficoides*
210			桂林楼梯草	*Elatostema gueilinense*
211			楼梯草	*Elatostema involucratum*
212			狭叶楼梯草	*Elatostema lineolatum*
213			托叶楼梯草	*Elatostema nasutum*
214			小叶楼梯草	*Elatostema parvum*
215			上林楼梯草	*Elatostema shanglinense*
216			细尾楼梯草	*Elatostema tenuicaudatum*
217		糯米团属	糯米团	*Gonostegia hirta*
218			狭叶糯米团	*Gonostegia pentandra*
219		花点草属	毛花点草	*Nanocnide lobata*
220		紫麻属	紫麻	*Oreocnide frutescens*
221			倒卵叶紫麻	*Oreocnide obovata*
222		赤车属	异被赤车	*Pellionia heteroloba*
223			赤车	*Pellionia radicans*
224		冷水花属	圆瓣冷水花	*Pilea angulata*
225			华中冷水花	*Pilea angulata* subsp. *latiuscula*
226			湿生冷水花	*Pilea aquarum*
227			锐齿湿生冷水花	*Pilea aquarum* subsp. *acutidentata*
228			短角湿生冷水花	*Pilea aquarum* subsp. *brevicornuta*
229			翠茎冷水花	*Pilea hilliana*
230			三角形冷水花	*Pilea swinglei*
231			疣果冷水花	*Pilea verrucosa*
232	胡桃科	枫杨属	枫杨	*Pterocarya stenoptera*
233	伞形科	积雪草属	积雪草	*Centella asiatica*
234		蛇床属	蛇床	*Cnidium monnieri*
235		鸭儿芹属	鸭儿芹	*Cnidium monnieri*
236		刺芹属	刺芹	*Eryngium foetidum*
237		天胡荽属	红马蹄草	*Hydrocotyle nepalensis*
238			天胡荽	*Hydrocotyle sibthorpioides*
239			破铜钱	*Hydrocotyle sibthorpioides* var. *batrachium*
240			肾叶天胡荽	*Hydrocotyle wilfordi*

（续）

序号	科	属	种	
			中文名	拉丁名
241	伞形科	水芹属	短辐水芹	*Oenanthe benghalensis*
242			水芹	*Oenanthe javanica*
243			线叶水芹	*Oenanthe linearis*
244			卵叶水芹	*Oenanthe rosthornii*
245	杜鹃花科	杜鹃属	杜鹃	*Rhododendron* sp.
246	紫金牛科	蜡烛果属	桐花树	*Aegiceras corniculatum*
247	马钱科	醉鱼草属	白背枫	*Buddleja asiatica*
248			大叶醉鱼草	*Buddleja davidii*
249			醉鱼草	*Buddleja lindleyana*
250			密蒙花	*Buddleja officinalis*
251	夹竹桃科	海杧果属	海杧果	*Cerbera manghas*
252	萝藦科	鹅绒藤属	柳叶白前	*Cynanchum stauntonii*
253	茜草科	水团花属	水团花	*Adina pilulifera*
254			细叶水团花	*Adina rubella*
255		风箱树属	风箱树	*Cephalanthus tetrandrus*
256		耳草属	金毛耳草	*Hedyotis chrysotricha*
257			伞房花耳草	*Hedyotis corymbosa*
258			白花蛇舌草	*Hedyotis diffusa*
259		新耳草属	薄叶新耳草	*Neanotis hirsuta*
260		薄柱草属	薄柱草	*Nertera sinensis*
261		水锦树属	水锦树	*Wendlandia uvariifolia*
262	忍冬科	接骨木属	接骨草	*Sambucus chinensis*
263	败酱科	败酱草属	少蕊败酱	*Patrinia monandra*
264		缬草属	缬草	*Valeriana officinalis*
265	菊科	下田菊属	下田菊	*Adenostemma lavenia*
266			宽叶下田菊	*Adenostemma lavenia* var. *latifolium*
267		藿香蓟属	藿香蓟	*Ageratum conyzoides*
268		蒿属	奇蒿	*Artemisia anomala*
269			艾	*Artemisia argyi*
270		鬼针草属	鬼针草	*Bidens pilosa*
271			狼耙草	*Bidens tripartita*
272		石胡荽属	石胡荽	*Centipeda minima*
273		蓟属	大蓟	*Cirsium japonicum*

（续）

序号	科	属	种	
			中文名	拉丁名
274	菊科	山芫荽属	芫荽菊	*Cotula anthemoides*
275		野茼蒿属	野茼蒿	*Crassocephalum crepidioides*
276		鳢肠属	鳢肠	*Eclipta prostrata*
277		球菊属	球菊	*Epaltes australis*
278			翅柄球菊	*Epaltes divarcata*
279		鼠麹草属	鼠麹草	*Gnaphalium affine*
280		泥胡菜属	泥胡菜	*Hemistepta lyrata*
281		旋覆花属	旋覆花	*Inula japonica*
282		稻槎菜属	稻槎菜	*Lapsana apogonoides*
283		阔苞菊属	阔苞菊	*Pluchea indical*
284		秋分草属	秋分草	*Rhynchospermum verticillatum*
285		蟛蜞菊属	蟛蜞菊	*Wedelia chinensis*
286		黄鹌菜属	黄鹌菜	*Youngia japonica*
287	龙胆科	龙胆属	华南龙胆	*Gentiana loureirii*
288			流苏龙胆	*Gentiana panthaica*
289			龙胆	*Gentiana scabra*
290			灰绿龙胆	*Gentiana yokusai*
291		獐牙菜属	獐牙菜	*Swertia bimaculata*
292	睡菜科	荇菜属	刺种荇菜	*Nymphoides hydrophyllum*
293			金银莲花	*Nymphoides indica*
294			荇菜	*Nymphoides peltatum*
295	报春花科	珍珠菜属	广西过路黄	*Lysimachia alfredii*
296			泽珍珠菜	*Lysimachia candida*
297			过路黄	*Lysimachia christinae*
298			聚花过花黄	*Lysimachia congestiflora*
299			星宿菜	*Lysimachia fortunei*
300			长蕊珍珠菜	*Lysimachia lobelioides*
301		报春花属	报春花	*Primula malacoides*
302		水茴草属	水茴草	*Samolus valerandi*
303	车前科	车前属	车前	*Plantago asiatica*
304	白花丹科	补血草属	补血草	*Limonium sinense*
305	尖瓣花科	尖瓣花属	尖瓣花	*Sphenoclea zeylanica*
306	半边莲科	半边莲属	短柄半边莲	*Lobelia alsinoides*

（续）

序号	科	属	种	
			中文名	拉丁名
307	半边莲科	半边莲属	半边莲	*Lobelia chinensis*
308			江南山梗菜	*Lobelia davidii*
309			假半边莲	*Lobelia hancei*
310			线萼山梗菜	*Lobelia melliana*
311			山梗菜	*Lobelia sessilifolia*
312			卵叶半边莲	*Lobelia zeylanica*
313		铜锤玉带草属	铜锤玉带草	*Pratia nummularia*
314			广西铜锤草	*Pratia wollastonii*
315	草海桐科	草海桐属	海南草海桐	*Scaevola hainanensis*
316			草海桐	*Scaevola sericea*
317	花柱草科	花柱草属	花柱草	*Stylidium uliginosum*
318	田基麻科	田基麻属	田基麻	*Hydrolea zeylanica*
319	旋花科	马蹄金属	马蹄金	*Dichondra repens*
320		番薯属	水蕹菜	*Ipomoea aquatica*
321			厚藤	*Ipomoea pescaprae*
322	玄参科	假马齿苋属	麦花草	*Bacopa floribunda*
323			假马齿苋	*Bacopa monnieri*
324		胡麻草属	胡麻草	*Centranthera cochinchinensis*
325		虻眼属	虻眼	*Dopatricum junceum*
326		石龙尾属	紫苏草	*Limnophila aromatica*
327			中华石龙尾	*Limnophila chinensis*
328			抱茎石龙尾	*Limnophila connata*
329			有梗石龙尾	*Limnophila indica*
330			匍匐石龙尾	*Limnophila repens*
331			大叶石龙尾	*Limnophila rugosa*
332			石龙尾	*Limnophila sessiliflora*
333		母草属	长蒴母草	*Lindernia anagallis*
334			泥花草	*Lindernia antipota*
335			刺齿泥花草	*Lindernia ciliata*
336			母草	*Lindernia crustacer*
337			宽叶母草	*Lindernia nummularifolia*
338			陌上菜	*Lindernia procumbens*
339			细茎母草	*Lindernia pusilla*

（续）

序号	科	属	种	
			中文名	拉丁名
340	玄参科	母草属	旱田草	*Lindernia ruellioides*
341		通泉草属	通泉草	*Mazus japonicus*
342			匍茎通泉草	*Mazus miquelii*
343		沟酸浆属	尼泊尔沟酸浆	*Mimulus tenellus* var. *nepalensis*
344		婆婆纳属	蚊母草	*Veronica peregrina*
345			婆婆纳	*Veronica polita*
346			水苦荬	*Veronica undalata*
347		腹水草属	四方麻	*Veronicastrum caulopterum*
348	狸藻科	狸藻属	黄花狸藻	*Utricularia aurea*
349			南方狸藻	*Utricularia australis*
350			挖耳草	*Utricularia bitida*
351			短梗挖耳草	*Utricularia caerulea*
352			少花狸藻	*Utricularia exoleta*
353			禾叶挖耳草	*Utricularia graminifolia*
354			斜果挖耳草	*Utricularia minutissima*
355			长梗挖耳草	*Utricularia limosa*
356			合苞挖耳草★	*Utricularia peramomala*
357			圆叶挖耳草	*Utricularia striatula*
358	胡麻科	茶菱属	茶菱	*Trapella sinensis*
359	爵床科	老鼠簕属	老鼠簕	*Acanthus ilicifolius*
360		水蓑衣属	小叶水蓑衣	*Hygrophila erecta*
361			大花水蓑衣▲	*Hygrophila megalantha*
362			水蓑衣	*Hygrophila salicifolia*
363			贵港水蓑衣★	*Hygrophila salicifolia* var. *longihirsuta*
364	苦槛蓝科	苦槛蓝属	苦槛蓝	*Myoporum bontioides*
365	马鞭草科	海榄雌属	海榄雌	*Avicennia marina*
366		紫珠属	白棠子树	*Callicarpa dichotoma*
367		大青属	苦郎树	*Clerodendrum inerme*
368		过江藤属	过江藤	*Phyla nodiflora*
369		豆腐柴属	钝叶臭黄荆	*Premna obtusifolia*
370		牡荆属	单叶蔓荆	*Vitex rotundifolia*
371	唇形科	筋骨草属	微毛筋骨草	*Ajuga ciliata* var. *glabrescens*
372			金疮小草	*Ajuga decumbens*

（续）

序号	科	属	种	
			中文名	拉丁名
373	唇形科	水蜡烛属	齿叶水蜡烛	*Dysophylla sampsonii*
374			水虎尾	*Dysophylla stellata*
375		香薷属	水香薷	*Elsholtzia kachinensis*
376		活血丹属	活血丹	*Glechoma longituba*
377		动蕊花属	动蕊花	*Kinostemon ornatum*
378		地笋属	硬毛地笋▲	*Lycopus lucidus* var. *hirtus*
379		薄荷属	薄荷	*Mentha haplocalyx*
380		石荠苎属	石荠苎	*Mosla scabra*
381		刺蕊草属	水珍珠菜	*Pogostemon auricularius*
382		夏枯草属	夏枯草	*Prunella vulgaris*
383		黄芩属	半枝莲	*Scutellaria barbata*
384		水苏属	针筒菜	*Stachys oblongifolia*
385	花蔺科	水罂粟属	水罂粟▲	*Hydrocleys nymphoides*
386	水鳖科	水筛属	无尾水筛	*Blyxa aubertii*
387			有尾水筛	*Blyxa echinosperma*
388			水筛	*Blyxa japonica*
389			八药水筛	*Blyxa octandra*
390		喜盐草属	贝克喜盐草	*Halophila beccarii*
391			喜盐草	*Halophila ovalis*
392		黑藻属	黑藻	*Hydrilla verticillata*
393		水鳖属	水鳖	*Hydrocharis dubia*
394		虾子草属	虾子草	*Nechamandra alternifolia*
395		水车前属	海菜花	*Ottelia acuminate*
396			靖西海菜花	*Ottelia acuminata* var. *jingxiensis*
397			龙舌草	*Ottelia alismoides*
398			出水海菜花★	*Ottelia emersa*
399			贵州水车前	*Ottelia sinensis*
400		苦草属	密齿苦草	*Vallisneria denseserrulata*
401			大苦草	*Vallisneria gigantea*
402			苦草	*Vallisneria natans*
403	泽泻科	泽泻属	窄叶泽泻	*Alisma canaliculatum*
404			东方泽泻	*Alisma orientale*
405		慈姑属	冠果草	*Sagittaria guyanensis* subsp. *lappula*

（续）

序号	科	属	种	
			中文名	拉丁名
406	泽泻科	慈姑属	小慈姑	*Sagittaria potamogetifolia*
407			矮慈姑	*Sagittaria pygmaea*
408			野慈姑	*Sagittaria trifolia*
409			慈姑▲	*Sagittaria trifolia* subsp. *leucopetala*
410			剪刀草	*Sagittaria trifolia* f. *longiloba*
411	水蕹科	水蕹属	水蕹	*Aponogeton lakhonensis*
412	大叶藻科	矮大叶藻属	日本大叶藻	*Zostera japonica*
413	眼子菜科	眼子菜属	菹草	*Potamogeton crispus*
414			眼子菜	*Potamogeton distinctus*
415			微齿眼子菜	*Potamogeton maackianus*
416			竹叶眼子菜	*Potamogeton malaianus*
417			钝脊眼子菜	*Potamogeton octandrus*
418			尖叶眼子菜	*Potamogeton oxyphyllus*
419			篦齿眼子菜	*Potamogeton pectinatus*
420			小眼子菜	*Potamogeton pusillus*
421	川蔓藻科	川蔓藻属	川蔓藻	*Ruppia maritima*
422	角果藻科	二药藻属	羽叶二药藻	*Halodule pinifolia*
423			二药藻	*Halodule uninervis*
424		针叶藻属	针叶藻	*Syringodium isoetifolium*
425		角果藻属	角果藻	*Zannichellia palustris*
426	茨藻科	茨藻属	弯果茨藻	*Najas ancistrocarpa*
427			高雄茨藻	*Najas browniana*
428			多孔茨藻	*Najas foveolata*
429			纤细茨藻	*Najas gracillima*
430			草茨藻	*Najas graminea*
431			大茨藻	*Najas marina*
432			小茨藻	*Najas minor*
433			澳古茨藻	*Najas oguraensis*
434			东方茨藻	*Najas orientalis*
435	鸭跖草科	鸭跖草属	饭包草	*Commelina bengalensis*
436			鸭跖草	*Commelina communis*
437			竹节菜	*Commelina diffusa*
438			大苞鸭跖草	*Commelina paludosa*

（续）

序号	科	属	种	
			中文名	拉丁名
439	鸭跖草科	蓝耳草属	蛛丝毛蓝耳草	*Cyanotis arachnoidea*
440			四孔草	*Cyanotis cristata*
441		聚花草属	聚花草	*Floscopa scandens*
442		水竹叶属	大苞水竹叶	*Murdannia bracteata*
443			橙花水竹叶★	*Murdannia citrina*
444			根茎水竹叶	*Murdannia hookeri*
445			牛轭草	*Murdannia loriformis*
446			裸花水竹叶	*Murdannia nudiflora*
447			细竹蒿草	*Murdannia simplex*
448			水竹叶	*Murdannia triquetra*
449	黄眼草科	黄眼草属	硬叶葱草	*Xyris complanata*
450			黄眼草	*Xyris indica*
451			葱草	*Xyris pauciflora*
452	谷精草科	谷精草属	狭叶谷精草	*Eriocaulon angustulum*
453			毛谷精草	*Eriocaulon australe*
454			云南谷精草	*Eriocaulon brownianum*
455			谷精草	*Eriocaulon buergerianum*
456			白药谷精草	*Eriocaulon cinereum*
457			尖苞谷精草	*Eriocaulon echinulatum*
458			小谷精草	*Eriocaulon luzulaefoliam*
459			南投谷精草	*Eriocaulon nantoense*
460			尼泊尔谷精草	*Eriocaulon nepalense*
461			朝日谷精草	*Eriocaulon parvum*
462			云贵谷精草	*Eriocaulon schochianum*
463			丝叶谷精草	*Eriocaulon setaceum*
464			华南谷精草	*Eriocaulon sexangulare*
465			越南谷精草	*Eriocaulon tonkinense*
466			珍珠草	*Eriocaulon truncatum*
467	芭蕉科	芭蕉属	小果野蕉	*Musa acuminata*
468	姜科	闭鞘姜属	闭鞘姜	*Costus speciosus*
469	美人蕉科	美人蕉属	蕉芋▲	*Canna edulis*
470			美人蕉▲	*Canna indica*
471			紫叶美人蕉▲	*Canna warszewiczii*

（续）

序号	科	属	种	
			中文名	拉丁名
472	竹芋科	再力花属	再力花▲	*Thalia dealbata*
473	百合科	萱草属	萱草	*Hemerocallis fulva*
474	雨久花科	凤眼蓝属	凤眼蓝◆	*Eichhornia crassipes*
475		雨久花属	箭叶雨久花	*Monochoria hastata*
476			雨久花	*Monochoria korsakowii*
477			鸭舌草	*Monochoria vaginalis*
478		梭鱼草属	梭鱼草▲	*Pontederia cordata*
479	天南星科	菖蒲属	菖蒲	*Acorus calamus*
480			金钱蒲	*Acorus gramineus*
481			茴香菖蒲	*Acorus macrospadiceus*
482			石菖蒲	*Acorus tatarinowii*
483		海芋属	尖尾芋	*Alocasia cucullata*
484			海芋	*Alocasia macrorrhiza*
485		芋属	野芋	*Colocasia antiquorum*
486			紫芋	*Colocasia tonoimo*
487		隐棒花属	隐棒花	*Cryptocoryne crispatula*
488			广西隐棒花★	*Cryptocoryne kwangsiensis*
489		刺芋属	刺芋	*Lasia spinosa*
490		大薸属	大薸	*Pistia stratiotes*
491		泉七属	泉七	*Steudnera colocasiifolia*
492		犁头尖属	犁头尖	*Typhonium blumei*
493			鞭檐犁头尖	*Typhonium flagelliforme*
494			金慈姑	*Typhonium roxburghii*
495	浮萍科	浮萍属	浮萍	*Lemna minor*
496		紫萍属	紫萍	*Spirodela polyrrhiza*
497		芜萍属	芜萍	*Wolffia arrhiza*
498	香蒲科	香蒲属	水烛	*Typha angustifolia*
499			无苞香蒲	*Typha laxmannii*
500			香蒲	*Typha orientalis*
501	石蒜科	文殊兰属	文殊兰	*Crinum asiaticum* var. *sinicum*
502	露兜树科	露兜树属	露兜草	*Pandanus austrosinensis*
503			分叉露兜	*Pandanus furcatus*
504			露兜树	*Pandanus tectorius*

（续）

序号	科	属	种	
			中文名	拉丁名
505	蒟蒻薯科	裂果薯属	广西裂果薯★	*Schizocapsa guangxiensis*
506			裂果薯	*Schizocapsa plantaginea*
507		蒟蒻薯属	箭根薯	*Tacca chantrieri*
508	田葱科	田葱属	田葱	*Philydrum lanuginosum*
509	水玉簪科	水玉簪属	三品一枝花	*Burmannia coelestis*
510			水玉簪	*Burmannia disticha*
511			宽翅水玉簪	*Burmannia nepalensis*
512	兰科	绶草属	绶草	*Spiranthes sinensis*
513	灯心草科	灯心草属	翅茎灯心草	*Juncus alatus*
514			星花灯心草	*Juncus diastrophanthus*
515			灯心草	*Juncus effusus*
516			片髓灯芯草	*Juncus inflexus*
517			细子灯心草	*Juncus leptospermus*
518			笄石菖	*Juncus prismatocarpus*
519			野灯心草	*Juncus setchuensis*
520			假灯心草	*Juncus setchuensis* var. *effusoides*
521	帚灯草科	薄果草属	薄果草	*Leptocarpus disjunctus*
522	刺鳞草科	刺鳞草属	刺鳞草	*Centrolepis banksii*
523	莎草科	球柱草属	球柱草	*Bulbostylis barbata*
524			丝叶球柱草	*Bulbostylis densa*
525		薹草属	高秆薹草	*Carex alta*
526			垂穗薹草	*Carex dimorpholepis*
527			签草	*Carex doniana*
528			蕨状薹草	*Carex filicina*
529			亮绿薹草	*Carex finitima*
530			条穗薹草	*Carex nemostachys*
531			镜子薹草	*Carex phacota*
532			矮生薹草	*Carex pumila*
533			高节薹草	*Carex thomsonii*
534			长柱头薹草	*Carex teinogyna*
535		克拉莎属	华克拉莎	*Cladium chinense*
536		翅鳞莎属	翅鳞莎	*Courtoisia cyperoides*
537		莎草属	风车草	*Cyperus alternifolius* subsp. *flabelliformis*

（续）

序号	科	属	种	
			中文名	拉丁名
538	莎草科	莎草属	扁穗莎草	*Cyperus compressus*
539			长尖莎草	*Cyperus cuspidatus*
540			异型莎草	*Cyperus difformis*
541			多脉莎草	*Cyperus diffusus*
542			褐穗莎草	*Cyperus fuscus*
543			畦畔莎草	*Cyperus haspan*
544			迭穗莎草	*Cyperus imbricatus*
545			碎米莎草	*Cyperus iria*
546			茳芏	*Cyperus malaccensis*
547			短叶茳芏	*Cyperus malaccensis* var. *brevifolius*
548			旋鳞莎草	*Cyperus michelianus*
549			具芒碎米莎草	*Cyperus microiria*
550			垂穗莎草	*Cyperus nutans*
551			毛轴莎草	*Cyperus pilosus*
552			白花毛轴莎草	*Cyperus pilosus* var. *obliquus*
553			矮莎草	*Cyperus pygmaeus*
554			香附子	*Cyperus rotundus*
555			高秆莎草	*Cyperus etaltatus*
556			粗根茎莎草	*Cyperus stoloniferus*
557			窄穗莎草	*Cyperus tenuispica*
558		裂颖茅属	裂颖茅	*Diplacrum caricinum*
559		荸荠属	锐棱荸荠	*Eleocharis acutangula*
560			紫果蔺	*Eleocharis atropurpurea*
561			无根状茎荸荠	*Eleocharis attenuata* var. *erhizomatosa*
562			黑籽荸荠	*Eleocharis caribaea*
563			荸荠▲	*Eleocharis dulcis*
564			木贼状荸荠	*Eleocharis equisetina*
565			透明鳞荸荠	*Eleocharis pellucida*
566			野荸荠	*Eleocharis plantagineiformis*
567			龙师草	*Eleocharis tetraquetra*
568			羽毛荸荠	*Eleocharis wichurai*
569			牛毛毡	*Eleocharis yokoscensis*
570		飘拂草属	夏飘拂草	*Fimbristylis aestivalis*

（续）

序号	科	属	种	
			中文名	拉丁名
571	莎草科	飘拂草属	复序飘拂草	*Fimbristylis bisumbellata*
572			扁鞘飘拂草	*Fimbristylis complanata*
573			二歧飘拂草	*Fimbristylis dichotoma*
574			拟二叶飘拂草	*Fimbristylis diphylloides*
575			锈鳞飘拂草	*Fimbristylis ferrugineae*
576			暗褐飘拂草	*Fimbristylis fusca*
577			球穗飘拂草	*Fimbristylis globulosa*
578			宜昌飘拂草	*Fimbristylis henryi*
579			长穗飘拂草	*Fimbristylis longispica*
580			水虱草	*Fimbristylis miliacea*
581			褐鳞飘拂草	*Fimbristylis nigrobrunnea*
582			垂穗飘拂草	*Fimbristylis nutans*
583			少穗飘拂草	*Fimbristylis schoenoides*
584			佛焰苞飘拂草	*Fimbristylis spathacea*
585			双穗飘拂草	*Fimbristylis subbispicata*
586			四稜飘拂草	*Fimbristylis tetragona*
587		芙兰草属	毛芙兰草	*Fuirena ciliaris*
588			芙兰草	*Fuirena umbellata*
589		水莎草属	水莎草	*Juncellus serotinus*
590		水蜈蚣属	短叶水蜈蚣	*Kyllinga brevifolia*
591			无刺鳞水蜈蚣	*Kyllinga brevifolia* var. *leiolepis*
592			单穗水蜈蚣	*Kyllinga monocephala*
593			三头水蜈蚣	*Kyllinga triceps*
594		鳞籽莎属	鳞籽莎	*Lepidosperma chinense*
595		湖瓜草属	华湖瓜草	*Lepidosperma chinensis*
596			湖瓜草	*Lipocarpha microcephala*
597		擂鼓艻属	长秆擂鼓艻	*Mapania dolichopoda*
598		砖子苗属	密穗砖子苗	*Mariscus compactus*
599			大密穗砖子苗	*Mariscus compactus* var. *macrostachys*
600			砖子苗	*Mariscus umbellatus*
601		扁莎草属	球穗扁莎	*Pycreus globosus*
602			多穗扁莎	*Pycreus polystachyus*
603			红鳞扁莎	*Pycreus sanguinolentus*

（续）

序号	科	属	种	
			中文名	拉丁名
604	莎草科	扁莎草属	禾状扁莎	*Pycreus unioloides*
605		刺子莞属	白喙刺子莞	*Rhynchospora brownii*
606			华刺子莞	*Rhynchospora chinensis*
607			三俭草	*Rhynchospora corymbosa*
608			刺子莞	*Rhynchospora rubra*
609		赤箭莎属	赤箭莎	*Schoenus falcatus*
610		藨草属	茸球藨草	*Scirpus asiaticus*
611			硕大藨草	*Scirpus grossus*
612			萤蔺	*Scirpus juncoides*
613			百球藨草	*Scirpus rosthomii*
614			羽状刚毛藨草	*Scirpus subulatus*
615			水毛花	*Scirpus triangulatus*
616			藨草	*Scirpus triqueter*
617			水葱	*Scirpus validus*
618			猪毛草	*Scirpus wallichii*
619		珍珠茅属	光果珍珠茅	*Scleria laeviformis*
620			小型珍珠茅	*Scleria parvula*
621	禾本科	箭竹属	华西箭竹	*Fargesia nitida*
622		剪股颖属	多花剪股颖	*Agrostis myriantha*
623		看麦娘属	看麦娘	*Alopecurus aequalis*
624		水蔗草属	水蔗草	*Apluda mutica*
625		芦竹属	芦竹	*Arundo donax*
626		小丽草属	小丽草	*Coelachne simpliciuscula*
627		薏苡属	水生薏苡	*Coix aquatica*
628			薏米	*Coix chinensis*
629			薏苡	*Coix lacryma-jobi*
630		狗牙根属	狗牙根	*Cynodon dactylon*
631		马唐属	止血马唐	*Digitaria ischaemum*
632		稗属	光头稗	*Echinochloa colonum*
633			稗	*Echinochloa crusgalli*
634			无芒稗	*Echinochloa crusgalli* var. *mitis*
635			西来稗	*Echinochloa crusgalli* var. *zelayensis*
636			孔雀稗	*Echinochloa cruspavonis*

（续）

序号	科	属	种	
			中文名	拉丁名
637	禾本科	稗属	硬稃稗	*Echinochloa glabrescens*
638		画眉草属	牛虱草	*Eragrostis unioloides*
639		蜈蚣草属	假俭草	*Eremochloa ophiuroides*
640		野黍属	野黍	*Eriochloa villosa*
641		甜茅属	甜茅	*Glyceria acutiflora* subsp. *japonica*
642		球穗草属	球穗草	*Hackelochloa granularis*
643		牛鞭草属	牛鞭草	*Hemarthria altissima*
644			扁穗牛鞭草	*Hemarthria compressa*
645		水禾属	水禾	*Hygroryza aristata*
646		膜稃草属	膜稃草	*Hymenachne acutigluma*
647		距花黍属	距花黍	*Ichnanthus vicinus*
648		柳叶箬属	白花柳叶箬	*Isachne albens*
649			柳叶箬	*Isachne globosa*
650			海南柳叶箬	*Isachne hainanensis*
651		鸭嘴草属	田间鸭嘴草	*Ischaemum rugosum*
652		假稻属	李氏禾	*Leersia hexandra*
653			假稻	*Leersia japonica*
654			秕壳草	*Leersia sayanuka*
655		千金子属	千金子	*Leptochloa chinensis*
656		芒属	五节芒	*Miscanthus floridulus*
657			芒	*Miscanthus sinensis*
658		莠竹属	竹叶茅	*Microstegium nudum*
659			柔枝莠竹	*Microstegium vimineum*
660		类芦属	类芦	*Neyraudia reynaudiana*
661		求米草属	求米草	*Oplismenus undulatifolius*
662		稻属	疣粒野生稻	*Oryza meyeriana*
663			药用野生稻	*Oryza officinalis*
664			普通野生稻	*Oryza rufipogon*
665			水稻	*Oryza sativa*
666		黍属	糠稷	*Panicum bisulcatum*
667			短叶黍	*Panicum brevifolium*
668			细柄黍	*Panicum psilopodium*
669			铺地黍	*Panicum repens*

（续）

序号	科	属	种	
			中文名	拉丁名
670	禾本科	雀稗属	两耳草	*Paspalum conjugatum*
671			双穗雀稗	*Paspalum distichum*
672			长叶雀稗	*Paspalum longifolium*
673			雀稗	*Paspalum thunbergii*
674		狼尾草属	皇竹草▲	*Pennisetum sinese*
675		虉草属	虉草	*Phalaris arundinacea*
676		芦苇属	芦苇	*Phragmites australis*
677			卡开芦	*Phragmites karka*
678		早熟禾属	白顶早熟禾	*Poa acroleuca*
679			早熟禾	*Poa annua*
680		金发草属	金丝草	*Pogonatherum crinitum*
681		棒头草属	棒头草	*Polypogon fugax*
682			长芒棒头草	*Polypogon monspeliensis*
683		鹅观草属	鹅观草	*Roegneria kamoji*
684		甘蔗属	斑茅	*Saccharum arundinaceum*
685		囊颖草属	囊颖草	*Sacciolepis indica*
686			鼠尾囊颖草	*Sacciolepis myosuroides*
687		米草属	互花米草	*Spartina alterniflora*
688		稗荩属	稗荩	*Sphaerocaryum malaccense*
689		鬣刺属	老鼠艻	*Spinifex littoreus*
690		鼠尾粟属	盐地鼠尾粟	*Sporobolus virginicus*
691		三毛草属	三毛草	*Trisetum bifidum*
692		菰属	菰▲	*Zizania latifolia*

注：本名录藓纲按1954年Reimers系统编排；蕨类植物按秦仁昌1978年系统编排；裸子植物按郑万钧、傅立国1977年《中国植物志》系统编排；被子植物按哈钦松1926年、1934年系统编排。表中广西特有种以“★”表示，归化种以“◆”表示，栽培或外来引进种以“▲”表示。

附录2 广西湿地调查区域动物名录

序号	目	科	种	
			中文名	拉丁名
一、脊椎动物				
(一)鱼 类				
1	鲼形目	魟科	古氏魟	*Dasyatis kuhlii*
2			奈氏魟	*Dasyatis navarrae*
3			赤魟	*Dasyatis akajei*
4	鲟形目	鲟科	中华鲟	*Acipenser sinensis*
5	海鲢目	海鲢科	海鲢	*Elops machnata*
6	鳗鲡目	鳗鲡科	日本鳗鲡	*Anguilla japonica*
7			花鳗鲡	*Anguilla marmorata*
8		康吉鳗科	齐头鳗	*Anago anago*
9			银色突吻鳗	*Rhynchocymba nystromi*
10			尖尾鳗	*Uroconger lepturus*
11		海鳝科	长体鳝	*Thyrsoidea macrurus*
12			白斑裸胸鳝	*Gymnothorax leucostingmus*
13			细斑裸胸鳝	*Gymnothorax fimbriatus*
14			匀斑裸胸鳝	*Gymnothorax reevesi*
15			豆点裸胸鳝	*Gymnothorax favagineus*
16		蛇鳗科	裂须短体鳗	*Brachysomophis cirrhochilus*
17			中华须鳗	*Cirrhimuraena chinensis*
18			黑斑花蛇鳗	*Myrchthys maculosus*
19			食蟹豆齿鳗	*Pisoodonophis cancrivorus*
20			杂食豆齿鳗	*Pisoodonophis boro*
21			艾氏蛇鳗	*Ophichthus evermanni*
22			尖吻蛇鳗	*Ophichthus. apicalis*
23	鲱形目	鲱科	黄带圆腹鲱	*Dussumieria elopsoides*
24			脂眼鲱	*Etrumeus teres*
25			金色小沙丁鱼	*Sardinella aurita*
26			裘氏小沙丁鱼	*Sardinella jussieu*
27			雷氏小沙丁鱼	*Sardinella richardsoni*
28			青鳞小沙丁鱼	*Sardinella zunasi*
29			孔鳞小沙丁鱼	*Sardinella perforata*

（续）

序号	目	科	种	
			中文名	拉丁名
30	鲱形目	鲱科	玉鳞鱼	*Kowal coval*
31			布伦青鳞鱼	*Hareagala bulan*
32			大眼青鳞鱼	*Hareagala ovalis*
33			斑鰶	*Konosirus punctatus*
34			鳓	*Ilisha elongata*
35			花鰶	*Clupanodon thrissa*
36			后鳍鱼	*Opisthopterus tardoore*
37			圆吻海鰶	*Nematalosa nasus*
38			鲥	*Tenualosa reevesii*
39		鳀科	中华小公鱼	*Stolephorus chinensis*
40			印度小公鱼	*Stolephorus indicus*
41			青带小公鱼	*Stolephorus zollingeri*
42			康氏小公鱼	*Stolephorus commersonii*
43			高体棱鳀	*Thrissa hamiltonii*
44			中颌棱鳀	*Thrissa mystax*
45			赤鼻棱鳀	*Thrissa kammalensis*
46			杜氏棱鳀	*Thrissa dussumieri*
47			长颌棱鳀	*Thrissa setirostris*
48			黄鲫	*Setipinna taty*
49			七丝鲚	*Coilia grayii*
50			凤鲚	*Coilia mystus*
51			刀鲚	*Coilia nasus*
52		宝刀鱼科	短颌宝刀鱼	*Chirocentrus dorab*
53	鲤形目	胭脂鱼科	胭脂鱼	*Myxocyprinus asiaticus*
54		鳅科	颊鳞异条鳅	*Paranemachilus genilepis*
55			美丽小条鳅	*Micronemacheilus pulcher*
56			透明间条鳅	*Heminoemacheilus hyalinus*
57			郑氏间条鳅	*Heminoemacheilus zhengbaoshani*
58			丽纹云南鳅	*Yunnankilus zebrinus*
59			平头平鳅	*Oreonectes platycephalus*
60			叉尾平鳅	*Oreonectes furcocaudalis*
61			后鳍平鳅	*Oreonectes retrodorsalis*
62			无眼平鳅	*Oreonectes anophthalmus*
63			无斑南鳅	*Schistura incerta*
64			横纹南鳅	*Schistura fasciolata*

（续）

序号	目	科	种	
			中文名	拉丁名
65	鲤形目	鳅科	凌云南鳅	*Schistura lingyunensis*
66			黄体高原鳅	*Triplophysa flavicorpus*
67			南丹高原鳅	*Triplophysa nandanensis*
68			天峨高原鳅	*Triplophysa tianeensis*
69			壮体沙鳅	*Botia robusta*
70			美丽沙鳅	*Botia pulchra*
71			花斑副沙鳅	*Parabotia fasciata*
72			武昌副沙鳅	*Parabotia banarescui*
73			点面副沙鳅	*Parabotia maculosa*
74			漓江副沙鳅	*Parabotia lijiangensis*
75			小副沙鳅	*Parabotia parva*
76			后鳍薄鳅	*Leptobotia posterodorsalis*
77			大斑薄鳅	*Leptobotia pellegrini*
78			桂林薄鳅	*Leptobotia guilinens*
79			斑纹薄鳅	*Leptobotia zebra*
80			无眼原花鳅	*Protocobitis typhlops*
81			中华花鳅	*Cobitis sinensis*
82			沙花鳅	*Cobitis arenae*
83			泥鳅	*Misgurnus anguillicaudatus*
84			大鳞副泥鳅	*Paramisgurnus dabryanus*
85		鲤科	海南异鱲	*Parazacco spilurus*
86			宽鳍鱲	*Zacco platypus*
87			马口鱼	*Opsariichthys bidens*
88			瑶山鲤	*Yaoshanicus arcus*
89			拟细鲫	*Nicholsicypris normalis*
90			南方波鱼	*Rasbora steineri*
91			青鱼	*Mylopharyngodon piceus*
92			鯮	*Luciobrama macrocephalus*
93			草鱼	*Ctenopharyngodon idellus*
94			赤眼鳟	*Squaliobarbus curriculus*
95			大眼黑线鳘	*Atrilinea rouleimacrops*
96			鳤	*Ochetobius elongatus*
97			鳡	*Elopichthys bambusa*
98			细鳊	*Rasborinus lineatus*
99			台细鳊	*Rasborinus formosae*

（续）

序号	目	科	种	
			中文名	拉丁名
100	鲤形目	鲤科	大眼华鳊	*Sinibrama macrops*
101			海南华鳊	*Sinibrama melrosei*
102			须鳊	*Pogobrama barbatula*
103			大眼近红鲌	*Ancherythroculter lini*
104			飘鱼	*Pseudolaubuca sinensis*
105			寡鳞飘鱼	*Pseudolaubuca engraulis*
106			海南似稣	*Toxabramis houdemeri*
107			小似稣	*Toxabramis hoffmanni*
108			鳘	*Hemiculter leucisculus*
109			伍氏半鳘	*Hemiculterella wui*
110			南方拟鳘	*Pseudohemiculter dispar*
111			海南拟鳘	*Pseudohemiculter hainanensis*
112			翘嘴鲌	*Culter alburnus*
113			海南鲌	*Culter recurviceps*
114			蒙古鲌	*Culter mongolicus*
115			达氏鲌	*Culter dabryi*
116			红鳍原鲌	*Cultrichthys erythropterus*
117			鳊	*Parabramis pekinensis*
118			三角鲂	*Megalobrama terminalis*
119			团头鲂	*Megalobrama amblycephala*
120			小似鲴	*Xenocyprioides parvulus*
121			棱似鲴	*Xenocyprioides carinatus*
122			圆吻鲴	*Distoechodon tumirostris*
123			银鲴	*Xenocypris argentea*
124			黄尾鲴	*Xenocypris davidi*
125			细鳞鲴	*Xenocypris microlepis*
126			鳙	*Aristichthys nobilis*
127			鲢	*Hypophthalmichthys molitrix*
128			唇䱻	*Hemibarbus labeo*
129			间䱻	*Hemibarbus medius*
130			花䱻	*Hemibarbus maculates*
131			大刺䱻	*Hemibarbus macracanthus*
132			花棘䱻	*Hemibarbus umbrifer*
133			长吻䱻	*Hemibarbus longirostris*
134			麦穗鱼	*Pseudorasbora parva*

（续）

序号	目	科	种	
			中文名	拉丁名
135	鲤形目	鲤科	长麦穗鱼	*Pseudorasbora elongate*
136			华鳈	*Sarcocheilichthys sinensis*
137			小鳈	*Sarcocheilichthys parvus*
138			江西鳈	*Sarcocheilichthys kiangsiensis*
139			黑鳍鳈	*Sarcocheilichthys nigripinnis*
140			银鮈	*Squalidus argentatus*
141			点纹银鮈	*Squalidus wolterstorffi*
142			暗斑银鮈	*Squalidus atromaculatus*
143			似鮈	*Pseudogobio vaillanti*
144			桂林似鮈	*Pseudogobio guilinensis*
145			胡鮈	*Huigobio chenhsienensis*
146			清徐胡鮈	*Huigobio chinssuensis*
147			棒花鱼	*Abbottina rivularis*
148			福建小鳔鮈	*Microphysogobio fukiensis*
149			建德小鳔鮈	*Microphysogobio tafangensis*
150			长体小鳔鮈	*Microphysogobio elongates*
151			乐山小鳔鮈	*Microphysogobio kiatingensis*
152			似鲮小鳔鮈	*Microphysogobio labeoides*
153			洞庭小鳔鮈	*Microphysogobio tungtingensis*
154			似长体小鳔鮈	*Microphysogobio peudoelongatus*
155			片唇鮈	*Platysmacheilus exiguous*
156			蛇鮈	*Saurogobio dabryi*
157			桂林鳅鮀	*Gobiobotia guilinensis*
158			南方鳅鮀	*Gobiobotia meridionalis*
159			海南鳅鮀	*Gobiobotia kolleri*
160			大鳍鱊	*Acheilognathus marcopterus*
161			须鱊	*Acheilognathus barbatus*
162			短须鱊	*Acheilognathus barbatulus*
163			越南鱊	*Acheilognathus tonkinensis*
164			广西副鱊	*Paracheilognathus meridianus*
165			高体鳑鲏	*Rhodeus ocellatus*
166			刺鳍鳑鲏	*Rhodeus spinalis*
167			彩石鳑鲏	*Rhodeus lighti*
168			方氏鳑鲏	*Rhodeus fangi*
169			条纹小鲃	*Puntius semifasciolatus*

（续）

序号	目	科	种	
			中文名	拉丁名
170	鲤形目	鲤科	光倒刺鲃	*Spinibarbus hollandi*
171			倒刺鲃	*Spinibarbus denticulatus*
172			大鳞金线鲃	*Sinocyclocheilus macrolepis*
173			季氏金线鲃	*Sinocyclocheilus jii*
174			宜山金线鲃	*Sinocyclocheilus yishanensis*
175			九圩金线鲃	*Sinocyclocheilus jiuxuensis*
176			小眼金线鲃	*Sinocyclocheilus microphthalmus*
177			高肩金线鲃	*Sinocyclocheilus altishoulderus*
178			凌云金线鲃	*Sinocyclocheilus lingyunensis*
179			大眼金线鲃	*Sinocyclocheilus macrophthalmus*
180			多斑金线鲃	*Sinocyclocheilus multipunctatus*
181			长须金线鲃	*Sinocyclocheilus longibarbatus*
182			东兰金线鲃	*Sinocyclocheilus donglanensis*
183			短身金线鲃	*Sinocyclocheilus brevis*
184			广西金线鲃	*Sinocyclocheilus guangxiensis*
185			田林金线鲃	*Sinocyclocheilus tianlinensis*
186			鸭嘴金线鲃	*Sinocyclocheilus anatirostris*
187			叉背金线鲃	*Sinocyclocheilus furcodorsalis*
188			驯乐金线鲃	*Sinocyclocheilus xunleensis*
189			单纹似鳡	*Luciocyprinus langsoni*
190			厚唇光唇鱼	*Acrossocheilus labiatus*
191			侧条光唇鱼	*Acrossocheilus parallens*
192			带半刺光唇鱼	*Acrossocheilus hemispinus*
193			窄条光唇鱼	*Acrossocheilus stenotaeniatus*
194			北江光唇鱼	*Acrossocheilus beijiangensis*
195			细身光唇鱼	*Acrossocheilus elongates*
196			云南光唇鱼	*Acrossocheilus yunnanensis*
197			多耙光唇鱼	*Acrossocheilus clivosius*
198			虹彩光唇鱼	*Acrossocheilus iridescens*
199			粗须白甲鱼	*Onychostoma barbata*
200			台湾白甲鱼	*Onychostoma barbatula*
201			细尾白甲鱼	*Onychostoma leptura*
202			白甲鱼	*Onychostoma sima*
203			南方白甲鱼	*Onychostoma gerlachi*
204			小口白甲鱼	*Onychostoma lini*

（续）

序号	目	科	种	
			中文名	拉丁名
205	鲤形目	鲤科	珠江卵形白甲鱼	*Onychostoma ovalis*
206			稀有白甲鱼	*Onychostoma rara*
207			瓣结鱼	*Tor brevifilis*
208			叶结鱼	*Tor zonatus*
209			桂华鲮	*Sinilabeo decorus*
210			伍氏华鲮	*Sinilabeo wui*
211			露斯塔野鲮	*Labea rohita*
212			鲮	*Cirrhinus molitorella*
213			纹唇鱼	*Osteochilus salsburyi*
214			直口鲮	*Rectoris posehensis*
215			巴马拟缨鱼	*Pseudocrossocheilus bamaensis*
216			柳城拟缨鱼	*Pseudocrossocheilus liuchengensis*
217			异华鲮	*Parasinilabeo assimilis*
218			长体异华鲮	*Parasinilabeo longicorpus*
219			唇鲮	*Semilabeo notabilis*
220			暗色唇鲮	*Semilabeo obscurus*
221			泉水鱼	*Pseudogyrinocheilus prochilus*
222			卷口鱼	*Ptychidio jordani*
223			大眼卷口鱼	*Ptychidio macrops*
224			长须卷口鱼	*Ptychidio longibarbus*
225			小口华缨鱼	*Sinocrossocheilus microstomatus*
226			墨头鱼	*Garra pingi*
227			东方墨头鱼	*Garra orientalis*
228			云南盘鮈	*Discogobio yunnanensis*
229			宽头盘鮈	*Discogobio laticeps*
230			多线盘鮈	*Discogobio multilineatus*
231			四须盘鮈	*Discogobio tetrabarbatus*
232			伍氏盘口鲮	*Discocheilus wui*
233			乌原鲤	*Procypris merus*
234			三角鲤	*Cyprinus multitaeniata*
235			龙州鲤	*Cyprinus longzhouensis*
236			尖鳍鲤	*Cyprinus acutidorsalis*
237			鲤	*Cyprinus carpio*
238			须鲫	*Carassioides cantonensis*
239			鲫	*Carassius auratus*

（续）

序号	目	科	种	
			中文名	拉丁名
240	鲤形目	平鳍鳅科	拟平鳅	*Liniparhomaloptera disparis*
241			琼中拟平鳅	*Liniparhomaloptera disparis*
242			平舟原缨口鳅	*Vanmanenia pingchowensis*
243			线纹原缨口鳅	*Vanmanenia lineate*
244			信宜原缨口鳅	*Vanmanenia xinyiensis*
245			平头原缨口鳅	*Vanmanenia homalocephala*
246			厚唇原吸鳅	*Protomyzon pachychilus*
247			中华原吸鳅	*Protomyzon sinensis*
248			长汀拟腹吸鳅	*Pseudogastromyzon changtingensis*
249			方氏品唇鳅	*Pseudogastromyzon fangi*
250			巴马似原吸鳅	*Paraprotomyzon bamaensis*
251			秉氏爬岩鳅	*Beaufortia pingi*
252			贵州爬岩鳅	*Beaufortia kweichowensis*
253			圆体爬岩鳅	*Beaufortia cyclica*
254			广西华平鳅	*Sinohomaloptera kwangsiensis*
255			伍氏华吸鳅	*Sinogastromyzon wui*
256	脂鲤目	脂鲤科	短盖巨脂鲤	*Colossoma brachypomun*
257	鲇形目	鳗鲇科	鳗鲇	*Plotosus anguillaris*
258			线纹鳗鲇	*Plotosus lineatus*
259		海鲇科	硬头海鲇	*Arius leiotetocephalus*
260			中华海鲇	*Arius sinensis*
261		鲇科	西江鲇	*Silurus gilberti*
262			越南鲇	*Silurus cochinchinensis*
263			鲇	*Silurus asotus*
264			都安鲇	*Silurus hongshuiheensis*
265			大口鲇	*Silurus meridionalis*
266		胡子鲇科	胡子鲇	*Clarias fuscus*
267			革胡子鲇	*Clarias leather*
268		长臀鮠科	长臀鮠	*Cranoglanis bouderius*
269		鱼芒科	半棱华鱼芒	*Sinopangasius semicultratus*
270		鲿科	黄颡鱼	*Pelteobagrus fulvidraco*
271			中间黄颡鱼	*Pelteobagrus intermedius*
272			瓦氏黄颡鱼	*Pelteobagrus vachelli*
273			粗唇鮠	*Leiocassis crassilabris*
274			叉尾鮠	*Leiocassis tenuifurcatus*

（续）

序号	目	科	种	
			中文名	拉丁名
275	鲇形目	鲿科	条纹鮠	*Leiocassis virgatus*
276			纵带鮠	*Leiocassis argentivittatus*
277			越南拟鲿	*Pseudobagrus kyphus*
278			细体拟鲿	*Pseudobagrus pratti*
279			长脂拟鲿	*Pseudobagrus adiposalis*
280			白边拟鲿	*Pseudobagrus albomargintus*
281			斑鳠	*Mystus guttatus*
282			越鳠	*Mystus pluriradiatus*
283			大鳍鳠	*Mystus macropterus*
284		鮡科	巨魾	*Bagarius yarrelli*
285			福建纹胸鮡	*Glyptothorax fokiensis*
286			长尾鮡	*Pareuchiloglanis longicauda*
287		钝头鮠科	鳗尾鉠	*Liobagrus anguillicauda*
288			修仁鉠	*Xiurenbagrus xiurenensis*
289			巨修仁鉠	*Xiurenbagrus gigas*
290		鮰科	斑点叉尾鮰	*Ictalurus punctatus*
291	鲑形目	香鱼科	香鱼	*Plecoglossus altivelis*
292		银鱼科	太湖新银鱼	*Neosalanx taihuensis*
293			白肌银鱼	*Leucosoma chinensis*
294			居氏银鱼	*Salanx cuvieri*
295	灯笼鱼目	狗母鱼科	叉斑狗母鱼	*Synodus macrops*
296			肩斑狗母鱼	*Synodus hoshinonis*
297			大头狗母鱼	*Trachinocephalus myops*
298			长条蛇鲻	*Saurida filamentosa*
299			多齿蛇鲻	*Saurida tumbil*
300	月鱼目	烟管鱼科	鳞烟管鱼	*Fistularia petimba*
301		玻甲鱼科	玻甲鱼	*Centriscus scutus*
302	鳕形目	鼬鳚科	多须鼬鳚	*Brotula multibarbata*
303			仙鼬鳚	*Sirembo imberbis*
304			棘鼬鳚	*Hoplobrotula armata*
305	鲻形目	魣科	油魣	*Sphyraena pinguis*
306			日本魣	*Sphyraena japonica*
307			斑条魣	*Sphyraena jello*
308		鲻科	前鳞骨鲻	*Osteomugil ophuyseni*
309			硬头骨鲻	*Osteomugil stronylocephalus*

（续）

序号	目	科	种	
			中文名	拉丁名
310	鲻形目	鲻科	圆吻凡鲻	*Valamugil seheli*
311			棱鲮	*Liza carinatus*
312			鲮	*Liza haematocheila*
313			鲻鱼	*Mugil cephalus*
314			粗鳞鲮	*Liza dussumieri*
315		马鲅科	四指马鲅	*Eleutheronema tetradactylum*
316	银汉鱼目	银汉鱼科	白氏银汉鱼	*Allanetta bleekeri*
317	颌针鱼目	颌针鱼科	大圆颌针鱼	*Tylosurus giganteus*
318			黑背圆颌针鱼	*Tylosurus melanotus*
319			鳄形圆颌针鱼	*Tylosurus crocodilus*
320			横带扁颌针鱼	*Tylosurus hians*
321			圆颌针鱼	*Tylosurus strongylurus*
322			无斑圆颌针鱼	*Tylosurus leiurus*
323		鱵科	边鱵	*Hyporhamphus limbatus*
324			异鳞鱵	*Zenarchopterus buffonis*
325			中华鱵	*Hemiramphus sinensis*
326			乔氏吻鱵	*Rhynchorhamphus georgii*
327			间下鱵	*Hyporhamphus intermedius*
328			瓜氏鱵	*Hemiramphus quoyi*
329		飞鱼科	弓头燕鳐	*Cypselurus arcticeps*
330			花鳍燕鳐	*Cypselurus poecilopterus*
331			短鳍拟飞鱼	*Parexocoetud brachypterus*
332			尖头燕鳐	*Cypselurus oxycephalus*
333	合鳃鱼目	合鳃鱼科	黄鳝	*Monopterus albus*
334	鲈形目	双边鱼科	眶棘双边鱼	*Ambassis gymnocephalus*
335		尖吻科	尖吻鲈	*Lates calcarifer*
336		鮨科	双带黄鲈	*Diploprion bifasciatum*
337			花鲈	*Lateolabrax japonicus*
338			鳃棘鲈	*Plectropomus leopardus*
339			红九棘鲈	*Cephalopholis sonnerati*
340			斑点九棘鲈	*Cephalopholis argus*
341			青石斑鱼	*Epinephelus awoara*
342			鲑点石斑鱼	*Epinephelus fario*
343			宝石石斑鱼	*Epinephelus areolatus*
344			蜂巢石斑鱼	*Epinephelus merra*

（续）

序号	目	科	种	
			中文名	拉丁名
345	鲈形目	鮨科	棕点石斑鱼	*Epinephelus corallicola*
346			橙点石斑鱼	*Epinephelus bleekeri*
347			赤点石斑鱼	*Epinephelus akaara*
348			点带石斑鱼	*Epinephelus coioides*
349			中国少鳞鳜	*Coreoperca whiteheadi*
350			长身鳜	*Coreosiniperca roulei*
351			漓江鳜	*Siniperca loona*
352			柳州鳜	*Siniperca liuzhouensis*
353			波纹鳜	*Siniperca undulate*
354			斑鳜	*Siniperca scherzeri*
355			大眼鳜	*Siniperca kneri*
356			鳜	*Siniperca chuatsi*
357		天竺鲷科	双带天竺鲷	*Apogon taeniatus*
358		鱚科	多鳞鱚	*Sillago sihama*
359			少鳞鱚	*Sillago japonica*
360		鲹科	斑鳍若鲹	*Carangoides praeustus*
361			蓝圆鲹	*Decapterus maruadsi*
362			金带细鲹	*Selaroides leptolepis*
363			大甲鲹	*Megalapis cordyla*
364			竹荚鱼	*Trachurus japonicus*
365			丽叶鲹	*Atule kalla*
366			游鳍叶鲹	*Atule mate*
367			黑鳍叶鲹	*Atule malam*
368			无斑圆鲹	*Decapterus kurroides*
369			卵形鲳鲹	*Trachinotus ovatus*
370			短吻丝鲹	*Alectis ciliaris*
371			东方䲠鲹	*Scomberoides orientalis*
372			海南䲠鲹	*Scomberoides hainanensis*
373		石首鱼科	勒氏枝鳔石首鱼	*Dendrophysa russelli*
374			棘头梅童鱼	*Collichthys lucidus*
375			双棘黄姑鱼	*Nibea diacanthus*
376			大头白姑鱼	*Argyrosomus macrocephalus*
377			白姑鱼	*Argyrosomus argentatus*
378			杜氏叫姑鱼	*Johnius dussumieri*
379			红牙䱛	*Otolithes ruber*

（续）

序号	目	科	种	
			中文名	拉丁名
380	鲈形目	石首鱼科	大黄鱼	*Pseudosciaena crocea*
381		鲾科	鹿斑鲾	*Leiognathus ruconius*
382			长鲾	*Leiognathus elongatus*
383			杜氏鲾	*Leiognathus dussumieri*
384			条鲾	*Leiognathus rivulatus*
385			短吻鲾	*Leiognathus brevirostris*
386			黑斑鲾	*Leiognathus daura*
387			黄斑鲾	*Leiognathus bindus*
388			细纹鲾	*Leiognathus berbis*
389			粗纹鲾	*Leiognathus linellatus*
390			小牙鲾	*Dactyloptena petersoni*
391		银鲈科	短棘银鲈	*Greers lucidus*
392			五棘银鲈	*Pentarion longimanus*
393			十棘银鲈	*Gerreomorpha japonica*
394			红尾银鲈	*Greers oyena*
395			长棘银鲈	*Greers filamentosus*
396		笛鲷科	黑斑笛鲷	*Lutjanus johnii*
397			黄笛鲷	*Lutjanus lutjanus*
398			红笛鲷	*Lutjanus sanguineus*
399			勒氏笛鲷	*Lutjanus russilli*
400			线纹笛鲷	*Lutjanus lineolatus*
401		裸颊鲷科	杂色裸颊鲷	*Lethrinus variegatus*
402		鲷科	真鲷	*Chnysophrys major*
403			灰鳍鲷	*Sparus berda*
404			黄鳍鲷	*Sparus latus*
405			二长棘鲷	*Parargyrops edita*
406			平鲷	*Rhabdosargus sarba*
407			黑鲷	*Sparus macrocephalus*
408		金线鱼科	金线鱼	*Nemipterus virgatus*
409			深水金线鱼	*Nemipterus bathybius*
410		石鲈科	断斑石鲈	*Pomadasys hasta*
411		鯻科	鯻鱼	*Therapon theraps*
412			细鳞鯻	*Therapon jarbua*
413			叉牙鯻	*Helotes sexlineatus*
414		羊鱼科	条尾绯鲤	*Upeneus bensasi*

（续）

序号	目	科	种	
			中文名	拉丁名
415	鲈形目	羊鱼科	黄带绯鲤	*Upeneus sulphuroeus*
416			纵带绯鲤	*Upeneus subvittatus*
417			黑斑绯鲤	*Upeneus tragula*
418			金带拟羊鱼	*Mulloidichthys suriflamma*
419			大眼副绯鲤	*Parupeneus megalops*
420			无斑拟羊鱼	*Mulloidichthys vanicolensis*
421		鸡笼鲳科	斑点鸡笼鲳	*Drepane punctata*
422			条纹鸡笼鲳	*Drepane longimana*
423		金钱鱼科	金钱鱼	*Scatophagus argus*
424		赤刀鱼科	赤刀鱼	*Cepola schlegeli*
425		隆头鱼科	裂唇鱼	*Labroides dimidiatus*
426			红斑离鳍鱼	*Hemipteronotus caerulopunctatus*
427		拟鲈科	美拟鲈	*Parapercis pulchella*
428		篮子鱼科	褐篮子鱼	*Siganus fuscercens*
429			黄斑篮子鱼	*Siganus oramin*
430		带鱼科	带鱼	*Trichiurus lepturus*
431			小带鱼	*Euplerogrammus muticus*
432			沙带鱼	*Lepturacanthus savala*
433		鲅科	蓝点马鲛	*Scombermorus niphonius*
434			康氏马鲛	*Scombermorus commersoni*
435		鲳科	中国鲳	*Pampus chinesis*
436			银鲳	*Pampus argerteus*
437		塘鳢科	中华乌塘鳢	*Bostrichthys sinensis*
438			峈塘鳢	*Butis butis*
439			锯塘鳢	*Prionobutis koilomatodon*
440			尖头塘鳢	*Eleotris oxycephala*
441			黑体塘鳢	*Eleotris melanosoma*
442			海南细齿塘鳢	*Philypnus hainanensis*
443			大鳞细齿塘鳢	*Philypnus macrolepis*
444		鰕虎鱼科	云斑深鰕虎鱼	*Bathygobius fuscus*
445			舌鰕虎鱼	*Glossogobius giuris*
446			斑纹舌鰕虎鱼	*Glossogobius oliveceus*
447			青斑细棘鰕虎鱼	*Acentrogobius virdipunctatus*
448			绿斑细棘鰕虎鱼	*Acentrogobius chorostigmatoides*
449			短吻栉鰕虎鱼	*Ctenogobius brevirostris*

（续）

序号	目	科	种	
			中文名	拉丁名
450	鲈形目	鰕虎鱼科	裸顶栉鰕虎鱼	*Ctenogobius gymnauehen*
451			斑尾复鰕虎鱼	*Synechogobius ommaturus*
452			细点叉鰕虎鱼	*Apocryptodon malcolmi*
453			巴布亚丝鰕虎鱼	*Ctenogobius papuanus*
454			粘皮鲻鰕虎鱼	*Mugilogobius myxodermus*
455			子陵吻鰕虎鱼	*Rhinogobius giurinus*
456			溪吻鰕虎鱼	*Rhinogobius duospilus*
457			丝鳍吻鰕虎鱼	*Rhinogobius filamentosus*
458			李氏吻鰕虎鱼	*Rhinogobius leavelli*
459			瑶山吻鰕虎鱼	*Rhinogobius yaoshanensis*
460			小吻鰕虎鱼	*Rhinogobius parvus*
461		弹涂鱼科	弹涂鱼	*Periophthalmus cantonensis*
462			青弹涂鱼	*Scartelaos viridis*
463			大弹涂鱼	*Boleophthalmus pectinirostris*
464		鳗鰕虎鱼科	红狼牙鰕虎鱼	*Odontamblyopus rubicundus*
465			孔鰕虎鱼	*Trypauchen vagina*
466			须鳗鰕虎鱼	*Taenioides cirratus*
467			鳗鰕虎鱼	*Taenioides anguillaris*
468		棘臀鱼科	大口黑鲈	*Micropterus salmoides*
469		丽鱼科	莫桑比克罗非鱼	*Tilapia mossambicus*
470			尼罗罗非鱼	*Tilapia niloticus*
471		沙塘鳢科	中华沙塘鳢	*Odontobutis sinensis*
472			侧扁小黄黝鱼	*Micropercops compressocephalus*
473		攀鲈科	攀鲈	*Anabas testudineus*
474		斗鱼科	叉尾斗鱼	*Macropodus opercularis*
475			圆尾斗鱼	*Macropodus chinensis*
476		鳢科	斑鳢	*Channa maculate*
477			南鳢	*Channa gachua*
478			月鳢	*Channa asiatica*
479			黑月鳢	*Channa nox*
480		刺鳅科	刺鳅	*Mastacembelus aculeatus*
481			大刺鳅	*Mastacembelus armatus*
482	鳉形目	青鳉科	青鳉	*Oryzias latipes*
483		胎鳉科	食蚊鱼	*Gambusia affinis*
484	鲉形目	鲉科	棘鲉	*Hoplosebastes armatus*

（续）

序号	目	科	种	
			中文名	拉丁名
485	鲉形目	鲉科	翱翔蓑鲉	*Pterois volitans*
486			须蓑鲉	*Apistus carinatus*
487		毒鲉科	粗虎鲉	*Minous trachycephalus*
488			中华鬼鲉	*Inimicus sinensis*
489			双指鬼鲉	*Inimicus didactylus*
490		鲬科	鲬	*Platycephalus indicus*
491			大眼鲬	*Suggrundus meerdvoorti*
492			日本瞳鲬	*Inegocia japonicus*
493			丝鳍鲬	*Elates ransonneti*
494	鲽形目	牙鲆科	花鲆	*Tephrinectes sinensis*
495			双瞳斑鲆	*Pseudorhombus dupliocellatus*
496			少牙斑鲆	*Pseudorhombus oligodon*
497			桂皮斑鲆	*Pseudorhombus cinnamomeus*
498		鳎科	卵鳎	*Solea ovata*
499			缨鳞条鳎	*Zebrias crossolepis*
500			带纹条鳎	*Zebrias zebra*
501			角鳎	*Aesopia cornuta*
502			蛾眉条鳎	*Zebria quagga*
503		舌鳎科	斑头舌鳎	*Cynoglossus puncticeps*
504			中华舌鳎	*Cynoglossus sinicus*
505			日本须鳎	*Paraplagusia japonica*
506			三线舌鳎	*Cynoglossus trigrammus*
507	鲀形目	鳞鲀科	褐副鳞鲀	*Pseudobalistes fuscus*
508			缰纹多棘鳞鲀	*Sufflamen fraenatus*
509		革鲀科	中华单角鲀	*Monacanthus chinensis*
510			日本副单角鲀	*Paramonacanthus nipponensis*
511			丝背细鳞鲀	*Stephanolepis cirrhifer*
512		箱鲀科	角箱鲀	*Lactoria cornutus*
513		鲀科	铅点东方鲀	*Takifugu alboplumbeus*
514			虫纹东方鲀	*Takifugu vermicularis*
515			弓斑东方鲀	*Takifugu ocellatus*
516			横纹东方鲀	*Takifugu oblongus*
517			双斑东方鲀	*Takifugu bimaculatus*
518			月腹刺鲀	*Gastrophysus lunaris*
519			凹鼻鲀	*Chelonodon patoca*

（续）

序号	目	科	种	
			中文名	拉丁名
（二）两栖类				
1	蚓螈目	鱼螈科	版纳鱼螈	*Ichthyophis bananicus*
2	有尾目	小鲵科	猫儿山小鲵	*Hynobius maoershanensis*
3		隐鳃鲵科	大鲵	*Andrias davidianus*
4		蝾螈科	细痣瑶螈	*Yaotriton asperrimus*
5			弓斑肥螈	*Pachytriton archospotus*
6			瑶山肥螈	*Pachytriton inexpectatus*
7			莫氏肥螈	*Pachytriton moi*
8			尾斑瘰螈	*Paramesotriton caudopunctatus*
9			无斑瘰螈	*Paramesotriton labiatus*
10			富钟瘰螈	*Paramesotriton fuzhongensis*
11			红瘰疣螈	*Tylototriton shanjing*
12			广西瘰螈	*Paramesotriton guangxiensis*
13	无尾目	铃蟾科	强婚刺铃蟾	*Bombina fortinuptialis*
14		角蟾科	宽头短腿蟾	*Brachytarsophrys carinensis*
15			小角蟾	*Megophrys minor*
16			棘指角蟾	*Megophrys spinata*
17			挂墩角蟾	*Megophrys kuatunensis*
18			广西拟髭蟾	*Leptobrachium guangxiense*
19			峨眉髭蟾	*Vibrissaphora boringii*
20			崇安髭蟾	*Vibrissaphora liui*
21			高山掌突蟾	*Paramegophrys alpinus*
22			福建掌突蟾	*Paramegophrys liui*
23			费氏短腿蟾	*Brachytarsophrys feae*
24			三岛掌突蟾	*Paramegophrys sungi*
25			淡肩角蟾	*Megophrys boettgeri*
26			短肢角蟾	*Megophrys brachykolos*
27			景东角蟾	*Megophrys jindongensis*
28			大角蟾	*Megophrys major*
29			莽山角蟾	*Megophrys mangshanensisr*
30			峨眉角蟾	*Megophrys omeimontis*
31			粗皮角蟾	*Megophrys palpebralespinosa*
32			凹顶角蟾	*Megophrys parva*
33			小口拟角蟾	*Ophryophryne microstoma*
34			突肛拟角蟾	*Ophryophryne pachyproctus*

（续）

序号	目	科	种	
			中文名	拉丁名
35	无尾目	蟾蜍科	中华蟾蜍	*Bufo gargarizans*
36			黑眶蟾蜍	*Duttaphrynw melanostictus*
37			隐耳蟾蜍	*Tonentophryne cryptotympanicus*
38		雨蛙科	华西雨蛙	*Hyla gongshanensis*
39			中国雨蛙	*Hyla chinensis*
40			三港雨蛙	*Hyla sanchiangensis*
41			华南雨蛙	*Hyla simplex*
42			昭平雨蛙	*Hyla zhaopingensis*
43		蛙科	华南湍蛙	*Amolops ricketti*
44			崇安湍蛙	*Amolops chunganensis*
45			黑斑侧褶蛙	*Pelophylax nigromaculatus*
46			弹琴蛙	*Nidirana adenopleura*
47			沼蛙	*Boulongerana guentheri*
48			阔褶水蛙	*Sylvirana latouchii*
49			黑耳水蛙	*Sylvirana nigrotympanica*
50			台北纤蛙	*Hylarana taipehensis*
51			长趾纤蛙	*Hylarana macrodactyla*
52			泽陆蛙	*Fejervarya multistriata*
53			虎纹蛙	*Hoplobatrachus chinensis*
54			龙胜臭蛙	*Odorrana lungshengensis*
55			花臭蛙	*Odorrana schmackeri*
56			绿臭蛙	*Odorrana margaretae*
57			大绿臭蛙	*Odorrana livida*
58			竹叶蛙	*Odorrana versabilis*
59			版纳大头蛙	*Limnonectes bannaensis*
60			棘腹蛙	*Quasipaa boulengeri*
61			棘侧蛙	*Quasipaa shini*
62			棘胸蛙	*Quasipaa spinosa*
63			双团棘胸蛙	*Gynandropaa yunnanensis*
64			寒露林蛙	*Rana hanluica*
65			猫儿山林蛙	*Rana maoershanensis*
66			镇海林蛙	*Rana zhenhaiensis*
67			越南趾沟蛙	*Pseudorana johnsi*
68			河口水蛙	*Sylvirana hekouensis*
69			茅索水蛙	*Sylvirana maosonensis*

（续）

序号	目	科	种	
			中文名	拉丁名
70	无尾目	蛙科	安龙臭蛙	*Odorrana anlungensis*
71			海南臭蛙	*Odorrana hainanensis*
72			务川臭蛙	*Odorrana wuchuanensis*
73			景东臭蛙	*Odorrana jingdongensis*
74			海陆蛙	*Fejervarya cancrivora*
75			圆蟾舌蛙	*Phrynoglossus martensii*
76			小棘蛙	*Quasipaa exilispinosa*
77			尖舌湍蛙	*Occidozyga lima*
78		树蛙科	白斑水树蛙	*Aquixalus albopunctatus*
79			锯腿水树蛙	*Aquixalus odontotasus*
80			金秀纤树蛙	*Gracixalus jinxiuensis*
81			弄岗纤树蛙	*Gracixalus nonggangensis*
82			红吸盘棱皮树蛙	*Theloderma rhododiscus*
83			峨眉树蛙	*Rhacophorus omeimontis*
84			瑶山树蛙	*Rhacophorus yaoshanensis*
85			红蹼树蛙	*Rhacophorus rhodopus*
86			斑腿泛树蛙	*Polypedates megacephalus*
87			无声囊泛树蛙	*Polypedates mutus*
88			广西棱皮树蛙	*Theloderma kwangsiensis*
89			粗皮水树蛙	*Aquixalus asper*
90			黑眼纤小树蛙	*Grocixalus gracilipes*
91			侧条跳树蛙	*Chirixalus vittatus*
92			罗默刘树蛙	*Liuixalus romeri*
93			大树蛙	*Rhacophorus dennysi*
94			黑蹼树蛙	*Rhacophorus kio*
95			老山树蛙	*Rhacophorus laoshan*
96			白线树蛙	*Rhacophorus leucofasciatius*
97			侏树蛙	*Rhacophorus minimus*
98		姬蛙科	花狭口蛙	*Kaloula pulchra*
99			弄岗狭口蛙	*Kaloula nonggangensis*
100			粗皮姬蛙	*Microhyla butleri*
101			小弧斑姬蛙	*Microhyla heymonsi*
102			饰纹姬蛙	*Microhyla ornata*
103			花姬蛙	*Microhyla pulchra*
104			德力小姬蛙	*Micryletta inornata*

（续）

序号	目	科	种	
			中文名	拉丁名
105	无尾目	姬蛙科	花细狭口蛙	*Kalophrynus interlineatus*
（三）爬行类				
1	龟鳖目	平胸龟科	平胸龟	*Platysternon megacephalum*
2		淡水龟科	黑颈乌龟	*Mauremys nigricans*
3			乌龟	*Mauremys reevesii*
4			眼斑龟	*Sacalia bealei*
5			四眼斑龟	*Sacalia quadriocellata*
6			三线闭壳龟	*Cuora trifasciata*
7			锯缘龟	*Cuora mouhotii*
8			地龟	*Geoemyda spengleri*
9			中华花龟	*Mauremys sinensis*
10			大头乌龟	*Mauremys megalocephala*
11			黄喉拟水龟	*Mauremys mutica*
12			马来闭壳龟	*Cuora amboinensis*
13			黄缘闭壳龟	*Cuora flavomarginata*
14			黄额闭壳龟	*Cuora galkinifrons*
15			白色闭壳龟	*Cuora mccordi*
16			云南闭壳龟	*Cuora yunnanensis*
17			周氏闭壳龟	*Cuora zhoui*
18			齿缘摄龟	*Cycleny dentata*
19		海龟科	蠵龟	*Caretta Caretta*
20			海龟	*Chelonia mydas*
21			玳瑁	*Eretmochelys imbricata*
22			太平洋丽龟	*Lepidochelys olivacea*
23		棱皮龟科	棱皮龟	*Dermochelys coriacea*
24		鳖科	鼋	*Pelochelys cantorii*
25			中华鳖	*Pelodisus sinensis*
26			小鳖	*Pelodiscus parviformi*
27			山瑞鳖	*Palea steindachneri*
28	有鳞目	鳄蜥科	鳄蜥	*Shinisaurus crocodilurus*
29		游蛇科	粉链蛇	*Dinodon rosozonatum*
30			赤链蛇	*Dinodon rufozonatum*
31			环纹华游蛇	*Sinonatrix aequifasciata*
32			乌华游蛇	*Sinonatrix percarinata*
33			缅北腹链蛇	*Amphiesma venningi*

（续）

序号	目	科	种	
			中文名	拉丁名
34	有鳞目	游蛇科	白眉腹链蛇	*Amphiesma boulengeri*
35			黑带腹链蛇	*Amphiesma bitaeniata*
36			无颞鳞腹链蛇	*Amphiesma atemporalis*
37			腹斑腹链蛇	*Amphiesma modesta*
38			福建后棱蛇	*Opisthotropis maxuelli*
39			灰鼠蛇	*Ptyes korros*
40			乌梢蛇	*Zaocys dhumnades*
41			黑斑水蛇	*Enhydris bennetti*
42			中国水蛇	*Enhydris Chinensis*
43			铅色水蛇	*Enhydris pluncbea*
44			黄链蛇	*Dinodon flavozonatum*
45			紫沙蛇	*Psammvdynastes pulverulentus*
46			颈槽游蛇	*Rhabdophis nuchalis*
47			棕黑腹链蛇	*Amphiesma sauteri*
48			锈链腹链蛇	*Amphiesma craspedogaster*
49			丽纹腹链蛇	*Amphiesma optata*
50			坡普腹链蛇	*Amphiesma popei*
51			草腹链蛇	*Amphiesma stolata*
52			渔游蛇	*Xenochrophis piscator*
53			广西后棱蛇	*Opisthotropis guangxiensis*
54			横纹后棱蛇	*Opisthotropis balteata*
55			挂墩后棱蛇	*Opisthotropis kuatunensis*
56			侧条后棱蛇	*Opisthotropis lateralis*
57		眼镜蛇科	银环蛇	*Bungarus multicinctus*
58			舟山眼镜蛇	*Naja atra*
59		蝰科	尖吻蝮	*Deinagkistrodon acutus*
60		海蛇科	青环海蛇	*Hydrophis cyanocinctus*
61			环纹海蛇	*Hydrophis fasciatus*
62			黑头海蛇	*Hydrophis melanocephalus*
63			小头海蛇	*Hydrophis gracilis*
64			淡灰海蛇	*Hydrophis ornatus*

（续）

序号	目	科	种	
			中文名	拉丁名
65	有鳞目	海蛇科	平颏海蛇	*Lapemis curtus*
66			长吻海蛇	*Pelamis platurus*
67			海蝰	*Pelamis viperina*
（四）鸟　类				
1	潜鸟目	潜鸟科	红喉潜鸟	*Gavia stellata*
2			黑喉潜鸟	*Gavia arctica*
3	鸊鷉目	鸊鷉科	小鸊鷉	*Tachybaptus ruficollis*
4			凤头鸊鷉	*Podiceps cristatus*
5			黑颈鸊鷉	*Podiceps nigricollis*
6			赤颈鸊鷉	*Podiceps grisegena*
7	鹱形目	鹱科	白额鹱	*Puffinus leucomelas*
8	鹈形目	鹈鹕科	斑嘴鹈鹕	*Pelecanus philippensis*
9			卷羽鹈鹕	*Pelecanus crispus*
10		鲣鸟科	褐鲣鸟	*Sula leucogaster*
11		鸬鹚科	普通鸬鹚	*Phalacrocorax carbo*
12			海鸬鹚	*Phalacrocorax pelagicus*
13		军舰鸟科	白斑军舰鸟	*Fregata ariel*
14	鹳形目	鹭科	苍鹭	*Ardea cinerea*
15			草鹭	*Ardea purpurea*
16			绿鹭	*Butorides striatus*
17			池鹭	*Ardeola bacchus*
18			牛背鹭	*Bubulcus ibis*
19			大白鹭	*Egretta alba*
20			白鹭	*Egretta garzetta*
21			中白鹭	*Egretta intermedia*
22			黄嘴白鹭	*Egretta eulophotes*
23			岩鹭	*Egretta sacra*
24			夜鹭	*Nycticorax nycticorax*
25			栗头鳽	*Gorsachius goisagi*
26			海南鳽	*Gorsachius magnificus*
27			黑冠鳽	*Gorsachius melanolophus*
28			黄斑苇鳽	*Ixobrychus sinensis*
29			紫背苇鳽	*Ixobrychus eurhythmus*
30			栗苇鳽	*Ixobrychus cinnamomeus*
31			黑苇鳽	*Dupetor flavicollis*

（续）

序号	目	科	种	
			中文名	拉丁名
32	鹳形目	鹭科	大麻鳽	*Botaurus stellaris*
33		鹳科	东方白鹳	*Ciconia boyciana*
34			黑鹳	*Ciconia nigra*
35			钳嘴鹳	*Anastomus oscitans*
36		鹮科	黑头白鹮	*Threskiornis melanocephalus*
37			白琵鹭	*Platalea leucorodia*
38			黑脸琵鹭	*Platalea minor*
39	雁形目	鸭科	红胸黑雁	*Branta ruficollis*
40			豆雁	*Anser fabalis*
41			白额雁	*Anser albifrons*
42			小白额雁	*Anser erythropus*
43			灰雁	*Anser anser*
44			小天鹅	*Cygnus columbianus*
45			栗树鸭	*Dendrocygna javanica*
46			赤麻鸭	*Adorna ferruginea*
47			翘鼻麻鸭	*Tadorna tadorna*
48			针尾鸭	*Anas acuta*
49			绿翅鸭	*Anas crecca*
50			花脸鸭	*Anas formosa*
51			绿头鸭	*Anas platyrhynchos*
52			斑嘴鸭	*Anas poecilorhyncha*
53			赤膀鸭	*Anas strepera*
54			赤颈鸭	*Anas penelope*
55			罗纹鸭	*Anas falcata*
56			白眉鸭	*Anas querquedula*
57			琵嘴鸭	*Anas clypeata*
58			赤嘴潜鸭	*Netta rufina*
59			红头潜鸭	*Aythya ferina*
60			白眼潜鸭	*Aythya nyroca*
61			青头潜鸭	*Aythya baeri*
62			凤头潜鸭	*Aythya fuligula*
63			斑背潜鸭	*Aythya marila*
64			鸳鸯	*Aix galericulata*
65			棉凫	*Nettapus coromandelianus*
66			斑头秋沙鸭	*Mergus albellus*

（续）

序号	目	科	种	
			中文名	拉丁名
67	雁形目	鸭科	中华秋沙鸭	*Mergus squamatus*
68			红胸秋沙鸭	*Mergus serrator*
69			普通秋沙鸭	*Mergus merganser*
70	隼形目	鹗科	鹗	*Pandion haliatus*
71	鹤形目	三趾鹑科	林三趾鹑	*Turnix sylvatica*
72			黄脚三趾鹑	*Turnix tanki*
73			棕三趾鹑	*Turnix suscitator*
74		鹤科	灰鹤	*Grus grus*
75		秧鸡科	普通秧鸡	*Rallus aquaticus*
76			白喉斑秧鸡	*Rallina eurizonoides*
77			小田鸡	*Porzana pusilla*
78			红胸田鸡	*Porzana fusca*
79			灰胸秧鸡	*Gallirallus striatus*
80			斑胁田鸡	*Porzana paykullii*
81			棕背田鸡	*Porzana bicolor*
82			花田鸡	*Porzana exquisite*
83			红脚苦恶鸟	*Amaurornis akool*
84			白胸苦恶鸟	*Amaurornis phoenicurus*
85			董鸡	*Gallicrex cinerea*
86			黑水鸡	*Gallinula chloropus*
87			紫水鸡	*Porphyrio porphyrio*
88			白骨顶	*Fulica atra*
89	鸻形目	水雉科	铜翅水雉	*Metapidius indicus*
90			水雉	*Hydrophasianus chirurgus*
91		彩鹬科	彩鹬	*Rostratula benghalensis*
92		蛎鹬科	蛎鹬	*Haematopus ostralegus*
93		反嘴鹬科	黑翅长脚鹬	*Himantopus himantopus*
94			反嘴鹬	*Recurvirostra avosetta*
95		燕鸻科	普通燕鸻	*Glareola maldivarum*
96		鸻科	凤头麦鸡	*Vanellus vanellus*
97			灰头麦鸡	*Vanellus cinereus*
98			距翅麦鸡	*Vanellus duvaucelii*
99			灰斑鸻	*Pluvialis squatarola*
100			美洲金鸻	*Pluvialis fulva*
101			剑鸻	*Charadrius hiaticula*

（续）

序号	目	科	种	
			中文名	拉丁名
102	鸻形目	鸻科	长嘴剑鸻	*Charadrius placidus*
103			金眶鸻	*Charadrius dubius*
104			环颈鸻	*Charadrius alexandrinus*
105			蒙古沙鸻	*Charadrius mongolus*
106			铁嘴沙鸻	*Charadrius leschenaultii*
107			东方鸻	*Charadrius veredus*
108		鹬科	小杓鹬	*Numenius minutus*
109			中杓鹬	*Numenius phaeopus*
110			白腰杓鹬	*Numenius arquata*
111			大杓鹬	*Numenius madagascariensis*
112			黑尾塍鹬	*Limosa limosa*
113			斑尾塍鹬	*Limosa lapponica*
114			红脚鹤鹬	*Tringa erythropus*
115			红脚鹬	*Tringa totanus*
116			泽鹬	*Tringa stagnatilis*
117			青脚鹬	*Tringa nebularia*
118			白腰草鹬	*Tringa ochropus*
119			小青脚鹬	*Tringa nebularia*
120			林鹬	*Tringa glareola*
121			矶鹬	*Actitis hypoleucos*
122			灰尾漂鹬	*Heteroscelus brevipes*
123			翘嘴鹬	*Xenus cinereus*
124			翻石鹬	*Arenaria interpres*
125			半蹼鹬	*Limnodromus semipalmatus*
126			孤沙锥	*Gallinago solitaria*
127			针尾沙锥	*Gallinago stenura*
128			大沙锥	*Gallinago megala*
129			扇尾沙锥	*Gallinago gallinago*
130			丘鹬	*Scolopax rusticola*
131			姬鹬	*Lymnocryptes minimus*
132			红腹滨鹬	*Calidris canutus*
133			大滨鹬	*Calidris tenuirostris*
134			青脚滨鹬	*Calidris temminckii*
135			红颈滨鹬	*Calidris ruficollis*
136			长趾滨鹬	*Calidris subminuta*

（续）

序号	目	科	种	
			中文名	拉丁名
137			尖尾滨鹬	*Calidris acuminata*
138	鸻形目	鹬科	黑腹滨鹬	*Dunlin Calidris*
139			白腰滨鹬	*Calidris fuscicolli*
140			弯嘴滨鹬	*Calidris ferruginea*
141			三趾滨鹬	*Sanderling alka*
142			勺嘴鹬	*Eurynorhynchus pygmeus*
143			阔嘴鹬	*Limicola falcinellus*
144			流苏鹬	*Philomachus pugnax*
145			红颈瓣蹼鹬	*Phalaropus lobatus*
146		贼鸥科	中贼鸥	*Stercorarius pomarinus*
147		鸥科	黑尾鸥	*Larus crassirostris*
148			海鸥	*Larus canus*
149			银鸥	*Larus argentatus*
150			西伯利亚银鸥	*Larus vegae*
151			黄脚银鸥	*Larus cachinnans*
152			小黑背银鸥	*Larus fuscus*
153			灰背鸥	*Larus schistisagus*
154			灰翅鸥	*Larus glaucescens*
155			北极鸥	*Larus hyperboreus*
156			红嘴鸥	*Larus ridibundus*
157			小鸥	*Larus minutus*
158			黑嘴鸥	*Larus saundersi*
159			三趾鸥	*Rissa tridactyla*
160			须浮鸥	*Chlidonias hybrida*
161		燕鸥科	白翅浮鸥	*Chlidonias leucoptera*
162			鸥嘴噪鸥	*Gelochelidon nilotica*
163			红嘴巨鸥	*Hydroprogne caspia*
164			普通燕鸥	*Sterna hirundo*
165			粉红燕鸥	*Sterna dougallii*
166			黑枕燕鸥	*Sterna sumatrana*
167			白额燕鸥	*Sterna albifrons*
168			大凤头燕鸥	*Thalasseus bergii*
169		海雀科	扁嘴海雀	*Synthiboramphus antiquus*
170	鸮形目	鸱鸮科	褐鱼鸮	*Ketupa zeylonensis*
171			黄脚渔鸮	*Ketupa flavipes*

（续）

序号	目	科	种	
			中文名	拉丁名
172	佛法僧目	翠鸟科	斑头大翠鸟	*Alcedo hercules*
173			三趾翠鸟	*Ceyx erithacus*
174			冠鱼狗	*Megacaeryle lugubris*
175			斑鱼狗	*Ceryle rudis*
176			普通翠鸟	*Alcedo atthis*
177			白胸翡翠	*Halcyon smyrnensis*
178			蓝翡翠	*Halcyon pileata*
179	雀形目	鹟科	红尾水鸲	*Rhyacornis fuliginosus*
180			小燕尾	*Enicurus scouleri*
181			灰背燕尾	*Enicurus schistaceus*
182			白额燕尾	*Enicurus leschenaulti*
183			斑背燕尾	*Enicurus maculatus*
184			白顶溪鸲	*Chaimarrornis leucocephalus*
185		河乌科	褐河乌	*Cinclus pallasii*
（五）哺乳类				
1	食肉目	鼬科	水獭	*Lutra lutra*
2			小爪水獭	*Aonyx cinerea*
3		獴科	红颊獴	*Herpestes javanicus*
4			食蟹獴	*Herpestes urva*
5	鲸目	鼠海豚科	江豚	*Neomeris phocaenoides*
6		海豚科	中华白海豚	*Sousa chinensis*
7			宽吻海豚	*Tursiops truncatus*
8	海牛目	儒艮科	儒艮	*Dugong dugon*
二、无脊椎动物				
1	中腹足目	田螺科	中华圆田螺	*Cipangopaludina cathayensis*
2			中国圆田螺	*Cipangopaludina chinensis*
3			环棱螺(1)	*Bellamya* sp. (1)
4			环棱螺(2)	*Bellamya* sp. (2)
5			铜锈环棱螺	*Bellamya aetuginosa*
6			梨形环棱螺	*Bellamya purificata*
7			方形环棱螺	*Bellamya quadrata*
8			多棱角螺	*Angulyagra polyzonata*
9		瓶螺科	福寿螺	*Pomacea canaliculata*
10			瓶螺	*Pila* sp.
11		盖螺科	钉螺	*Oncomelania* sp.

（续）

序号	目	科	种	
			中文名	拉丁名
12	中腹足目	角雀螺科	纹沼螺	*Parafossarulus striatulus*
13			长角涵螺	*Alocinma longicornis*
14			涵螺	*Alocinma* sp.
15		狭口螺科	光滑狭口螺	*Stenothyra glabra*
16		椎实螺科	耳萝卜螺	*Radix auricularia*
17			静水椎实螺	*Lymnaea stagnalis*
18			萝卜螺	*Radix* sp.
19			椭圆萝卜螺	*Radix swinhoei*
20			折叠萝卜螺	*Radix plicatula*
21			卵萝卜螺	*Radix ovata*
22			狭萝卜螺	*Radix lagotis*
23			土蜗	*Galba*
24			小土蜗	*Galba pervia*
25		肋蜷科	黑龙江短沟蜷	*Semisulcospira amurensis*
26			短沟蜷	*Semisulcospira* sp.
27			方格短沟蜷	*Semisulcospira cancellata*
28			斜粒粒蜷	*Tarebia granifera*
29			瘤拟黑螺	*Melanoides tuberculata*
30		扁蜷螺科	凸旋螺	*Gyraulus convexiusculus*
31	基眼目	膀胱螺科	泉膀胱螺	*Physa fontinalis*
32	柄眼目	盘螺科	鱼盘螺	*Valvata piscinalis*
33	真瓣鳃目	蚌科	佛耳丽蚌	*Lamprotula martsuyi*
34			背瘤丽蚌	*Lamprotula leai*
35			多瘤丽蚌	*Lamprotula polysticta*
36			三角帆蚌	*Hyriopsis cumingii*
37			褶纹冠蚌	*Cristaria plicata*
38			无齿蚌(1)	*Anodonta* sp. (1)
39			无齿蚌(2)	*Anodonta* sp. (2)
40			背角无齿蚌	*Anodonta woodiana woodiana*
41			圆背角无齿蚌	*Anodonta woodiana pacifica*
42			短棘矛蚌	*Lanceolaria grayana*
43		贻贝科	淡水壳菜	*Limnoprna lacustris*
44		蚬科	刻纹蚬	*Corbicula largillierti*
45			河蚬	*Corbicula fluminea*
46			蚬	*Corbicula* sp.

（续）

序号	目	科	种	
			中文名	拉丁名
47	真瓣鳃目	蚬科	闪蚬	*Corbicula nitens*
48			拉氏蚬	*Corbicula largillierti*
49	十足目	匙指虾科	米虾	*Caridina* sp.
50			中华米虾	*Caridina denticulate sinensis*
51			细足米虾	*Caridina nilotica gracilipes*
52		长臂虾科	沼虾	*Macrobrachium* sp.
53			秀丽白虾	*Palaemon*(Exop.)*modesdus*
54			小长臂虾	*Palaemonetes* sp.
55		龙虾科	克氏鳌虾	*Cambarrusclarkii*
56		溪蟹科	溪蟹(1)	*Potamon* sp.(1)
57			溪蟹(2)	*Potamon* sp.(2)
58		束腹蟹科	中华束腹蟹	*Somanniathel phusa sinensis*

附录3 广西重点调查湿地概况

一、自然保护区重点调查湿地

1. 广西山口国家级红树林生态自然保护区重点调查湿地

广西山口国家级红树林生态自然保护区重点调查湿地范围面积9046.40公顷，湿地面积为7594.81公顷，主要湿地类型为红树林湿地、淤泥质海滩湿地、沙石海滩湿地、河口水域湿地、三角洲/沙洲/沙岛湿地和浅海水域湿地。地理坐标为东经108°15′~108°00′，北纬21°38′~21°31′；位于合浦县境内。

湿地高等植物34科48属60种。红树半红树植物共计11科14属14种，其中红树植物7科9属9种，半红树植物4科5属5种。记录到外来植物物种1种。

湿地植被划分为2个植被型组，2个植被型，6个群系。脊椎动物5纲22目61科170种。其中，鱼类11目39科91种，两栖类1目3科7种，爬行类2目3科7种，鸟类6目14科63种，哺乳类2目2科2种。

国家重点保护野生动物5种。其中，国家Ⅰ级保护野生动物1种，国家Ⅱ级保护野生动物4种。在国家重点保护野生动物中，湿地鸟类2种，均为国家Ⅱ级保护。

于1990年建立并直接成为国家级自然保护区，2000年加入联合国教科文组织“人与生物圈”计划(MBP)，2000年列入《国际重要湿地名录》，受海洋部门管理，成立了广西山口国家级红树林生态自然保护区管理处管理机构。

主要受到滩涂围垦、水体污染、过度捕捞、偷猎、外来物种入侵等威胁。

2. 广西北仑河口国家级自然保护区重点调查湿地

广西北仑河口国家级自然保护区重点调查湿地范围面积4340.46公顷，湿地面积为3202.31公顷，主要湿地类型为红树林湿地、沙石海滩湿地、浅海水域湿地和河口水域湿地。地理坐标为东经108°00′~108°16′，北纬21°31′~21°37′；位于防城港市防城区和东兴市境内。

湿地高等植物18科21属22种。其中，红树植物11科14属15种，半生植物5科5属5种，海草床植物2科2属2种。

湿地植被划分为2个植被型组，2个植被型，8个群系。

脊椎动物5纲32目89科254种。其中，鱼类7目24科39种，两栖类1目3科9种，爬行类3目4科9种，鸟类16目50科187种，哺乳类5目8科10种。

国家重点保护野生动物30种。其中，国家Ⅰ级保护野生动物1种，国家Ⅱ级保护野生动物29种。在国家重点保护野生动物中，湿地鸟类27种，其中国家Ⅰ级保护鸟类1种，国家Ⅱ级保护鸟类26种。

于1990年建立自治区级自然保护区，2000年晋升为国家级自然保护区，2008年列入《国际重要湿地名录》，受海洋部门管理，成立了广西北仑河口国家级自然保护区管理处管理机构。

主要受到水体污染、偷猎、围海养殖威胁。

3. 钦州湾湿地重点调查湿地

钦州湾湿地重点调查湿地范围面积144632.10公顷，湿地面积为61087.17公顷，主要湿地类型为红树林湿地、浅海水域湿地、河口水域湿地、沙石海滩湿地和淤泥质海滩湿地。地理坐标为108°26′14″~108°45′30″，北纬21°32′51″~21°57′22″；位于钦州市钦南区境内。

湿地高等植物21科30属40种。记录到外来植物物种1科1属1种。

湿地植被划分为3个植被型组，4个植被型，8个群系。

脊椎动物5纲20目49科136种。其中，鱼类10目31科58种，两栖类1目2科4种，爬行类1目2科6种，鸟类7目12科66种，哺乳类1目2科2种。

国家重点保护野生动物7种。其中，国家Ⅰ级保护野生动物1种，国家Ⅱ级保护野生动物6种。在国家重点保护野生动物中，湿地鸟类4种，均为国家Ⅱ级保护。

在2000年公布的《中国湿地保护行动规划》中，钦州湾湿地被列入国家重点保护湿地名录。受国土、旅游等多部门共同管理。

主要受到滩涂围垦、围海养殖、水体污染、过度捕捞、偷猎、外来物种入侵等威胁。

4. 广西茅尾海红树林自治区级自然保护区重点调查湿地

广西茅尾海红树林自治区级自然保护区重点调查湿地范围面积5926.01公顷，湿地面积为5007.25公顷，主要湿地类型为红树林湿地和河口水域湿地。地理坐标为东经108°28′~108°54′，北纬21°44′~21°54′；位于钦州市钦南区境内。

湿地高等植物20科29属39种，其中红树植物13科16属16种(包括真红树植物8科10属10种，半红树植物5科6属6种)。记录到外来植物物种1种。

湿地植被划分为2个植被型组，2个植被型，5个群系。

脊椎动物5纲21目49科97种。其中，鱼类10目32科50种，两栖类1目2科5种，爬行类2目3科4种，鸟类7目11科40种，哺乳类1目1科1种。

国家重点保护野生动物3种，均为国家Ⅱ级保护，其中湿地鸟类1种。

于2005年建立自治区级自然保护区，受林业部门管理，成立了广西茅尾海红树林自治区级自然保护区管理处管理机构。

主要受到水体污染、滩涂围垦、围海养殖、过度捕捞和海堤建设等威胁。

5. 澄碧河水库湿地(含澄碧河自然保护区)重点调查湿地

澄碧河水库湿地重点调查湿地范围面积77774.50公顷，湿地面积为4449.90公顷，主要湿地类型为库塘湿地。地理坐标为东经106°24′~106°48′，北纬23°53′~24°12′；位于百色市右江区境内。

湿地高等植物40科71属108种。记录到外来植物物种1种。

湿地植被划分为2个植被型组，3个植被型，6个群系。

脊椎动物5纲23目48科143种。其中，鱼类6目13科36种，两栖类2目5科20种，爬行类2目5科12种，鸟类8目16科59种，哺乳类5目9科16种。

国家重点保护野生动物12种。其中，国家Ⅰ级保护野生动物1种，国家Ⅱ级保护野生动物11种。在国家重点保护野生动物中，湿地鸟类4种，均为国家Ⅱ级保护。

于1982年建立自然保护区，2002年明确为市级保护区，受林业部门管理，由百林林场代管。

主要受到过度捕捞、水体污染威胁。

6. 广西大瑶山国家级自然保护区重点调查湿地

广西大瑶山国家级自然保护区重点调查湿地范围面积29726.38公顷，湿地面积为187.69公顷，主要湿地类型为永久性河流湿地。地理坐标为东经111°01′~110°22′，北纬23°52′~24°22′；位于金秀瑶族自治县境内。

湿地高等植物44科106属106种。记录到外来植物物种2科2属2种。

湿地植被划分为1个植被型组，2个植被型，3个群系。

脊椎动物4纲15目37科151种。其中，鱼类3目12科36种，两栖类2目9科49种，鸟类8目10科36种，爬行类2目6科30种。

国家重点保护野生动物6种。其中，国家Ⅰ级保护野生动物1种，国家Ⅱ级保护野生动物5种。在国家重点保护野生动物中，湿地鸟类1种，为国家Ⅱ级保护。

于1982年建立自然保护区，2000年晋升为国家级自然保护区，受林业部门管理，成立了广西大瑶山国家级自然保护区管理局管理机构。

主要受到偷猎威胁。

7. 广西岑王老山国家级自然保护区重点调查湿地

广西岑王老山国家级自然保护区重点调查湿地范围面积20579.30公顷，湿地面积为58.15公顷，主要湿地类型为永久性河流湿地 。地理坐标为东经106°15′~106°27′，北纬24°21′~24°32′；位于田林县和凌云县境内。

湿地高等植物41科72属109种。

湿地植被划分为2个植被型组，3个植被型，7个群系。

脊椎动物隶属5纲15目41科86种。其中，鱼类2目4科6种，两栖类2目6科19种，爬行类2目5科13种，鸟类6目8科25种，哺乳类3目8科23种。

国家重点保护野生动物9种，均为国家Ⅱ级保护。在国家重点保护野生动物中，无湿地鸟类。

于1982年建立自治区级自然保护区，2007年晋升为国家级自然保护区，受林业部门管理，成立了广西岑王老山国家级自然保护区管理局管理机构。

主要受到偷猎、过度放牧威胁。

8. 广西金钟山黑颈长尾雉国家级自然保护区重点调查湿地

广西金钟山黑颈长尾雉国家级自然保护区重点调查湿地范围面积22478.82公顷，湿地面积为

706.71 公顷，主要湿地类型为库塘湿地。地理坐标为东经 104°46′~105°00′，北纬 24°32′~24°43′；位于隆林各族自治县和西林县境内。

湿地高等植物 42 科 84 属 135 种。

脊椎动物 5 纲 21 目 50 科 145 种。其中，鱼类 5 目 14 科 47 种，两栖类 1 目 5 科 20 种，爬行类 2 目 5 科 9 种，鸟类 9 目 16 科 48 种，哺乳类 4 目 10 科 21 种。

国家重点保护野生动物 10 种，均为国家Ⅱ级保护，其中湿地鸟类 2 种。

于 1982 年建立自然保护区，2008 年晋升为国家级自然保护区，受林业部门管理，成立了广西金钟山黑颈长尾雉自然保护区管理局管理机构。

主要受到社区生产活动干扰和偷猎威胁。

9. 广西雅长兰科植物国家级自然保护区重点调查湿地

广西雅长兰科植物国家级自然保护区重点调查湿地范围面积 23702.63 公顷，湿地面积为 27.31 公顷，主要湿地类型为永久性河流湿地。地理坐标为东经 106°11′~106°27′，北纬 24°44′~24°53′；位于乐业县境内。

湿地高等植物 28 科 37 属 103 种。

湿地植被划分为 1 个植被型组，3 个植被型，3 个群系。

脊椎动物 5 纲 22 目 57 科 115 种。其中，鱼类 6 目 9 科 23 种，两栖类 2 目 6 科 19 种，爬行类 2 目 5 科 12 种，鸟类 8 目 14 科 36 种，哺乳类 4 目 9 科 25 种。

国家重点保护野生动物 12 种，均为国家Ⅱ级保护。在国家重点保护野生动物中，无湿地鸟类。

于 2005 年建立自治区级自然保护区，于 2009 年晋升国家级自然保护区，受林业部门管理，成立了广西雅长兰科植物国家级自然保护区管理局管理机构。

主要受到偷猎和栖息地破坏威胁。

10. 广西合浦儒艮国家级自然保护区重点调查湿地

广西合浦儒艮国家级自然保护区重点调查湿地范围面积 16092.38 公顷，湿地面积为 14413.08 公顷，主要湿地类型为浅海水域湿地和沙石海滩湿地。地理坐标为 A（东经 109°38′30″，北纬 21°30′）、B（东经 109°46′30″，北纬 21°30′）、C（东经 109°34′30″，北纬 21°18′）、D（东经 109°44′，北纬 21°18′）4 个点连线内的海域；位于合浦县境内。

湿地高等植物 2 科 4 属 5 种。

湿地植被划分为 1 个植被型组，1 个植被型，3 个群系。

脊椎动物 5 纲 23 目 56 科 121 种。其中，鱼类 13 目 36 科 55 种，两栖类 1 目 1 科 1 种，爬行类 1 目 2 科 3 种，鸟类 6 目 14 科 59 种，哺乳类 2 目 3 科 3 种。

国家重点保护野生动物 5 种。其中，国家Ⅰ级保护野生动物 3 种，国家Ⅱ级保护野生动物 2 种。在国家重点保护野生动物中，湿地鸟类 2 种，其中国家Ⅰ级保护鸟类 1 种，国家Ⅱ级保护鸟类 1 种。

于 1986 年建立自治区级自然保护区，1992 年晋升国家级自然保护区，受环保部门管理，成立了广西合浦儒艮国家级自然保护区管理站管理机构。

主要受到水体污染、滩涂围垦、围海养殖、航运干扰、偷猎滥捕等威胁。

11. 广西防城金花茶国家级自然保护区重点调查湿地

广西防城金花茶国家级自然保护区重点调查湿地范围面积9959.56公顷，湿地面积为51.86公顷，主要湿地类型为库塘湿地。地理坐标为东经108°01′~108°12′，北纬21°43′~21°49′；位于防城港市防城区境内。

湿地高等植物33科63属79种。记录到外来植物物种1种。

湿地植被划分为3个植被型组，4个植被型，4个群系。

脊椎动物5纲14目26科68种。其中，鱼类4目11科26种，两栖类1目4科11种，爬行类2目4科11种，鸟类6目6科18种，哺乳类1目1科2种。

国家重点保护野生动物1种，为国家Ⅱ级保护。在国家重点保护野生动物中，无湿地鸟类。

于1986年建立自治区级自然保护区，1994年晋升国家级自然保护区，受环保部门管理，成立了广西防城金花茶国家级自然保护区管理处管理机构。

主要受到偷猎威胁。

12. 广西十万大山国家级自然保护区重点调查湿地

广西十万大山国家级自然保护区重点调查湿地范围面积58290.69公顷，湿地面积为474.72公顷，主要湿地类型为永久性河流湿地。地理坐标为东经107°29′~108°13′，北纬21°40′~22°04′；位于防城港市防城区和上思县境内。

湿地高等植物19科35属61种。

湿地植被划分为1个植被型组，2个植被型，2个群系。

脊椎动物5纲17目35科117种。其中，鱼类4目11科37种，两栖类2目6科22种，爬行类3目8科22种，鸟类7目8科32种，哺乳类1目2科4种。

国家重点保护野生动物7种。其中，国家Ⅰ级保护野生动物1种，国家Ⅱ级保护野生动物6种。在国家重点保护野生动物中，无湿地鸟类。

于1982年建立自然保护区，2003年晋升国家级自然保护区，受林业部门管理，成立了广西十万大山国家级自然保护管理局管理机构。

主要受到偷猎威胁。

13. 广西花坪国家级自然保护区重点调查湿地

广西花坪国家级自然保护区重点调查湿地范围面积14207.42公顷，湿地面积为50.94公顷，主要湿地类型是永久性河流湿地。地理坐标为东经109°49′~109°58′，北纬25°28′~25°39′；位于龙胜各族自治县和临桂县境内。

湿地高等植物57科111属161种。

湿地植被划分为1个植被型组，1个植被型，1个群系。

脊椎动物5纲16目34科114种。其中，鱼类3目7科15种，两栖类2目9科39种，爬行类

2目4科17种，鸟类8目13科42种，哺乳类1目1科1种。

国家重点保护野生动物4种，均为国家Ⅱ级保护。在国家重点保护野生动物中，无湿地鸟类。

于1961年建立自然保护区，1978年晋升为国家级自然保护区，受林业部门管理，成立了广西花坪国家级自然保护区管理局管理机构。

主要受到栖息地破坏威胁。

14. 广西猫儿山国家级自然保护区重点调查湿地

广西猫儿山国家级自然保护区重点调查湿地范围面积18610.19公顷，湿地面积为182.08公顷，主要湿地类型为森林沼泽湿地。地理坐标为东经110°20′~110°35′，北纬25°48′~25°58′；位于兴安县、资源县和龙胜各族自治县境内。

湿地高等植物64科145属201种。

湿地植被划分为2个植被型组，2个植被型，2个群系。

脊椎动物5纲15目31科96种。其中，鱼类3目8科22种，两栖类2目9科33种，爬行类2目4科13种，鸟类7目9科27种，哺乳类1目1科1种。

国家重点保护野生动物3种，均为国家Ⅱ级保护。在国家重点保护野生动物中，无湿地鸟类。

于1976年建立自然保护区，2003年晋升为国家级自然保护区，受林业部门管理，成立了广西猫儿山国家级自然保护区管理局管理机构。

主要受到偷猎、旅游开发干扰、栖息地破坏威胁。

15. 广西千家洞国家级自然保护区重点调查湿地

广西千家洞国家级自然保护区重点调查湿地范围面积13095.93公顷，湿地面积为56.40公顷，主要湿地类型均为永久性河流湿地。地理坐标为东经111°11′~111°20′，北纬25°22′~25°31′；位于灌阳县境内。

湿地高等植物37科76属127种。

湿地植被划分为2个植被型组，2个植被型，3个群系。

脊椎动物4纲10目19科67种。其中，鱼类1目1科2种，两栖类2目8科29种，爬行类2目4科17种，鸟类5目6科19种。

国家重点保护野生动物2种，均为国家Ⅱ级保护。在国家重点保护野生动物中，无湿地鸟类。

于1982年建立自治区级自然保护区，2000年晋升为国家级自然保护区，受林业部门管理，成立了广西千家洞国家级自然保护区管理处管理机构。

主要受到水利工程干扰威胁。

16. 广西九万山国家级自然保护区重点调查湿地

广西九万山国家级自然保护区重点调查湿地范围面积27552.05公顷，湿地面积为245.89公顷，主要湿地类型为永久性河流湿地。地理坐标为东经108°35′~108°48′，北纬25°01′~25°19′；位于融水苗族自治县、罗城仫佬族自治县和环江毛南族自治县境内。

湿地高等植物39科76属130种。

湿地植被划分为1个植被型组，1个植被型，3个群系。

脊椎动物5纲21目48科147种。其中，鱼类5目10科20种，两栖类2目7科28种，爬行类2目6科20种，鸟类8目15科58种，哺乳类4目10科21种。

国家重点保护野生动物14种。国家Ⅰ级保护野生动物1种，国家Ⅱ级保护野生动物13种。在国家重点保护野生动物中，无湿地鸟类。

于1982年建立自然保护区，2007年晋升为国家级自然保护区，受林业部门管理，成立了广西九万山国家级自然保护区管理局。

主要受到栖息地破坏威胁。

17. 广西木论国家级自然保护区重点调查湿地

广西木论国家级自然保护区重点调查湿地范围面积为10892.68公顷，湿地面积为37.36公顷，主要湿地类型为永久性河流湿地。地理坐标为东经107°53′~108°05′，北纬25°06′~25°12′；位于环江毛南族自治县境内。

湿地高等植物39科69属94种。记录到外来植物物种1种。

湿地植被划分为2个植被型组，3个植被型，4个群系。

脊椎动物4纲18目41科177种。其中，鱼类4目13科51种，两栖类1目4科16种，爬行类1目2科10种，鸟类7目12科30种，哺乳类5目10科19种。

国家重点保护野生动物6种，均为国家Ⅱ级保护。在国家重点保护野生动物中，无湿地鸟类。

于1991年建立自然保护区，1998年晋升为国家级自然保护区，受林业部门管理，成立了广西木论国家级自然保护区管理局管理机构。

主要受到旅游活动干扰威胁。

18. 广西大明山国家级自然保护区重点调查湿地

广西大明山国家级自然保护区重点调查湿地范围面积19565.70公顷，湿地面积为123.35公顷，主要湿地类型为永久性河流湿地。地理坐标为东经108°20′~108°34′，北纬23°24′~23°30′；位于武鸣县、上林县和马山县境内。

湿地高等植物45科83属109种。记录到外来植物物种1种。

湿地植被划分为2个植被型组，3个植被型，4个群系。

脊椎动物5纲13目26科75种。其中，鱼类3目8科25种，两栖类1目5科14种，爬行类2目5科15种，鸟类6目6科17种，哺乳类1目2科4种。

国家重点保护野生动物7种，均为国家Ⅱ级保护，其中湿地鸟类2种。

于1981年建立自然保护区，2002年晋升为国家级自然保护区，受林业部门管理，成立了广西大明山国家级自然保护区管理局管理机构。

主要受到水利工程干扰、采矿污染威胁。

19. 广西邦亮长臂猿国家级自然保护区重点调查湿地

广西邦亮长臂猿国家级自然保护区重点调查湿地范围面积7365.57公顷，湿地面积为22.81公顷，主要湿地类型为永久性河流湿地。地理坐标为东经106°22′~106°31′，北纬22°52′~22°58′；位于靖西县境内。

湿地高等植物33科56属87种。

湿地植被划分为1个植被型组，1个植被型，1个群系。

脊椎动物5纲19目39科90种。其中，鱼类5目9科13种，两栖类1目5科15种，爬行类1目2科8种，鸟类7目10科33种，哺乳类5目9科21种。

国家重点保护野生动物8种，均为国家Ⅱ级保护。在国家重点保护野生动物中，无湿地鸟类。

于2009年建立自治区级自然保护区，2013年晋升为国家级自然保护区，受林业部门管理，成立了广西邦亮长臂猿国家级自然保护区管理处管理机构。

主要受到农业污染威胁。

20. 广西大王岭自治区级自然保护区重点调查湿地

广西大王岭自治区级自然保护区重点调查湿地范围面积58976.51公顷，湿地面积为171.37公顷，主要湿地类型为永久性河流湿地。地理坐标为东经106°08′~106°30′，北纬23°36′~23°54′；位于百色市右江区境内。

湿地高等植物30科58属80种。记录到外来植物物种1种。

湿地植被划分为1个植被型组，2个植被型，3个群系。

脊椎动物5纲16目34科76种。其中，鱼类2目4科10种，两栖类1目5科16种，爬行类2目4科9种，鸟类7目12科27种，哺乳类4目9科14种。

国家重点保护野生动物5种，均为国家Ⅱ级保护。在国家重点保护野生动物中，无湿地鸟类。

于1982年建立自然保护区，为自治区级自然保护区，受林业部门管理，未建立独立的管理机构，由右江区林业局下设的保护区管理站管理。

主要受到偷猎威胁。

21. 广西黄连山—兴旺自治区级自然保护区重点调查湿地

广西黄连山—兴旺自治区级自然保护区重点调查湿地范围面积22678.38公顷，湿地面积为40.63公顷，主要湿地类型为永久性河流湿地。地理坐标为东经106°10′~106°40′，北纬23°15′~23°55′；位于德保县境内。

湿地高等植物23科49属72种。记录到外来植物物种1种。

湿地植被划分为2个植被型组，3个植被型，3个群系。

脊椎动物5纲15目36科76种。其中，鱼类2目3科6种，两栖类1目5科13种，爬行类2

目6科13种，鸟类6目12科31种，哺乳类4目7科13种。

国家重点保护野生动物7种，均为国家Ⅱ级保护。在国家重点保护野生动物中，无湿地鸟类。

于1982年建立自然保护区，为自治区级自然保护区，受林业部门管理，成立了广西黄连山—兴旺自治区级自然保护区管理处管理机构。

主要受到水利工程干扰威胁。

22. 广西老虎跳自治区级自然保护区重点调查湿地

广西老虎跳自治区级自然保护区重点调查湿地范围面积28716.30公顷，湿地面积为75.89公顷，主要湿地类型为永久性河流湿地。地理坐标为东经105°31′~105°53′，北纬22°56′~23°15′；位于那坡县境内。

湿地高等植物33科51属103种。

湿地植被划分为2个植被型组，2个植被型，2个群系。

脊椎动物5纲15目34科71种。其中，鱼类2目5科8种，两栖类1目4科12种，爬行类1目2科7种，鸟类7目12科27种，哺乳类5目11科17种。

国家重点保护野生动物6种，均为国家Ⅱ级保护。在国家重点保护野生动物中，无湿地鸟类。

于1982年建立自然保护区，为自治区级自然保护区，受林业部门管理，未建立独立的管理机构，由那坡县林业局代管。

主要受到偷猎、栖息地破坏威胁。

23. 广西那佐苏铁自治区级自然保护区重点调查湿地

广西那佐苏铁自治区级自然保护区重点调查湿地范围面积13207.57公顷，湿地面积为53.96公顷，主要湿地类型为库塘湿地。地理坐标为东经105°21′~105°34′，北纬24°06′~24°13′；位于西林县境内。

湿地高等植物33科39属84种。记录到外来植物物种1种。

湿地植被划分为1个植被型组，1个植被型，2个群系。

脊椎动物5纲20目39科111种。其中，鱼类2目3科11种，两栖类2目6科15种，爬行类2目5科11种，鸟类10目16科51种，哺乳类4目9科23种。

国家重点保护野生动物12种。其中，国家Ⅰ级保护野生动物1种，国家Ⅱ级保护野生动物11种。在国家重点保护野生动物中，无湿地鸟类。

于1982年建立自然保护区，2005年升为自治区级自然保护区，受林业部门管理，成立了广西那佐苏铁自然保护区管理处管理机构。

主要受到过度捕捞、偷猎、水利工程干扰威胁。

24. 广西泗水河自治区级自然保护区重点调查湿地

广西泗水河自治区级自然保护区重点调查湿地范围面积116584.20公顷，湿地面积964.47公顷，主要湿地类型为永久性河流湿地。地理坐标为东经106°23′~106°35′，北纬24°06′~25°37′；位于凌云县境内。

湿地高等植物19科34属55种。

湿地植被划分为2个植被型组，5个植被型，6个群系。

脊椎动物5纲16目34科102种。其中，鱼类3目6科13种，两栖类1目3科8种，爬行类2目4科10种，鸟类6目12科33种，哺乳类4目9科25种。

国家重点保护野生动物10种。其中，国家Ⅰ级保护野生动物1种，国家Ⅱ级保护野生动物9种。在国家重点保护野生动物中，无湿地鸟类。

于1987年建立自治区级自然保护区，受林业部门管理，未成立独立的管理机构，由凌云县林业局代管。

主要受到栖息地破坏、偷猎威胁。

25. 广西王子山雉类自治区级自然保护区重点调查湿地

广西王子山雉类自治区级自然保护区重点调查湿地范围面积31984.27公顷，湿地面积为49.15公顷，主要湿地类型为永久性河流湿地。地理坐标为东经104°33′~104°42′，北纬24°06′~24°13′；位于西林县境内。

湿地高等植物14科20属31种。

湿地植被面积小，无明显的天然湿地植被群落。

脊椎动物隶属5纲19目40科94种。其中，鱼类4目8科16种，两栖类2目6科19种，爬行类2目5科12种，鸟类7目12科25种，哺乳类4目9科22种。

国家重点保护野生动物12种。其中，国家Ⅰ级保护野生动物1种，国家Ⅱ级保护野生动物11种。在国家重点保护野生动物中，无湿地鸟类。

于1982年建立自治区级自然保护区，受林业部门管理，未成立独立的管理机构，由古障林场和八达林场代管。

主要受到围垦威胁。

26. 广西涠洲岛自治区级自然保护区重点调查湿地

广西涠洲岛自治区级自然保护区重点调查湿地范围面积2639.94公顷，湿地面积为410.33公顷，主要湿地类型为浅海水域湿地和草本沼泽湿地类型。地理坐标为东经109°04′~109°13′，北纬20°54′~21°04′；位于北海市境内的北部湾海面。

湿地高等植物7科14属16种。

湿地植被面积小，无明显的天然湿地植被群落。

脊椎动物4纲17目50科129种。其中，鱼类8目28科49种，两栖类1目3科6种，爬行类1目1科4种，鸟类7目18科69种。

国家重点保护野生动物6种。其中，国家Ⅰ级保护野生动物2种，国家Ⅱ级保护野生动物4种。在国家重点保护野生动物中，湿地鸟类5种，其中国家Ⅰ级保护鸟类2种，国家Ⅱ级保护鸟类3种。

于1982年建立自治区级自然保护区，受林业部门管理，成立了广西涠洲岛自治区级自然保护区管理处管理机构。

主要受到旅游开发、偷猎、过度捕捞威胁。

27. 广西崇左白头叶猴国家级自然保护区重点调查湿地

广西崇左白头叶猴国家级自然保护区重点调查湿地范围面积29425.37公顷，湿地面积为13公顷，主要湿地类型为永久性河流湿地。地理坐标为东经107°16′~107°59′，北纬22°10′~22°36′；位于崇左市江州区和扶绥县境内。

湿地高等植物20科38属55种。记录到外来物种1种。

湿地植被划分为1个植被型组，1个植被型，1个群系。

脊椎动物5纲13目24科58种。其中，鱼类4目8科19种，两栖类1目5科13种，爬行类2目4科5种，鸟类5目5科19种，哺乳类1目2科2种。

国家重点保护野生动物2种，均为国家Ⅱ级保护。在国家重点保护野生动物中，无湿地鸟类。

于1980年建立自然保护区，2012年晋升为国家级自然保护区，受林业部门管理，成立了广西崇左白头叶猴国家级自然保护区管理局。

主要受到水体污染、围垦、偷猎威胁。

28. 广西恩城国家级自然保护区重点调查湿地

广西恩城国家级自然保护区重点调查湿地范围面积27892.76公顷，湿地面积为134.45公顷，主要湿地类型为永久性河流湿地。地理坐标为东经106°58′~107°15′，北纬22°36′~22°49′；位于大新县境内。

湿地高等植物28科56属73种。记录到外来植物物种1种。

湿地植被划分为1个植被型组，1个植被型，1个群系。

脊椎动物5纲15目27科60种。其中，鱼类5目12科27种，两栖类1目5科8种，爬行类2目3科10种，鸟类6目6科14种，哺乳类1目1科1种。

国家重点保护野生动物1种，为国家Ⅱ级保护。在国家重点保护野生动物中，无湿地鸟类。

于1982年建立自治区级自然保护区，2013年晋升为国家级自然保护区，受林业部门管理，成立了广西恩城国家级自然保护区管理局管理机构。

主要受到采矿污染威胁。

29. 广西下雷自治区级自然保护区重点调查湿地

广西下雷自治区级自然保护区重点调查湿地范围面积29425.37公顷，湿地面积为146.20公顷，主要湿地类型为永久性河流湿地。地理坐标为东经106°42′~107°01′，北纬22°42′~22°58′；位于大新县境内。

湿地高等植物34科92种。

湿地植被划分为2个植被型组，3个植被型，4个群系。

脊椎动物5纲14目22科51种。其中，鱼类5目9科18种，两栖类1目4科12种，爬行类1目2科8种，鸟类6目6科12种，哺乳类1目1科1种。

国家重点保护野生动物2种，均为国家Ⅱ级保护。在国家重点保护野生动物中，湿地鸟类1种。

于1982年建立自治区级自然保护区，受林业部门管理，成立了广西下雷自治区级自然保护区管理处管理机构。

主要受到农业生产干扰、栖息地破坏威胁。

30. 广西左江佛耳丽蚌自治区级自然保护区重点调查湿地

广西左江佛耳丽蚌自治区级自然保护区重点调查湿地范围面积1125.54公顷，湿地面积为700.35公顷，主要湿地类型为永久性河流湿地。地理坐标为东经106°37′~107°19′，北纬22°20′~22°23′；位于龙州县和江州区境内。

湿地高等植物17科30属50种。记录到外来植物物种1种。

湿地植被划分为2个植被型组，2个植被型，2个群系。

脊椎动物5纲16目35科158种。其中，鱼类7目21科111种，两栖类1目5科13种，爬行类2目3科8种，鸟类5目5科23种，哺乳类1目1科2种。

国家重点保护野生动物2种。其中，国家Ⅰ级保护野生动物1种，国家Ⅱ级保护野生动物1种。国家Ⅱ级保护底栖动物1种。在国家重点保护野生动物中，无湿地鸟类。

于2006年建立自治区级自然保护区，受水产部门管理，未成立独立的管理机构，由渔政部门代管。

主要受到水体污染、滥捕威胁。

31. 广西西大明山自治区级自然保护区重点调查湿地

广西西大明山自治区级自然保护区重点调查湿地范围面积19565.70公顷，湿地面积为58.21公顷，主要湿地类型为永久性河流湿地和库塘湿地。地理坐标为东经107°19′~107°48′，北纬22°47′~22°57′；位于隆安县、扶绥县、大新县和江州区境内。

湿地高等植物41科78属108种。

湿地植被划分为1个植被型组，2个植被型，3个群系。

脊椎动物5纲14目27科56种。其中，鱼类4目11科18种，两栖类1目5科11种，爬行类2目4科8种，鸟类6目6科18种，哺乳类1目1科1种。

国家重点保护野生动物1种，为国家Ⅱ级保护野生动物。在国家重点保护野生动物中，无湿地鸟类。

于1982年建立自治区级自然保护区，受林业部门管理，未成立独立的管理机构，由凤凰山林场代管。

主要受到社区生产干扰威胁。

32. 广西海洋山自治区级自然保护区重点调查湿地

广西海洋山自治区级自然保护区重点调查湿地范围面积97256.90公顷，湿地面积为607.30

公顷，主要湿地类型为永久性河流湿地。地理坐标为东经 110°29′~110°55′，北纬 24°59′~25°28′；位于灵川县、恭城瑶族自治县、灌阳县、阳朔县、全州县和兴安县境内。

湿地高等植物 58 科 112 属 165 种。记录到外来植物物种 2 科 2 属 2 种。

湿地植被划分为 2 个植被型组，3 个植被型，6 个群系。

脊椎动物 5 纲 15 目 24 科 58 种。其中，鱼类 2 目 2 科 6 种，两栖类 2 目 6 科 13 种，爬行类 2 目 4 科 11 种，鸟类 8 目 11 科 27 种，哺乳类 1 目 1 科 1 种。

国家重点保护野生动物 3 种，均为国家 Ⅱ 级保护。在国家重点保护野生动物中，无湿地鸟类。

于 1982 年建立自治区级自然保护区，受林业部门管理，未成立独立的管理机构，由各片区所属林业局代管。

主要受到泥沙淤积、过度捕捞、偷猎威胁。

33. 广西架桥岭自治区级自然保护区重点调查湿地

广西架桥岭自治区级自然保护区重点调查湿地范围面积 119895.5 公顷，湿地面积为 1598.01 公顷，主要湿地类型为永久性河流湿地和库塘湿地。地理坐标为东经 109°52′~110°20′，北纬 24°34′~24°59′；位于荔浦县、永福县和阳朔县境内。

湿地高等植物 55 科 107 属 172 种。记录到外来植物物种 2 科 2 属 2 种。

湿地植被划分为 2 个植被型组，3 个植被型，4 个群系。

脊椎动物 4 纲 14 目 27 科 72 种。其中，鱼类 3 目 7 科 8 种，两栖类 2 目 6 科 16 种，爬行类 2 目 5 科 17 种，鸟类 7 目 9 科 31 种。

国家重点保护野生动物 1 种，为国家 Ⅱ 级保护。在国家重点保护野生动物中，无湿地鸟类。

于 1983 年建立自治区级自然保护区，受林业部门管理，未成立独立的管理机构，由各片区所属林业局代管。

主要受到社区生产活动干扰威胁。

34. 广西建新自治区级自然保护区重点调查湿地

广西建新自治区级自然保护区重点调查湿地范围面积 6407.52 公顷，湿地面积为 47.63 公顷，主要湿地类型为永久性河流湿地。地理坐标为东经 110°11′~110°15′，北纬 25°47′~25°52′；位于龙胜各族自治县境内。

湿地高等植物 40 科 71 属 111 种。记录到外来植物物种 2 科 2 属 2 种。

湿地植被划分为 2 个植被型组，3 个植被型，3 个群系。

脊椎动物 5 纲 15 目 36 科 125 种。其中，鱼类 4 目 13 科 34 种，两栖类 2 目 9 科 40 种，爬行类 2 目 4 科 19 种，鸟类 6 目 9 科 31 种，哺乳类 1 目 1 科 1 种。

国家重点保护野生动物 4 种，均为国家 Ⅱ 级保护。在国家重点野生保护动物中，无湿地鸟类。

1982 年建立自治区级自然保护区，受林业部门管理，成立了广西建新自治区级自然保护区管理处管理机构。

主要受到社区生产活动干扰、偷猎威胁。

35. 广西青狮潭自治区级自然保护区(含青狮潭水库湿地)重点调查湿地

广西青狮潭自治区级自然保护区(含青狮潭水库湿地)重点调查湿地范围面积47321.32公顷，湿地面积为2737.20公顷，主要湿地类型为库塘湿地。地理坐标为东经111°05′~110°17′，北纬25°26′~25°47′；位于灵川县境内。

湿地高等植物38科98属147种。记录到外来植物物种1种。

湿地植被划分为1个植被型组，2个植被型，3个群系。

脊椎动物5纲18目41科119种。其中，鱼类6目18科61种，两栖类2目6科14种，爬行类2目4科11种，鸟类7目12科32种，哺乳类1目1科1种。

国家重点保护野生动物3种，均为国家Ⅱ级保护。在国家重点保护野生动物中，无湿地鸟类。

于1982年建立自治区级自然保护区，受林业部门管理，未成立独立的管理机构，由灵川县林业局代管。

主要受到水体污染、过度捕捞威胁。

36. 广西寿城自治区级自然保护区重点调查湿地

广西寿城自治区级自然保护区重点调查湿地范围面积79797.25公顷，湿地面积为722.24公顷，主要湿地类型为永久性河流湿地。地理坐标为东经109°38′~109°57′，北纬25°03′~25°33′；位于永福县和临桂县境内。

湿地高等植物49科94属140种。记录到外来植物物种2科2属2种。

湿地植被划分为2个植被型组，3个植被型，5个群系。

脊椎动物4纲16目30科72种。其中，鱼类3目6科7种，两栖类2目7科17种，爬行类2目5科17种，鸟类9目12科31种。

国家重点保护野生动物3种，均为国家Ⅱ级保护。在国家重点保护野生动物中，无湿地鸟类。

于1982年建立自治区级自然保护区，受林业部门管理，成立了广西寿城自治区级自然保护区管理处管理机构。

主要受到栖息地破坏威胁。

37. 广西五福宝顶自治区级自然保护区重点调查湿地

广西五福宝顶自治区级自然保护区重点调查湿地范围面积8515.28公顷，湿地面积为156.45公顷，主要湿地类型为库塘湿地。地理坐标为东经111°44′~110°51′，北纬25°56′~26°03′；位于全州县境内。

湿地高等植物17科29属40种。

湿地植被划分为1个植被型组，1个植被型，2个群系。

脊椎动物5纲15目25科63种。其中，鱼类3目4科9种，两栖类1目4科9种，爬行类2

目5科14种，鸟类8目11科30种，哺乳类1目1科1种。

国家重点保护野生动物2种，均为国家Ⅱ级保护。在国家重点保护野生动物中，无湿地鸟类。

于1982年建立自治区级自然保护区，受林业部门管理，未成立独立的管理机构，由全州县林业局保护站代管。

主要受到农业生产干扰威胁。

38. 广西银殿山自治区级自然保护区重点调查湿地

广西银殿山自治区级自然保护区重点调查湿地范围面积54259.60公顷，湿地面积为364.83公顷，主要湿地类型为永久性河流湿地。地理坐标为东经111°05′~110°55′，北纬25°26′~24°22′；位于恭城瑶族自治县境内。

湿地高等植物55科101属159种。

湿地植被划分为2个植被型组，3个植被型，5个群系。

脊椎动物4纲11目19科50种。其中，鱼类1目3科4种，两栖类1目4科8种，爬行类1目2科9种，鸟类8目10科29种。

国家重点保护野生动物1种，为国家Ⅱ级保护。在国家重点保护野生动物中，无湿地鸟类。

于1982年建立自治区级自然保护区，受林业部门管理，成立了广西银殿山自然保护区管理站管理机构。

主要受到采矿污染、过度捕捞、过度采伐威胁。

39. 广西龙滩自治区级自然保护区重点调查湿地

广西龙滩自治区级自然保护区重点调查湿地范围面积45037.56公顷，湿地面积为3855.36公顷，主要湿地类型为库塘湿地型斑块。地理坐标为东经106°51′~107°11′，北纬24°51′~25°13′；位于天峨县境内。

湿地高等植物36科65属102种。记录到外来物种1种。

湿地植被划分为2个植被型组，2个植被型，2个群系。

脊椎动物5纲19目46科155种。其中，鱼类5目4科54种，两栖类1目5科18种，爬行类2目5科16种，鸟类7目15科55种，哺乳类4目7科12种。

国家重点保护野生动物13种，均为国家Ⅱ级保护，其中湿地鸟类1种。

于1982年建立自然保护区，2003年明确为自治区级自然保护区，受林业部门管理，成立了广西龙滩自治区级自然保护区管理处管理机构。

主要受到滥捕、不合理养殖、林地开垦威胁。

40. 广西姑婆山自治区级自然保护区重点调查湿地

广西姑婆山自治区级自然保护区重点调查湿地范围面积6998.73公顷，湿地面积为20.24公顷，主要湿地类型为永久性河流湿地。地理坐标为东经111°30′~111°37′，北纬24°34′~24°42′；位于贺州市八步区境内。

湿地高等植物19科33属47种。

湿地植被面积小，无明显的天然植被群落。

脊椎动物5纲15目27科79种。其中，鱼类2目3科3种，两栖类2目6科23种，爬行类2目5科15种，鸟类8目12科37种，哺乳类1目1科1种。

国家重点保护野生动物5种。其中，国家Ⅰ级保护动物1种，国家Ⅱ级保护动物4种。在国家重点保护野生动物中，湿地鸟类1种。

于1982年建立自治区级自然保护区，受林业部门管理，成立了广西姑婆山自治区级自然保护区管理处管理机构。

主要受到旅游活动干扰威胁。

41. 广西滑水冲自治区级自然保护区重点调查湿地

广西滑水冲自治区级自然保护区重点调查湿地范围面积10513.05公顷，湿地面积为128.84公顷，主要湿地类型为永久性河流湿地。地理坐标为东经111°50′~111°56′，北纬24°19′~24°27′；位于贺州市八步区境内。

湿地高等植物23科37属50种。记录到外来植物物种1种。

湿地植被划分为1个植被型组，1个植被型，1个群系。

脊椎动物5纲16目29科63种。其中，鱼类3目8科16种，两栖类2目5科5种，爬行类2目5科15种，鸟类8目10科32种，哺乳类1目1科1种。

国家重点保护野生动物3种。其中，国家Ⅰ级保护动物1种，国家Ⅱ级保护动物2种。在国家重点保护野生动物中，湿地鸟类1种，为国家Ⅱ级保护鸟类。

于1982年建立自然保护区，2003年升为自治区级自然保护区，受林业部门管理，成立了广西滑水冲自治区级自然保护区管理局管理机构。

主要受到采矿污染、水利工程干扰威胁。

42. 广西七冲国家级自然保护区重点调查湿地

广西七冲国家级自然保护区重点调查湿地范围面积13773.87公顷，湿地面积为87.77公顷，主要湿地类型为永久性河流湿地。地理坐标为东经110°46′~111°52′，北纬24°14′~24°24′；位于昭平县境内。

湿地高等植物19科33属45种。

湿地植被划分为1个植被型组，2个植被型，3个群系。

脊椎动物4纲12目24科63种。其中，鱼类3目7科19种，两栖类1目5科11种，爬行类1目3科6种，鸟类7目9科27种。

国家重点保护野生动物3种。其中，国家Ⅰ级保护野生动物1种，国家Ⅱ级保护野生动物2种。在国家重点保护野生动物中，湿地鸟类1种，为国家Ⅱ级保护鸟类。

于2003年建立自治区级自然保护区，2013年晋升为国家级自然保护区，受林业部门管理，成立了广西七冲保护区管理站管理机构。

主要受到水利工程干扰、偷猎威胁。

43. 广西西岭山自治区级自然保护区重点调查湿地

广西西岭山自治区级自然保护区重点调查湿地范围面积18502.64公顷，湿地面积为111.29公顷，主要湿地类型为永久性河流湿地。地理坐标为东经111°05′~111°13′，北纬24°44′~24°59′；位于富川瑶族自治县境内。

湿地高等植物16科30属45种。

湿地植被划分为1个植被型组，2个植被型，4个群系。

脊椎动物5纲15目25科76种。其中，鱼类3目5科23种，两栖类2目6科19种，爬行类2目5科10种，鸟类7目8科23种，哺乳类1目1科1种。

国家重点保护野生动物4种，均为国家Ⅱ级保护。在国家重点保护野生动物中，无湿地鸟类。

于1982年建立自然保护区，2008年升为自治区级自然保护区，受林业部门管理，成立了广西西岭山自然保护区管理局管理机构。

主要受到围垦、水体污染、森林过度采伐威胁。

44. 广西红水河来宾段珍稀鱼类自治区级自然保护区重点调查湿地

广西红水河来宾段珍稀鱼类自治区级自然保护区重点调查湿地范围面积1774.41公顷，湿地面积为1374.03公顷，主要湿地类型为永久性河流湿地。分两段，第一段地理坐标为东经108°56′~109°08′，北纬23°37′~23°42′；第二段地理坐标为东经109°14′~109°31′，北纬23°42′~23°47′；位于来宾市境内。

湿地高等植物20科34属45种。记录到外来植物物种1种。

湿地植被面积小，无明显的天然植被群落。

脊椎动物4纲10目15科137种。其中，鱼类7目19科104种，两栖类1目4科8种，爬行类2目3科8种，鸟类6目8科17种。

国家重点保护野生动物1种，为国家Ⅱ级保护。国家Ⅱ级保护鱼类1种。在国家重点保护野生动物中无湿地鸟类。

于2005年建立自治区级自然保护区，受水产部门管理，未成立独立的管理机构，由来宾市渔业部门代管。

主要受到工业污水排放、泥沙淤积、过度捕捞、水利工程干扰威胁。

45. 广西金秀老山自治区级自然保护区重点调查湿地

广西金秀老山自治区级自然保护区重点调查湿地范围面积8596.00公顷，湿地面积为30.94公顷，主要湿地类型为永久性河流湿地。地理坐标为东经109°54′~110°15′，北纬23°43′~24°09′；位于金秀瑶族自治县境内。

湿地高等植物44科98属160种。

湿地植被划分为1个植被型组，2个植被型，3个群系。

脊椎动物5纲13目34科86种。其中，鱼类6科3目17种；两栖类2目9科30种，爬行类

2目6科12种，鸟类5目7科26种，哺乳类1目1科1种。

国家重点保护野生动物5种。其中，国家Ⅰ级保护野生动物1种，国家Ⅱ级保护野生动物4种。在国家重点保护野生动物中，湿地鸟类1种，为国家Ⅱ级保护鸟类。

于2007年建立自治区级自然保护区，受林业部门管理，成立了广西金秀老山自然保护区管理处管理机构。

主要受到农业污染威胁。

46. 广西泗涧山大鲵自治区级自然保护区重点调查湿地

广西泗涧山大鲵自治区级自然保护区重点调查湿地范围面积3557.52公顷，湿地面积为41.44公顷，主要湿地类型为永久性河流湿地。地理坐标为东经108°54′~109°01′，北纬25°07′~25°15′；位于融水苗族自治县境内。

湿地高等植物共19科33属46种。记录到外来植物物种1种。

湿地植被划分1个植被型组，1个植被型，1个群系。

脊椎动物5纲18目39科142种。其中，鱼类5目14科63种，两栖类2目8科27种，爬行类2目5科15种，鸟类8目11科36种，哺乳类1目1科1种。

国家重点保护野生动物4种，均为国家Ⅱ级保护。在国家重点保护野生动物中，湿地鸟类1种。

于2004年建立自治区级自然保护区，受水产部门管理，成立了广西泗涧山自治区级自然保护区管理中心管理机构。

主要受到栖息地破坏威胁。

47. 广西龙虎山自治区级自然保护区重点调查湿地

广西龙虎山自治区级自然保护区重点调查湿地范围面积2479.72公顷，湿地面积为27.70公顷，主要湿地类型为永久性河流湿地。地理坐标为东经107°27′~107°41′，北纬22°56′~23°00′；位于隆安县境内。

湿地高等植物12科30种。

湿地植被划分为1个植被型组，1个植被型，1个群系。

脊椎动物5纲14目27科59种。其中，鱼类4目11科22种，两栖类1目4科10种，爬行类2目5科13种，鸟类6目6科13种，哺乳类1目1科1种。

国家重点保护野生动物4种，均为国家Ⅱ级保护。在国家重点保护野生动物中，湿地鸟类1种。

于1980年建立自然保护区，1991年升为自治区级自然保护区，受林业部门管理，成立了广西龙虎山自然保护区管理处管理机构。

主要受到栖息地破坏、农业污染威胁。

48. 广西龙山自治区级自然保护区重点调查湿地

广西龙山自治区级自然保护区重点调查湿地范围面积8743.78公顷，湿地面积为46.53公顷，主要湿地类型为永久性河流湿地。地理坐标为东经 108°30′~108°48′，北纬 23°14′~23°30′；位于上林县境内。

湿地高等植物 29 科 78 种。

湿地植被划分为 1 个植被型组，1 个植被型，1 个群系。

脊椎动物 5 纲 13 目 23 科 67 种。其中，鱼类 3 目 4 科 11 种，两栖类 1 目 6 科 16 种，爬行类 3 目 6 科 21 种，鸟类 5 目 5 科 16 种，哺乳类 1 目 2 科 3 种。

国家重点保护野生动物 6 种，均为国家Ⅱ级保护。在国家重点保护野生动物中，湿地鸟类 1 种。

于 2003 年建立自治区级自然保护区，受林业部门管理，成立了广西龙山自然保护区管理处。

主要受到社区生产干扰、旅游开发威胁。

49. 广西古修自治区级自然保护区重点调查湿地

广西古修自治区级自然保护区重点调查湿地范围 9068. 07 公顷，湿地面积为 315. 32 公顷，主要湿地类型为库塘湿地。地理坐标为东经 110°30′~110°41′，北纬 24°10′~24°17′；位于蒙山县境内。

湿地高等植物 19 科 32 属 52 种。

湿地植被划分为 1 个植被型组，1 个植被型，2 个群系。

脊椎动物 5 纲 19 目 44 科 82 种。其中，鱼类 3 目 10 科 15 种，两栖类 2 目 7 科 20 种，爬行类 2 目 7 科 11 种，鸟类 6 目 10 科 21 种，哺乳类 6 目 10 科 15 种。

国家重点保护野生动物 10 种。其中，国家Ⅰ级保护野生动物 1 种，国家Ⅱ级保护野生动物 9 种。在国家重点保护野生动物中，无湿地鸟类。

于 1982 年建立自然保护区，2007 年升为自治区级自然保护区，受林业部门管理，成立了古修自然保护区管理站管理机构。

主要受到旅游开发威胁。

50. 广西大容山自治区级自然保护区重点调查湿地

广西大容山自治区级自然保护区重点调查湿地范围面积 22474. 19 公顷，湿地面积为 508. 59 公顷，主要湿地类型为库塘湿地。地理坐标为东经 110°06′~110°22′，北纬 22°46′~22°54′；位于北流市、玉州区和兴业县境内。

湿地高等植物 38 科 71 属 99 种。

湿地植被划分为 1 个植被型组，1 个植被型，2 个群系。

脊椎动物 5 纲 17 目 32 科 82 种。其中，鱼类 3 目 5 科 11 种，两栖类 1 目 5 科 18 种，爬行类 2 目 3 科 12 种，鸟类 7 目 12 科 26 种，哺乳类 4 目 7 科 15 种。

国家重点保护野生动物 7 种，均为国家Ⅱ级保护。在国家重点保护野生动物中，无湿地鸟类。

于 2009 年成立自治区级自然保护区，受林业部门管理，成立了广西大容山自然保护区管理处管理机构。

主要受到栖息地破坏威胁。

51. 广西那林自治区级自然保护区重点调查湿地

广西那林自治区级自然保护区重点调查湿地范围面积37583.87公顷，湿地面积为1327.07公顷，主要湿地类型为库塘湿地。地理坐标为东经109°32′~109°45′，北纬22°10′~22°19′；位于博白县境内。

湿地高等植物28科90种。记录到外来植物物种2科2属2种。

湿地植被划分为2个植被型组，2个植被型，3个群系。

脊椎动物5纲18目36科91种。其中，鱼类5目12科34种，两栖类2目5科13种，爬行类1目1科7种，鸟类6目12科27种，哺乳类4目6科10种。

国家重点保护野生动物4种，均为国家Ⅱ级保护。在国家重点保护野生动物中，无湿地鸟类。

于1982年建立自然保护区，2002年明确为自治区级自然保护区，受林业部门管理，未成立独立的管理机构，由博白县林业局代管。

主要受到偷猎、栖息地破坏威胁。

52. 广西百东河市级自然保护区重点调查湿地

广西百东河市级自然保护区重点调查湿地范围面积44848.40公顷，湿地面积为总面积782.27公顷，主要湿地类型为库塘湿地和永久性河流湿地。地理坐标为东经106°25′~107°03′，北纬23°48′~24°02′；位于田阳县境内。

湿地高等植物37科62属102种。记录到外来植物物种2科2属2种。

湿地植被划分为3个植被型组，4个植被型，6个群系。

脊椎动物5纲19目37科86种。其中，鱼类5目8科17种，两栖类1目5科17种，爬行类2目6科16种，鸟类6目10科23种，哺乳类5目8科13种。

国家重点保护野生动物7种。其中，国家Ⅰ级保护野生动物1种，国家Ⅱ级保护野生动物6种。在国家重点保护野生动物中，无湿地鸟类。

于1982年建立自然保护区，2002年明确为市级自然保护区，受林业部门管理，未成立独立的管理机构，由田阳县林业局代管。

53. 广西达洪江县级自然保护区重点调查湿地

广西达洪江县级自然保护区重点调查湿地范围面积21852.93公顷，湿地面积为341.27公顷，主要湿地类型为库塘湿地。地理坐标为东经107°21′~107°32′，北纬23°41′~23°52′；位于平果县境内。

湿地高等植物32科50属102种。记录到外来植物物种2科2属2种。

湿地植被划分为3个植被型组，4个植被型，6个群系。

脊椎动物5纲22目36科85种。其中，鱼类5目10科24种，两栖类1目5科17种，爬行类2目5科13种，鸟类6目11科22种，哺乳类3目5科9种。

国家重点保护野生动物7种。其中，国家Ⅰ级保护野生动物1种，国家Ⅱ级保护野生动物6种。在国家重点保护野生动物中，无湿地鸟类。

于1983年建立自然保护区，受林业部门管理，未成立独立的管理机构，由海明林场代管。

主要受到偷猎、社区生产活动干扰威胁。

54. 广西古龙山县级自然保护区重点调查湿地

广西古龙山县级自然保护区重点调查湿地范围面积31950. 36公顷，湿地面积为61. 15公顷，主要湿地类型为库塘湿地。地理坐标为东经106°33′~106°48′，北纬22°54′~23°11′；位于靖西县和德保县境内。

湿地高等植物24科46属77种。

湿地植被划分为1个植被型组，2个植被型，2个群系。

脊椎动物5纲17目30科59种。其中，鱼类5目9科13种，两栖类1目4科9种，爬行类1目2科5种，鸟类5目8科23种，哺乳类5目7科9种。

国家重点保护野生动物6种，均为国家Ⅱ级保护。在国家重点保护野生动物中，无湿地鸟类。

于1982年建立自然保护区，受林业部门管理，未成立独立的管理机构，由各片区所属的林业局代管。

主要受到旅游活动、水体污染威胁。

55. 广西春秀—青龙山县级自然保护区重点调查湿地

广西春秀—青龙山县级自然保护区重点调查湿地范围面积34603. 62公顷，湿地面积为270. 53公顷，主要湿地类型为永久性河流湿地。由春秀自然保护区和青龙山自然保护区合并而成。其中，春秀自然保护区位于龙州县西部，地理坐标为东经106°32′~106°36′，北纬22°22′~22°32′；青龙山自然保护区位于龙州县西北部，地理坐标为东经106°32′~106°53′，北纬22°27′~22°39′。

湿地高等植物31科47属73种。记录到1种外来野生植物物种。

湿地植被划分为1个植被型组，2个植被型，2个群系。

脊椎动物5纲12目26科86种。其中，鱼类5目15科48种，两栖类1目4科17种，爬行类1目2科8种，鸟类4目4科11种，哺乳类1目1科2种。

国家重点保护野生动物2种，均为国家Ⅱ级保护。在国家重点保护野生动物中，无湿地鸟类。

于1982年建立自然保护区，2006年合并春秀和青龙山两处自然保护区，受林业部门管理，成立了广西春秀—青龙山自然保护区管理处管理机构。

主要受到垦荒、偷猎、农业污染威胁。

56. 广西拉沟自治区级自然保护区重点调查湿地

广西拉沟自治区级自然保护区重点调查湿地范围面积14745. 94公顷，湿地面积为140公顷，主要湿地类型为永久性河流湿地。地理坐标为东经109°56′~110°10′，北纬24°31′~24°42′；位于鹿寨县境内。

湿地高等植物36科54属100种。

湿地植被划分为1个植被型组，1个植被型，1个群系。

脊椎动物4纲13目27科76种。其中，鱼类4目9科24种，两栖类2目5科16种，爬行类2目5科15种，鸟类5目8科21种。

国家重点保护野生动物3种，均为国家Ⅱ级保护。在国家重点保护野生动物中，无湿地鸟类。

于1982年建立自然保护区，2002年明确为自治区级自然保护区，受林业部门管理，未成立独立的管理机构，由鹿寨县重点公益林管理办公室代管。

主要受到农业污染、偷猎威胁。

57. 广西三锁县级自然保护区重点调查湿地

广西三锁县级自然保护区重点调查湿地范围面积5717.21公顷，湿地面积为23.20公顷，主要湿地类型为永久性河流湿地。地理坐标为东经111°50′~111°56′，北纬24°19′~24°27′；位于融安县境内。

湿地高等植物26科48属79种。

湿地植被划分为1个植被型组，1个植被型，1个群系。

脊椎动物5纲14目22科54种。其中，鱼类4目6科13种，两栖类1目4科10种，爬行类2目4科11种，鸟类6目7科19种，哺乳类1目1科1种。

国家重点保护野生动物2种，均为国家Ⅱ级保护。在国家重点保护野生动物中，无湿地鸟类。

于1982年建立自然保护区，2002年明确为县级自然保护区，受林业部门管理，未成立独立的管理机构，由大坡林业工作站代管。

主要受到垦荒、偷猎威胁。

二、湿地公园重点调查湿地

58. 北海滨海湿地公园重点调查湿地

北海滨海湿地公园重点调查湿地范围面积2272.57公顷，湿地面积为1769.68公顷，主要湿地类型为沙石海滩湿地。地理坐标为东经109°09′~109°13′，北纬21°23′~21°28′；位于北海市银海区境内。

湿地高等植物11科13属14种。

湿地植被划分为3个植被型组，2个植被型，4个群系。

脊椎动物4纲18目48科147种。其中，鱼类8目27科60种，两栖类1目3科7种，爬行类1目2科6种，鸟类7目16科74种。

国家重点保护野生动物4种，均为国家Ⅱ级保护。在国家重点保护野生动物中，湿地鸟类3种。

于2010年获批建立国家湿地公园，受林业部门管理，成立了广西北海滨海国家湿地公园管理处。

主要受到城市基础设施建设干扰、水体污染、泥沙淤积威胁。

三、水库重点调查湿地

59. 百色水利枢纽库区湿地重点调查湿地

百色水利枢纽库区湿地重点调查湿地范围面积 97814. 60 公顷，湿地面积为 7823. 33 公顷，主要湿地类型为库塘湿地。地理坐标为东经 106°00′~106°33′，北纬 23°40′~24°15′；位于百色市右江区境内。

湿地高等植物 22 科 33 属 49 种。记录到外来植物物种 2 科 2 属 2 种。

湿地植被划分为 1 个植被型组，1 个植被型，1 个群系。

脊椎动物 5 纲 22 目 52 科 200 种。其中，鱼类 5 目 16 科 84 种，两栖类 2 目 5 科 20 种，爬行类 2 目 6 科 22 种，鸟类 8 目 16 科 59 种，哺乳类 5 目 9 科 15 种。

国家重点保护野生动物 15 种。其中，国家Ⅰ级保护野生动物 1 种，国家Ⅱ级保护野生动物 14 种。在国家重点保护野生动物中，湿地鸟类 2 种。

未建立保护建构，受水利部门管理，未成立独立的管理机构。

主要受到人工养殖、滥捕威胁。

60. 天生桥水库湿地重点调查湿地

天生桥水库湿地重点调查湿地范围面积 7651. 74 公顷，湿地面积为 5661. 55 公顷，主要湿地类型为库塘湿地。地理坐标为东经 104°26′~105°08′，北纬 24°33′~24°56′；位于隆林各族自治县和西林县境内。

湿地高等植物 32 科 59 属 91 种。

湿地植被划分为 1 个植被型组，2 个植被型，2 个群系。

脊椎动物 5 纲 19 目 40 科 103 种。其中，鱼类 4 目 8 科 18 种，两栖类 1 目 5 科 17 种，爬行类 2 目 5 科 9 种，鸟类 8 目 14 科 41 种，哺乳类 4 目 8 科 18 种。

国家重点保护野生动物 10 种，均为国家Ⅱ级保护。在国家重点保护野生动物中，湿地鸟类 1 种。

于 2000 年建成水库，受水利部门管理，成立了天生桥水库管理所。

主要受到人工养殖、滥捕威胁。

61. 星岛湖湿地重点调查湿地

星岛湖湿地重点调查湿地范围面积 23115. 71 公顷，湿地面积为 6696. 92 公顷，主要湿地类型为库塘湿地。地理坐标为东经 109°07′~109°12′，北纬 21°47′~21°58′；位于灵山县、合浦县和钦南区境内。

湿地高等植物 6 科 10 属 15 种。

湿地植被少，无明显的天然植被群落。

脊椎动物 4 纲 15 目 31 科 95 种。其中，鱼类 6 目 14 科 37 种，两栖类 1 目 3 科 7 种，爬行类

2 目 3 科 9 种，鸟类 6 目 12 科 42 种。

国家重点野生保护动物 2 种，均为国家Ⅱ级保护，其中湿地鸟类 1 种。

未建立保护机构，受水利部门管理，由北海市洪潮江水库工程管理局管理。

主要受到泥沙淤积、污染、水利工程干扰威胁。

62. 龙滩水库湿地重点调查湿地

龙滩水库湿地重点调查湿地范围面积 8437. 50 公顷，湿地面积为 7177. 92 公顷，主要湿地类型为库塘湿地。位于广西和贵州交界处，在田林县、乐业县、天峨县及贵州的罗甸县、望谟县、册亨县境内。

湿地高等植物 4 科 8 属 54 种。记录到外来植物物种 1 种。

湿地植被划分为 2 个植被型组，2 个植被型，2 个群系。

脊椎动物 5 纲 20 目 47 科 187 种。其中，鱼类 7 目 19 科 96 种，两栖类 1 目 5 科 15 种，爬行类 2 目 4 科 14 种，鸟类 6 目 13 科 50 种，哺乳类 4 目 6 科 12 种。

国家重点保护野生动物 14 种，均为国家Ⅱ级保护，其中湿地鸟类 1 种。

于 2009 年建成龙滩水库，受水利部门管理，成立了龙滩水库管理局。

主要受到周边植被破坏、滥捕、过度养殖威胁。

63. 龟石水库湿地重点调查湿地

龟石水库湿地重点调查湿地范围面积 3628. 01 公顷，湿地面积为 3352. 58 公顷，主要湿地类型为库塘湿地。地理坐标为东经 111°15′~111°19′，北纬 24°40′~24°48′；位于富川瑶族自治县境内，

湿地高等植物 16 科 29 属 43 种。

湿地植被划分为 1 个植被型组，1 个植被型，1 个群系。

脊椎动物 5 纲 19 目 34 科 89 种。其中，鱼类 6 目 14 科 35 种，两栖类 2 目 6 科 14 种，爬行类 2 目 4 科 13 种，鸟类 8 目 9 科 26 种，哺乳类 1 目 1 科 1 种。

国家重点保护野生动物 3 种，均为国家Ⅱ级保护，无湿地鸟类。

于 1958 年建成龟石水库，受水利部门管理，成立了龟石水库管理所。

主要受到围垦、污染、过度捕捞威胁。

64. 西津水库湿地重点调查湿地

西津水库湿地重点调查湿地范围 27498. 39 公顷，湿地面积为 9649. 31 公顷，主要湿地类型为库塘湿地。地理坐标为东经 108°56′~109°14′，北纬 22°33′~22°45′；位于横县境内。

湿地高等植物 13 科 26 属 39 种。

湿地植被划分为 1 个植被型组，2 个植被型，4 个群系。

脊椎动物 4 纲 17 目 28 科 172 种。其中，鱼类 7 目 8 科 80 种，两栖类 1 目 4 科 10 种，爬行类 2 目 3 科 7 种，鸟类 7 目 13 科 75 种。

国家重点保护野生动物 4 种，均为国家Ⅱ级保护，其中湿地鸟类 3 种。

于 1964 年建成西津水库，2013 年获批建立国家湿地公园，受林业部门管理，成立了西津水

库管理局管理机构。

主要受到泥沙淤积、污染、水利工程干扰威胁。

65. 大王滩水库湿地重点调查湿地

大王滩水库湿地重点调查湿地18219.69公顷，湿地面积为3356.47公顷，主要湿地类型为库塘湿地。地理坐标为东经108°00′~108°23′，北纬22°09′~22°40′；位于南宁市良庆区境内。

湿地高等植物18科38属58种。

湿地植被划分为2个植被型组，3个植被型，6个群系。

脊椎动物4纲15目31科120种。其中，鱼类4目11科39种，两栖类1目5科14种，爬行类2目4科10种，鸟类7目10科56种。

国家重点保护野生动物4种。其中，国家Ⅰ级保护野生动物1种，国家Ⅱ级保护野生动物3种。在国家重点保护野生动物中，湿地鸟类2种，其中国家Ⅰ级保护鸟类1种，国家Ⅱ级保护鸟类1种。

于1958年建成水库，受水利部门管理，成立了大王滩水库管理处管理机构。

主要受到养殖污染、工业排污威胁。

66. 凤亭河水库湿地重点调查湿地

凤亭河水库湿地重点调查湿地15170.46公顷，湿地面积4448.54公顷，主要湿地类型为库塘湿地。位于南宁市和上思县境内。

湿地高等植物4科8属8种。

湿地植被划分为1个植被型组，1个植被型，1个群系。

脊椎动物4纲16目33科108种。其中，鱼类5目15科47种，两栖类1目5科13种，爬行类3目5科11种，鸟类7目8科37种。

国家重点保护野生动物4种，均为国家Ⅱ级保护，其中湿地鸟类2种。

于1958年建成水库，受水利部门管理，成立了凤亭河水库管理处。

主要受到周边植被破坏、滥捕威胁。

四、滨海重点调查湿地

67. 北部湾北部浅海水域湿地重点调查湿地

北部湾北部浅海水域湿地重点调查湿地范围面积21.04万公顷，湿地面积为17.03万公顷，主要湿地类型为浅海水域湿地。该湿地是雷州半岛、海南岛和广西及越南之间的海湾，全部在大陆棚上。

湿地高等植物22科24属33种。

湿地植被划分为1个植被型组，1个植被型，2个群系。

脊椎动物4纲19目66科181种。其中，鱼类11目52科131种，两栖类1目2科3种，爬行类1目2科6种，鸟类6目10科38种。

国家重点保护野生动物1种，为国家Ⅱ级保护，且是湿地鸟类。

未建立保护机构，受海洋部门管理，未成立独立的管理机构。

主要受到城市基础设施建设、围垦、污染、过度捕捞等威胁。

68. 铁山港红树林湿地重点调查湿地

铁山港红树林湿地重点调查湿地范围面积2815.40公顷，湿地面积为2434.86公顷，主要湿地类型为淤泥质海滩湿地和红树林湿地。地理坐标为东经109°26′~109°45′，北纬21°28′~21°45′；位于北海市铁山港区境内。

湿地高等植物12科16属18种。

湿地植被划分为1个植被型组，1个植被型，1个群系。

脊椎动物16目38科118种。其中，鱼类7目21科48种，两栖类1目3科4种，爬行类1目2科3种，鸟类6目13科59种，哺乳类1目1科1种。

国家重点保护野生动物1种，为国家Ⅱ级保护，非湿地鸟类。

未建立保护机构，受林业部门管理，未成立独立的管理机构。

主要受到城市基础设施建设、围垦、污染、过度捕捞等威胁。

69. 党江红树林湿地重点调查湿地

党江红树林湿地重点调查湿地范围面积5379.31公顷，湿地面积为4466.20公顷，主要湿地类型为沙石海滩湿地、水产养殖场湿地、河口水域湿地和红树林湿地。地理坐标为东经109°00′~109°07′，北纬21°33′~21°34′；位于合浦县境内。

湿地高等植物17科23属27种。

湿地植被划分为2个植被型组，2个植被型，5个群系。

脊椎动物4纲18目56科155种。其中，鱼类9目33科68种，两栖类1目3科7种，爬行类1目2科6种，鸟类7目18科74种。

国家重点保护野生动物6种，均为国家Ⅱ级保护，其中湿地鸟类5种。

未建立保护机构，受林业部门管理，未成立独立的管理机构。

主要受到污染、围垦、过度捕捞威胁。

70. 涠洲岛—斜阳岛浅海珊瑚礁湿地重点调查湿地

涠洲岛—斜阳岛浅海珊瑚礁湿地重点调查湿地范围面积3136.30公顷，湿地面积为2458.86公顷，主要湿地类型为浅海水域湿地。地理坐标为东经109°04′~109°13′，北纬20°54′~21°05′；位于北部湾中部，包括涠洲岛和斜阳岛。

珊瑚种群10科18属。

脊椎动物3纲18目43科130种。其中，鱼类11目33科104种，爬行类2目2科4种，鸟类5目8科22种。

国家重点保护野生动物4种，均为国家Ⅱ级保护，其中湿地鸟类2种。

未建立保护机构，受海洋部门管理，未成立独立的管理机构。

主要受到过度捕捞威胁。

71. 防城港东西湾红树林湿地重点调查湿地

防城港东西湾红树林湿地重点调查湿地范围面积1972.97公顷，湿地面积为1610.68公顷，主要湿地类型为红树林湿地和河口水域湿地。地理坐标为东经109°40′~110°35′，北纬20°14′~21°35′;位于防城港市的东湾和西湾。

湿地高等植物10科14属16种。

湿地植被划分为1个植被型组，1个植被型，2个群系。

脊椎动物4纲18目47科142种。其中，鱼类11目33科74种，两栖类1目3科6种，爬行类1目2科7种，鸟类5目9科31种。

国家重点保护野生动物1种，为国家Ⅱ级保护。

未建立保护机构，受海洋部门管理，未成立独立的管理机构。

主要受到城市基础设施建设、污染威胁。

五、江河重点调查湿地

72. 浔江—西江湿地重点调查湿地

浔江—西江湿地重点调查湿地范围面积21170.81公顷，湿地面积为16999.47公顷，主要湿地类型为永久性河流湿地。地理坐标为东经110°04′~111°25′，北纬23°23′~23°35′；位于桂平市、平南县、藤县和苍梧县境内。

湿地高等植物14科21属31种。记录到外来植物物种2科2属2种。

湿地植被划分为1个植被型组，2个植被型，4个群系。

脊椎动物5纲31目64科221种。其中，鱼类14目29科129种，两栖类1目6科14种，爬行类2目5科19种，鸟类9目16科46种，哺乳类5目8科13种。

国家重点保护野生动物8种。其中，国家Ⅰ级保护野生动物1种，国家Ⅱ级保护野生动物7种。在国家重点保护野生动物中湿地鸟类1种。

未建立保护机构，受水利部门管理，由广西壮族自治区水利厅、梧州市水利局、梧州市航道管理局管理。

主要受到航运干扰、污染威胁。

73. 漓江湿地重点调查湿地

漓江湿地重点调查湿地范围面积4590.29公顷，湿地面积4078.53公顷，主要湿地类型为永久性河流湿地。该湿地发源于猫儿山东北支老山界南麓，由北向南流，流经兴安县、灵川县、雁山区、七星区、叠彩区、阳朔县至平乐县，与支流荔浦河、恭城河汇合后改称桂江。漓江全长214公里。

湿地高等植物41科99属169种。

湿地植被划分为4个植被型组，6个植被型，9个群系。

脊椎动物5纲20目47科194种。其中，鱼类5目17科74种，两栖类2目7科32种，爬行类2目5科17种，鸟类10目17科70种，哺乳类1目1科1种。

国家重点保护野生动物4种，均为国家Ⅱ级保护，其中湿地鸟类2种。

未建立保护机构，受旅游部门管理，成立了广西桂林市漓江风景名胜区管理局。

主要受到污染、过度捕捞、采石威胁。

六、其他重点调查湿地

74. 临桂会仙湿地重点调查湿地

临桂会仙湿地重点调查湿地范围面积2836.72公顷，湿地面积为932.49公顷，主要湿地类型为草本沼泽湿地和水产养殖场湿地。地理坐标为东经110°08′~110°16′，北纬25°05′~25°08′；位于临桂县境内。

湿地高等植物37科71属108种。记录到外来植物物种1种。

湿地植被划分为2个植被型组，6个植被型，16个群系。

脊椎动物17目37科95种。其中，鱼类6目16科46种，两栖类1目4科9种，爬行类2目4科11种，鸟类8目13科29种。

国家重点保护野生动物18种。其中，国家Ⅰ级保护野生动物1种，国家Ⅱ级保护野生动物17种。在国家重点保护野生动物中，湿地鸟类2种，其中国家Ⅰ级保护鸟类1种，国家Ⅱ级保护鸟类2种。

于2012年批准建立国家湿地公园，受林业部门管理，成立了广西会仙国家湿地公园管理处管理机构。

主要受到围垦、水利工程干扰、外来物种入侵威胁。

75. 资源十万古田沼泽湿地重点调查湿地

资源十万古田沼泽湿地重点调查湿地范围面积1470.37公顷，湿地面积为247.91公顷，主要湿地类型为灌丛沼泽湿地和草本沼泽湿地。地理坐标为东经111°21′~111°22′，北纬26°04′~26°05′；位于资源县境内。

湿地高等植物17科43种。

湿地植被划分为2个植被型组，2个植被型，3个群系。

脊椎动物4纲10目21科47种。其中，两栖类2目7科16种，爬行类2目4科12种，鸟类5目7科18种，哺乳类1目1科1种。

国家重点保护野生动物3种，均为国家Ⅱ级保护。在国家重点保护野生动物中，无湿地鸟类。

未建立保护机构，受林业部门管理，由资源县林业局代管。

参考文献

[1] 陈成斌．广西野生稻资源研究[M]．南宁：广西民族出版社，2005.

[2] 丁萍．会仙湿地保护呼唤广西地方立法[J]．中共桂林市委党校学报，2011，11(4)：11－14.

[3] 傅立国，陈潭清，郎楷永，等．中国高等植物(各卷)[M]．青岛：青岛出版社，1999－2013.

[4] 广西植物研究所．广西植物志(第2卷)[M]．南宁：广西科学技术出版社，2005.

[5] 广西植物研究所．广西植物志(第3卷)[M]．南宁：广西科学技术出版社，2011.

[6] 广西植物研究所．广西植物志(第1卷)[M]．南宁：广西科学技术出版社，1991.

[7] 广西壮族自治区地方志编纂委员会办公室．广西年鉴2012[M]． 南宁：广西年鉴社，2012.

[8] 广西壮族自治区林业厅．广西壮族自治区湿地资源调查报告[R]．2012.

[9] 广西壮族自治区统计局．广西统计年鉴2012[M]．北京：中国统计出版社，2012.

[10] 国家林业局，等．中国湿地保护行动计划[M]．北京：中国林业出版社，2000.

[11] 国家林业局，农业部．国家重点保护野生植物名录(第一批)[S]．国务院，1999.

[12] 国家林业局．全国湿地资源调查技术规程(试行)[S]．国家林业局，2008.

[13] 国家林业局《湿地公约》履约办公室．湿地公约履约指南[M]．北京：中国林业出版社，2001

[14] 李春干．红树林遥感信息提取与空间演变机理研究[M]．北京：科学出版社，2013.

[15] 李凤，谭学锋，李贵玉，等．广西湿地立法保护的思考与建议[J]．湿地科学与管理，2011，7(2)：66－69.

[16] 李思忠．中国淡水鱼类的分布区划[M]．北京：科学出版社，1981.

[17] 梁士楚．广西湿地植物[M]．北京：科学出版社，2011.

[18] 林鹏　中国红树林生态系[M]．北京：科学出版社，1997.

[19] 林业部，农业部．国家重点保护野生动物名录[S]．国务院，1988.

[20] 马其云．中国蕨类植物和种子植物名称总汇[M]．青岛：青岛出版社，2003.

[21] 庞汉华，陈成斌．中国野生稻资源[M]．南宁：广西科学技术出版社，2002.

[22] 宋劲忻，温庆忠，华朝朗，等．云南省湿地生态状况评价[J]．湿地科学，2015，1(13)：35－42.

[23] 孙砚峰，武丽娜，李少云，等．河北省滦河口湿地的生物多样性评价[J]．贵州农业科学．2014，42(7)：185－187.

[24] 覃海宁，刘演．广西植物名录[M]．北京：科学出版社，2010.

[25] 田自强，张树仁．中国湿地高等植物图志(上、下册)[M]．北京：中国环境科学出版社，2012.

[26] 汪松，解焱．中国物种红色名录(第1卷)[M]．北京：高等教育出版社，2004.

[27] 王玉兵，赵泽洪，彭定人，等．广西湿地水生维管束植物区系研究[J]．热带亚热带植物学报，2008，16(3)：255－265.

[28] 吴征镒．世界种子植物科的分布区类型系统的修订[J]．云南植物研究，2003，25(5)：535－538.

[29] 吴征镒，王荷生．中国自然地理—植物地理(上册)[M]．北京：科学出版社，1983.

[30] 吴征镒．中国种子植物属的分布区类型[J]．云南植物研究，1991，增刊Ⅳ：1－139.

[31] 邢福武．中国的珍稀植物[M]．长沙：湖南教育出版社，2005.

[32] 徐海根，强胜．中国外来入侵物种编目[M]．北京：中国环境科学出版社，2004.

[33] 颜素珠．中国水生高等植物图说[M]．北京：科学出版社，1983.

[34] 张树仁. 中国常见湿地植物[M]. 北京：科学出版社，2009.
[35] 赵家荣，刘艳玲. 水生植物图鉴[M]. 武汉：华中科技大学出版社，2009.
[36] 中国植物志编辑委员会. 中国植物志(各卷)[M]. 北京：科学出版社，1959-2004.
[37] 周厚高，黎桦，黄玉源，等. 广西蕨类植物概览[M]. 北京：气象出版社，2000.

附 件

广西湿地资源调查单位及主要参加人员

调查单位和主要人员名单

广西林业勘测设计院：

谭伟福 彭定人 张丽娜 覃世赢 冯国文 韦建波 吴林巧 孟 涛 王双玲
覃永华 邹绿柳 梁永延 罗开文 王海京 黎德丘 蒙可泉 农宏贵 谢云珍
孙 润 袁广应 廖力勤 张先来 蒋冬敏 贾洪亮

广西大学：

周 放 陆 舟 徐蕴丽

广西师范大学：

李友邦 梁士楚 黄安书 谢 强 马姜明 李富荣 覃盈盈 李军伟

广西自然博物馆：

莫运明 陈伟才 张 伟 周世初 王俊杰 李 宁 宋柱秋 廖 卫

广西水产研究所：

陈晓汉 何安尤 韩耀全 施 军 雷建军

广西野生动植物和自然保护区管理站：

黄 永 刘杰恩 汪利燕

调查参加人员

唐 政 舒晓莲 杨 岗 余辰星 李 东 蒋光伟 许 亮 赵东东 吴映环 廖晓雯
王 楼 陆施毅 巫文香 黄雅丽 陈钟名 李 凤 田 丹 韦 锋 谢彦军 张 望
梁月芳 黄永叶 何其敏 滕民祥 陆仕教 欧耀兴 赖浣强 何建溢 陆 河 欧育成
玉灿宏 钟培勋 李伟生 何元挺 潘玉佩 谭柳双 陈耀权 陈泽廷 黄永健 孔令华
李国钧 李国柱 卢 翼 蒙航标 韦 业 黄家咸 黄起奉 黄胜忠 李中查 梁 坚
孙旋基 张秀伟 张吉华 陈 波 黄小灵 黄永荣 刘 颂 覃 政 韦 春 巫 明
许 靖 曾诚德 黄启岗 梁安晓 潘文海 甘性才 黄世宁 蓝忠明 罗显仕 罗绍芳
苏世创 樊新文 何盛能 卢一林 马 军 乐 观 韦启鄂 吴 政 农 城 杨业材
钟绕星 李明全 高志强 黄维玲 覃春雪 杨晓丽 经 婧 孙慕华 李耀强 高玮泽
覃 健 李耀强 高玮泽 陆宁平 高玮泽 龙建强 韦日将 韦志醒 韦忠球 周海喜
陈中奇 蓝开英 黎巧巧 韦雪刚 钟 恒 郭建强 侯日华 蒋龙玉 刘启跃 莫文正
韦露西 谢尔贞 韦其彦 罗 勇 何绍宁 莫新强 潘凤仙 覃焱玲 吴旭初 叶长洪
穆雄庆 覃毅刚 余少华 赵理文 范丁一 曾志峰 周华生 蒋欢军 周华生 蒋欢军
兰剑超 彭发刚 莫 含 陈祖荣 诸葛昌荣 丘为松 于双贵 龚成庆 吕 军 陈兴伟

吴建慧 周连发 阳　鹏 舒晓莲 邓家存 蒋军辉 刘国湘 刘金凤 刘赵生 唐建东
闫寿保 杨冬良 张　斌 张　涛 罗美军 张　平 陈永忠 何建斌 何其敏 侯　建
黄和平 黄永叶 蒋成忠 蒋德军 蒋卫华 赖沅强 凌泽龙 刘星志 陆仕教 欧耀兴
唐昌敏 滕民祥 王光明 王民忠 韦朝敏 蒋卫华 谢维维 阳佳良 杨　勇 曾庆斌
张　江 李建斌 唐　健 谢能喜 谢登红 范新军 易明生 舒晓莲 陆学军 陈一勤
蓝华康 蓝体康 王炳洪 周陈媛 蒋世俊 李运榕 陈　凯 蒋阳秋 李富刚 李国飞
刘明辉 全宏飞 唐绍富 王志刚 赵　峰 陈国洲 邱　勇 冯　灿 苏喜春 李汉元
黄富源 韦伟涛 谢龙程 甘石允 吕世安 陈世雄 陈树华 程洪培 程剑林 范世昌
冯锦辉 郭光杰 郭海强 纪木永 黎木相 黎贤海 李绘华 李石坚 莫龚强 莫启良
莫如宁 邓　杰 莫远龙 倪锦聪 欧林荣 欧绪勇 邵　铭 覃国明 韦美清 徐旭辉
农爱生 封延南 韦　杨 卢尚达 陈作华 周剑锋 黄南纪 陈武标 黎　波 梁春柳
苏福敏 邓亚宁 黄廷宙 欧华壹 李科延 沉　锋 陈升裕 程学林 孔祥进 罗华基
庞启宏 庞学光 苏　奕 吴德提 谢朝强 谢衍俊 徐　坚 杨　参 杨　帆 姚在遥
张家元 钟　诚 彭云金 吴介放 王忠国 马丛芝 曾拥军 李　旺 许明伟 陈景欢
黄焕明 李　操 李　高 梁益彬 凌固承 唐义来 王云天 杨秋红 何　旅 何志远
黄生臣 宁崇济 徐维瑞 黄景华 黄李丛 凌博闻 黄富明 刘　铸 赵友旭 张智远
黄文勇 周永杰 黄玉念 刘水章 宁乃兵 苏为海 吴荣强 余崇森 林　琼 张庆鹏
谭日光 谭能材 黄庆强 韦　程 闭金养 廖恒伟 林进才 龙世元 韦国赢 谢继志
王　东 李蔼伟 周海兵 韦飞追 陈德朝 李业文 林瑞容 凌乃节 刘幸钊 刘柱胜
黄雄才 廖柱升 韦泽华 姚春鹏 陈旭东 黄正师 蔡剑锋 陈建贵 陈日平 何有绍
黄桂新 黎桂生 李第生 梁加荣 梁有念 林朝来 陆　华 苏雪梅 覃　冲 王　波
王日春 朱承海 陈粤龙 郭兴进 黄鉴海 黄坤猷 黄　琳 黄小林 李　永 李远航
李振生 梁　活 梁剑祥 梁明炎 梁　宁 梁学成 刘烈基 刘泽龙 欧刘芳 丘　武
石立贵 覃杰锋 覃　洁 覃绍军 肖　剑 谢华金 徐支松 杨占祥 陈源寿 胡立明
黄金刚 黄瑞源 黄宗文 蓝裕光 林国华 林乾钊 莫小文 覃　鉴 谭际林 王　斌
温元坤 严祖华 钟兴南 周明桂 秦国震 李　胜 庞晓东 朱报光 谭子宽 梁　耿
梁　文 廖健鋆 扬　有 黄瑞波 陈　波 陈　军 黄　浅 梁柳埠 冼少达 黄彻章
李毓将 陆广南 蒙建成 黄宝珍 李孝依 方国肯 岑立达 张加实 陈瑞德 黄汉精
赵峰磊 玉俊杰 黄军辉 龙　勇 罗兴明 苏永安 罗庆通 朱正斌 潘海清 黄树雄
王　荣 陆宣任 吴幸城 黄祖宾 李　波 李　克 田忠辉 龙柱明 陈德富 陈洪才
陈健明 陈　旻 陈贤雪 封铭江 冯　钊 何日胜 黄　腾 赖　铎 黎仕明 李承坚
李晚安 凌志合 罗水云 罗信集 罗杨兴 罗杨铸 盘　锋 苏国栋 谭清焕 汤魁光
王健标 韦　欢 韦祖豪 杨双清 杨自进 叶秀广 虞与家 曾佩瑾 钟步宇 钟善锋
邹元尊 彭荣兴 邱承锋 钟良华 陈飞霞 唐吕盛 杨兴科 黄忠义 覃翠姬 谭岩松
莫海智 韦云霜 黄德强 梁　卫 罗宇春 莫　君 王朝建 王汉敢 韦宏游 方焕忠
覃广战 覃兴松 刘世茂 班华勋 黄甫明 郭　琦 黄　胜 黄文远 韦联坚 韦升科
蒙柳安 吴宝洋 黄朝敢 罗炳红 韦干权 莫建青 陈　剑 黄大军 黄康军 黄灵杰
黄英平 潘奇鸿 韦　军 石　松 唐　武 唐　亮 潘宏益 吴家益 刘国仲 周伟华

韦朝敏 凌泽龙 高玮泽 麦雄强 莫全军 覃小幸 蒙增龙 覃小幸 蒙增龙 韦胜灵
陈建强 陈 杨 兰陶飞 李智仁 梁金成 罗 新 罗新兰 莫耐波 潘德宏 覃 琨
陶 飞 吴义军 韦朝敏 凌泽龙 原琼芳 韦少林 梁霁鹏 农天宝 马建义 唐媛丽
方国肯 黄宝珍 黄德球 黄俊雄 黄 胜 黄寿章 黄永军 李孝依 廖锦峰 林仕忠
陆春平 蒙建成 韦俊斌 吴海华 邹 铭 黄振海 张宏山 卢冬梅 何勇平 梁 伟
凌泽冠 蒙 斌 潘增恪 赵承武 周志军 邓大功 许绍庆 陈广博 黄满盈 彭定虎
韦立飘

技术指导：但新球 吴后建